Alexander Meyerovich

Wie drehen Metalle das Rad der Geschichte

Notizen eines Metallurgen

Über den Autor

Dr. Alexander Meyerovich, Jahrgang 1953, studierte anorganische Chemie und Hydrometallurgie der Buntmetalle an der Moskauer Staatlichen Universität für Stahl und Legierungen – MISiS (Nationale Universität Wissenschaft und Technologie MISiS in Moskau) und promovierte dort auf dem Gebiet der Hydrometallurgie der Edelmetalle. Nach der Promotion arbeitete er als Laborleiter und Leiter der Wissenschaftler am Staatlichen Institut für Edelmetalle in Moskau. 2000 nahm Dr. Meyerovich als Gastwissenschaftler eine Forschungstätigkeit am Anorganischen Chemie Institut der UNI Frankfurt am Main an. Von 2005 bis 2017 war er sowohl in der Schweiz als auch in Deutschland als Entwicklungsleiter und Leiter der Chemielabor / Forschungslabor Metallisierung bei einem internationalen Unternehmen tätig. Seit 2017 ist er ein freier Fachberater und Entwickler im Bereich Oberflächentechnik. Die Ergebnisse seiner wissenschaftlichen Arbeiten finden sich in mehr als 100 wissenschaftlich-technischen Veröffentlichungen in den Fachzeitschriften und –büchern und über 20 Patenteinreichungen. Er ist Autor erfolgreicher populärwissenschaftlicher Artikel.

Inhaltsverzeichnis

Vorwort und Danksagung

In den letzten Jahrzehnten ist neben der Suche nach bedeutenden Palästen und Kunstschätzen immer die Untersuchung der Metallartefakte und deren Herkunft bedeutender geworden. Mittels einer Anwendung naturwissenschaftlicher Methoden in der Archäologie können ganz neue Zusammenhänge aufgezeigt und die älteren Spuren der Vergangenheit interpretiert werden. Die Analyse der Metallartefakte geben Hinweise auf die Herkunft der Metalle und ermöglichen Rückschlüsse auf frühere Handelsrouten. Die Entwicklung der Metallurgie beeinflusste die Gesellschaft, während sich gleichzeitig die sich verändernde Gesellschaft auf die Weiterentwicklung der Metallurgie auswirkte.

Obwohl dieses Buch auf einer Vielzahl von Recherchen basiert, hat es keinen Anspruch auf rein wissenschaftliche Abhandlungen. Für den Autor ist das Buch eine Geschichte. Die historischen und archäologischen Daten sind oft wenig aussagekräftig um die Fakten zu interpretieren und einen Sinn zu ergeben. Bringt man aber Fakten in einer Geschichte über die Welt, in der wir leben unter und die von Mitgefühl oder Herrschaft erzählt oder vielleicht von beidem dann kann man anfangen sinnvoll über Chemie und Metalle in der menschlichen Kultur zu reden.

Der britische Historiker und Archäologe Robin George Collingwood definierte die Geschichtsschreibung als ein „Schere und Kleber" - Verfahren und schlägt den Historikern vor, sich nicht nur auf direkte Quellen, sondern auch auf indirekte Daten zu stützen. Deswegen versuchte der Autor dieser Arbeit in seinen historischen Beschreibungen unter Verwendung einer Methode der „historischen Kriminalistik" von Wiedererzählungen der bekannten Literaturquellen abzusehen.

Der Autor hatte auch den Gedanken, dass das Buch nicht nur die Geschichte, die mit Chemie und Metallen verbunden sind zu erhalten. Es soll auch das Hintergrundwissen liefern, welches zum Verständnis notwendig ist. Deswegen ist dieses Buch nicht chronologisch, sondern thematisch gegliedert. Die Motivation, die Museen und Ausgrabungen zu besichtigen und auch die entsprechenden Fachliteraturen zu lesen, war beim Autor aus privatem Interesse zu alten Kulturen und den Schnittstellen zwischen Archäologie und Metallurgie ausschlaggebend.

Einige Bereiche dieses Buches wurden schon in der Zeitschrift „Industrie & Archäologie" (Schweiz) unter Redaktion von Oskar Baldinger († 2015) publiziert. Ihm bin ich sehr dankbar für seine Freundschaft, überaus hilfreiche Diskussionen und seine kenntnisreichen Kommentare.

Danke an Herrn Frank Wittwer für die Zusammenarbeit in einigen Kapiteln und seine hilfreichen Kommentare zu Passagen des Buches. Danke Herrn Andy Adam, der mich in hervorragender Weise mit Diskussionen über einzelne Kapitel der Bibel unterstützte.

Ein besonderes Dankeschön an Frau Edeltrudis Taibner. Sie unterstützte mich in hervorragender Weise und hat mit ihren Fragen und Vorschlägen dafür gesorgt, dass dieses Buch die finale Reife erhalten hat; danke auch für professionelle Hilfe bei der Vorbereitung des Manuskripts für die Drucklegung.

Archäochemie und Metalle in archäologischen Funden

(Zusammenfassung einiger Aspekte)

„Wer nichts als Chemie versteht versteht auch die nicht recht".

Georg Christoph Lichtenberg (1742 - 1799), deutscher Physiker

Die Chemie hilft die archäologischen Funde und Befunde mit chemischem Allgemeinwissen und Kenntnissen aus chemischer Verfahrenstechnik, Labortechnik, sowie Werkstoffkunde zu untersuchen und zu interpretieren. Sie versucht die Herkunft und das Alter zu erklären, und ebenso ihre Herstellung und Funktion zu verstehen. Repliken werden hergestellt, um damit zu arbeiten und so die alten Prozesse verständlich zu machen. Es geht unter anderem um die Echtheit von Fund- und Museumsstücken, Herstellungs- und Bearbeitungstechnologien, die Verbreitung von Metallfunden und um Umweltbedingungen in historischen Zeiten.

Meist waren Anlässe, Funde aus archäologischen Quellen zu begutachten mit viel Essen und Trinken verbunden. Kostbare Geschenke wechselten den Besitzer. Schätze, wie zum Beispiel Gefäße, Glasperlen oder verzierte Knochenkämme konnten die Forscher in den Fundamentgräben freilegen. Sie stießen auf ein Schmuckstück, das einst ein Pferdegeschirr zierte. Der seltene Fund gelangte bereits zerbrochen in den Boden und deutet darauf hin, dass die vorchristliche Kultur der Angelsachsen in der germanischen Provinz vor allem eine Kriegerkultur war, zu deren Ideal das Pferd gehörte. Ähnliche Schmuckstücke kannte man bisher nur aus Grä

Gold von Troja. *Sauciere mit zwei Öffnungen. Gold, 2600-2450 v. Chr. Puschkin-Museum, Moskau.*

Fragment einer Maske aus Gold*, 50-395 n. Chr. Zypernmuseum, Nikosia.*

bern der angelsächsischen Elite finden. Ersten Datierungen zufolge wurde es zwischen 525 und 575 n. Chr. gefertigt.

Einen weiteren beeindruckenden Fund bildet ein rund 1500 Jahre altes „Maniküre-Set", bestehend aus drei Bronzestiften an einem Drahtring. Die Forscher vermuten, dass sie als Pinzette oder zur Reinigung von Fingernägeln und Ohren benutzt wurden.

Wie damals, so steht auch heute die Materialanalyse am Anfang der Untersuchungen eines neugefundenen Objektes. Detaillierte Informationen über Werkstoffe und Techniken können dann, ähnlich wie Form- und Stilmerkmale, zur Bestimmung von Herkunft und Herstellungszeit gewonnen werden. Außerdem wird die soziale, wirtschaftliche und gesellschaftliche Situation zur Zeit der Herstellung der Objekte ersichtlich. So kann oft ein recht zuverlässiges Bild vom Leben des Menschen in der Antike rekonstruiert werden.

Über die Anfänge der Metallurgie weiß man nämlich bis heute relativ wenig. Wie lernten die Menschen, Kupfer aus Erz zu gewinnen? Wie sind sie überhaupt auf diese Idee angekommen? Wie haben sie es geschafft, die Öfen auf 1083 Grad zu erhitzen, um den Schmelzpunkt des Kupfers zu erreichen? Wie musste eine Gesellschaft beschaffen sein, damit sie Kupfer auf diesem Niveau produzieren konnte? Und welche Rückwirkung hatte die Arbeit auf ebendiese Gesellschaften?

Die Metalle wurden in der Regel nicht als reine Metalle verwendet, so wie man sie aus ihren Erzen gewonnen hatte. Vielmehr wurden unterschiedliche Legierungen eingeschmolzen.

Etappe der Metallurgie	Jahre v. Christus
Erste gefundene Kupfer-gegenstände: Ahle, Stecknadeln, Perlen. Sie enthalten bis 0,8% Arsen, was für gediegenes Kupfer unmöglich ist.	- ca. 10. Jt., Çayönü, in Südostanatolien, am Rande des Taurus-Gebirges
Handwaren aus Kupfer: Perlen, Ringe, Röhrchen, Schlacke von Schmelzen des Kupfererzes.	- 6400 - 5700, Provinz Konya in Anatolien (Türkei) - 5900 - 5800
Kupfergegenstände, inkl. Messer, Spitzen usw.	- 5000, heutige Irak, Iran, Türkei
Kleines metallurgisches Werkstadt, Industrielle Kupferherstellung	- 4100, Tali-Iblis, Iran
Arsenhaltiges Kupfer (Arsenbronze)	- 4500, Tepe Yahya im Südosten des Iran - 3000 im ganzen Nahen Osten, Region Mittelmeer, Deutschland, Russland (Maikop-Kultur)
Zinnbronze Kupfer mit 2,5 bis 3% Zinn	- 3600, Ban Tschiang, Thailand - 3000 im ganzen Nahen Osten

So kommt es bei der Beschreibung von Metallobjekten darauf an, die Art des Metalls genau anzugeben um die genaue Zusammensetzung der Legierung zu bekommen.

Die Geschichte der Metallurgieentwicklung ist ein Weg zur Legierungsverbesserung, wie z. Beispiel von Verwendung des Kupfers bis zur Bronze.

Die ältesten Zeugnisse der menschlichen Nutzung von Kupfer sind Funde in vorkeramischer Jungsteinzeit Siedlungsplatz Çayönü - eine bedeutende archäologische Fundstätte in Südostanatolien, am Rande des Taurus-Gebirges. Wie das Radiokohlenstoffverfahren für die Datierung der metallischen Gegenstände, die in den Schichten des Hügels gefunden wurden, ergeben hat, handelt es sich um das 10. Jahrtausend v. Chr. Gefunden wurden drahtige Stecknadeln, quadratische Ahle, Bohrer, Perlen und die „Halbprodukte" aus Kupfer. Außer metallischen Perlen wurden Malachitperlen gefunden. Die Archäologen vermuten, dass alle metallischen Gegenstände aus dem gediegenen Kupfer hergestellt wurden. Allerdings zeigte eine Spektralanalyse der Ahle rund 0,8% Arsen, was einige Zweifel über die gediegene Herkunft des Kupfers nährte. Die Siedlung Çayönü lag in direkter Nähe der reichen Kupferlagerstätte in Anatolien - Ergani Maden, die möglicherweise das Zentrum der Kupferversorgung war. Die Frage, welche Kupferart für die gefundenen Gegenstände in Çayönü benutzt wurde, ist noch in der Diskussion.

Der älteste Kupfergegenstand in Südmesopotamien ist eine Lanzenspitze, die in Ura, in den Schichten aus dem 4. Jt. v. Chr. gefunden wurde. Die chemische Analyse der Spitze zeigte 99,7% Kupfer, 0,16% Arsen, 0,12% Zink und 0,01% Eisen.

In Zentraleuropa wurde Kupfer nicht früher als im 3. Jahrtausend v. Chr. benutzt. Eine flächige, primitive Form einer Kupferaxt, die in Horné Lefantovce in der West Slowakei gefunden wurde, wurde gegen Mitte des 3. Jts. v. Chr. datiert. Nach der Spektralanalyse enthält die Axt außer Kupfer noch 0,1% Arsen, 0,35% Antimon

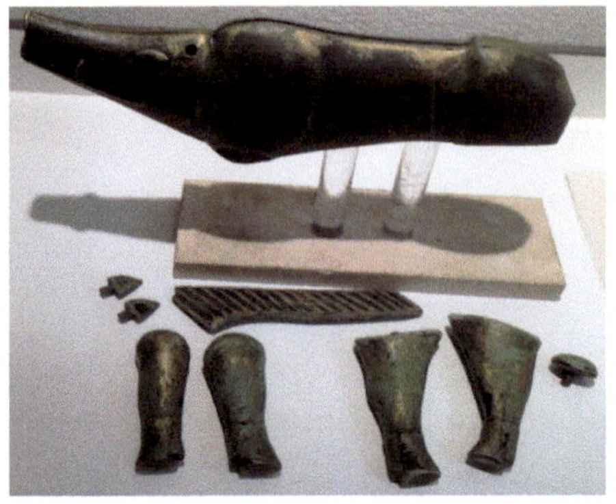

__Antike Lego:__ Rekonstruktion eines Wildschweines. Bronze, 1. Jh. v. Chr. Archäologisches Museum, Nizza.

und kleine Mengen anderer Elemente. Das spricht dafür, dass die Axt aus keinem gediegenen Kupfer hergestellt wurde. Es ist denkbar, dass Kupfer nach einem Reduktionsschmelzen aus den Kupfererzen hergestellt wurde.

Die neuesten Untersuchungen mittels der chemischen- und Spektralanalysen zeigten, dass die vielen Kupfergegenstände, die in verschiedenen Regionen der Alten Welt gefunden wurden, aus Kupfer-Arsen-Legierungen hergestellt waren.

Aus zwei urartäischen Tempelschätzen des 9. bis 8. Jahrhunderts v. Chr. wurden zunächst 43 Gegenstände jeweils an einem Messpunkt analysiert. Elf Achsnägel aus Kupferlegierung und teilweise aus Eisen wurden vorgestellt und eingehend untersucht.

__Vertrag zwischen dem König Stasikypros und der Stadt Idalion.__ Platte aus Bronze. Persien Periode, 470 v. Chr. Zypernmuseum, Nikosia.

Die große Varianz von insgesamt 81 quantitativen Analysen an den Achsnägeln wird durch eine statistische Fehlerrechnung beschrieben bzw. erklärt. Es wird nachgewiesen, dass die Heterogenität der patinierten Oberflächen der Kupferlegierungen zu fehlerhaften Ergebnissen führt, wenn Analysen lediglich an einem Punkt durchgeführt werden. Für eine quantitative, schlüssige Beurteilung der Zusammensetzung einer patinierten Kupferlegierung sind immer Bestimmungen an mehreren Punkten des zu analysierenden Objekts notwendig. Bei der Bewertung der dann erhaltenen Resultate ist außerdem die differenzierte, korrosive Beeinflussung der verschiedenen Legierungselemente zu berücksichtigen. Ein so erzieltes Ergebnis der Metallanalyse ist auch dann nur eine Annäherung, die jedoch dem wahren Wert weitgehend entsprechen wird. Auf jeden Fall wird sie für die Erkenntnis wertvoller als eine „exakte" Angabe sein, die nur für einen zufälligen Punkt und dessen zufälligen Korrosionszustand am patinierten Objekt gilt.

Aus den so erhaltenen Einsichten werden – auch unter Einbeziehung der in der Literatur publizierten analytischen Ergebnisse – Schlüsse gezogen: Die urartäische Metallurgie hat spezifische Eigenheiten: Es wurden drei Kupferlegierungstypen mit einem Zinkgehalt bis zu 8% Zink entwickelt. Auch solche Kupferlegierungen, wie Bleibronze, Kupfer mit und ohne Arsen/Antimonanteil, zinnarme Kupferlegierung - die Legierungen enthalten häufig geringe Zinngehalte - die in zeitlicher oder räumlicher Nähe fast nie auftreten.

Für spezielle Zwecke wählte der urartäische Metallhandwerker oft besondere Legierungen aus: die Stangen der Achsnägel und die Knöpfe unterschieden sich bei den angewandten Legierungen. Genauso waren z.B. die Möbelbauteile aus goldähnlicher, also höherwertiger Farbe, Legierungen mit Zink. Die Gefäße wurden aus einer zinkfreien Kupferlegierung hergestellt, bei welcher der Messinggeruch entfällt. Hier geht es um arsen- bzw. antimonhaltiges Kupfer mit einem relativ hohen Gehalt der Legierungskomponenten. Es ist metallurgisch nicht sinnvoll, aber wohl aus der Verfügbarkeit der entsprechenden Abbauerze zu erklären. Später wurde zum Kupfer in fast allen Fällen ausreichend Zinn zugesetzt.

An einem urartäischen Möbelbeschlag, der neben Kupfer noch 7% Zinn, 4% Zink, 0,7% Blei sowie Spuren von Arsen, Antimon und Silber enthält, wurden etwa 80 Analysen (vier Flächen, korrodiert, entpatiniert, richtungs- und lageabhängig, scharf abgeschliffen) ausgeführt.

Analysen der Patina eines korrodierten Kupfergegenstandes geben nur ein annäherndes Bild zur Zusammensetzung dieser Legierung. Deutliche Differenzierungen von Metallgehalten in der Patinafläche sind vom einen Punkt zum anderen Punkt für Blei, Zinn und Zink und damit auch für Kupfer nachgewiesen. Punktuelle Einzelanalysen sind daher häufig wertlos. Auch nach der chemischen Entfernung der Korrosionsprodukte sind Analysen der entpatinierten Metalloberfläche nicht repräsentativ. Erst eine Entfernung auch der obersten Metallschicht oder ein Bohren in die Tiefe der Legierungen führt tendenziell zu „richtigen" Analysen. Analysen-Ergebnisse sind nur dann zu bewerten, wenn die Art und Weise der Probenahme bzw. der Status der Oberfläche mit beschrieben wird. So lassen sich Analysen von Bohrspänen nur sehr beschränkt mit Analysen von Oberflächen vergleichen.

Die Eitelkeit der Analytiker darf nicht geschont werden, da sonst Fehlschlüsse bei den Auswertenden - Archäologen und Naturwissenschaftlern - gezogen werden; es müssen immer mehrere Analysen durchgeführt und auch weit auseinander liegende Ergebnisse eines Objekts publiziert werden. Die starke Differenzierung des Elementgehaltes in und auf demselben Gegenstand, die durch die Korrosion bewirkt wird, muss immer berücksichtigt werden.

Metallanalysen, die mit den oben genannten Differenzierungen bewertet werden, waren und sind für die Metallurgie des Altertums, für die antike Handwerkstechnik, für die Geschichte des Handels usw. trotzdem von großer Bedeutung. Kritische Archäologen haben schon immer der scheinbar großen Genauigkeit der naturwissenschaftlichen Analytiker misstraut und beurteilen sie jetzt vielleicht noch skeptischer. Archäologisch relevante Bewertungen von Analysen erfordern meist keine große Messgenauigkeit, auch wenn diese analytisch möglich wäre: Treffende Aussagen sind dann möglich, wenn die Heterogenität sowie die Anreicherung und Verarmung der korrodierten Metalle und ihrer Patina vom Auswertenden berücksichtigt werden.

Urartäische Kupferlegierungen heben sich von jenen ihrer Umwelt dadurch ab, dass sie oft stark legiert sind, wobei sie nicht nur das sonst übliche Zinn, sondern auch Arsen, Antimon, Blei und erstaunlicherweise Zink enthalten. Die dafür in Frage kommenden Erze im östlichen und nordöstlichen Anatolien werden benannt und zu den Legierungen in Beziehung gesetzt. Die offensichtliche Experimentierfreude und Geschicklichkeit der urartäischen Metallhandwerker und die Vielfalt der zur Verfügung stehenden Erze begründeten die „Wiege der Metallurgie" des Nahen Ostens im Urartäischen Reich.

Maske von Silenos. Bronze,
1. Jh. v. Chr. Archäologisches
Museum, Nizza.

Bronze. Salamis,
Tromb 79, 8. Jh. v. Chr.
Zypernmuseum, Nikosia.

Analysen von Korrosionsprodukten geben zwar einen Hinweis auf das ursprüngliche Metall; erst die Kenntnis des spezifischen Korrosionsverhaltens der verschiedenen Legierungsbestandteile, die aus mehreren Analysen der differenzierten Korrosionsprodukte abzuleiten ist, lässt entsprechende Rückschlüsse zu. Eine Untersuchung eines Helmes aus Urartu erlaubte, durch die Analysen des korrodierten Metalls, die ursprüngliche Zusammensetzung der Legierung zu ermitteln. Die Bronzeteile des Helmes bestanden alle aus einer Legierung mit 69,4% Kupfer, 16,8% Zinn, 8,9% Blei, 2,5% Arsen, 1,8% Antimon und 0,6% Silber. Die von grünen bis mehrfarbigen Korrosionsprodukte (Patina) waren chemisch durch das zunehmende Auslaugen des Kupfers sehr gut zu unterscheiden.

Die Gegenstände aus arsenhaltigem Kupfer wurden auch in Deutschland, Spanien, Portugal und in Russland in den Denkmalen des 3. Jahrtausends v. Chr. gefunden. In den Regionen, wo es keine Vorkommen von Zinnerz gab, stellte man bis zum Anfang des 1. Jahrtausends v. Chr. große Mengen des arsenhaltigen Kupfers her.

Die Kelten konzentrierten ihre Kräfte nicht nur auf das Kriegshandwerk. Sie entfalteten Fähigkeiten in der Metallbearbeitung und wurden darin zu Meistern.

Eine Eberstatue, die in ihre Einzelteile zerlegt war, wurde in der de Soulac-sur-Mer nahe der Gironde-Mündung gefunden. Der Fund gilt als spätkeltisches Feldzeichen und besteht aus Kupferlegierung, die sehr unterschiedlich gelb und rot gefärbt war. Die Einzelteile wurden jeweils mittels des Röntgenfluoreszenzverfahrens analysiert: Auffällige Differenzierungen wurden als eine Entzinkung des Messings nachgewiesen. Die ursprüngliche gelbe Messinglegierung mit etwa 22% Zink (Zinn, Antimon, Arsen, Blei und Silber durchweg weniger als 0,5%) verliert in der marinen Umgebung je nach Lage bis zu 15% des Zinks und wird dabei zunehmend rotfarbiger.

Die Analyse silbriger Reste auf der Oberfläche einer streifenver-
zierten bronzezeitlichen Dolchklinge sowie auf Dolchen aus West-
frankreich ergab auf einer Arsenbronze eine zusätzliche Arsenierung der Oberfläche, deren Technologie noch nicht geklärt ist.

Die röntgenfluoreszenzanalytische Untersuchung der beiden ur-
nenfelderzeitlichen Bronzeräder sowie die technologische Beurteilung ergaben beeindruckende Hinweise zu den technischen Möglichkeiten der frühen Metallhandwerker: Im Verbundguss wurde
mit verschiedenen Legierungen das eine Rad repariert, während
das andere, ebenfalls kompliziert gebaute Rad in einem Guss hergestellt wurde. Eine Produktion in Ostfrankreich ist naheliegend.

Das Grab von Mušov stellt in den archäologischen Funden an
der Wende der älteren zur jüngeren Römischen Kaiserzeit ein besonderes Kapitel dar. Im Grab wurden mehrere bronzene, aber
auch prestigeträchtige silberne Gefäße und die charakteristischen
Attribute der noblen sozialen Schicht der älteren Kaiserzeit gefunden.

Die runde Mittelscheibe eines Stuhlsporns aus dem germanischen Königsgrab von Mušov in Mähren und das runde Eckteil der
Grundplatte eines zweiten Stuhlsporns bestehen aus Legierungen
des gleichen Typs, jedoch verschieden starker Zulegierung. Die
Vergoldung der beiden Sporne enthält etwa 7% Silber und von 0,5
bis eins Prozent Kupfer und ist damit von hohem Feingehalt. Die
silberne Mittelscheibe des einen Sporns weist neben 10% Kupfer
0,5% Gold auf. Die schwarzen Beläge zwischen den verschiedenen
Konstruktionselementen der Sporne stammen von Loten, die etwa
zu 80% Zinn und 20% Blei bestehen.

Chemie hilft den Archäologen in der Erkennung der Fälschun-
gen. Als römisch bezeichnete „medizinische" Instrumente (134
Kunsthandelsobjekte) werden aufgrund typologischer und ergolo-
gischer Merkmale vom Archäologen als Fälschungen bezeichnet.
Nach einer röntgenfluoreszenzanalytischen Untersuchung der 16
Objekte wurde festgestellt, dass die Kupferlegierungen von 30 bis

40% Zink enthielten: Solches Messing ist aus römischen Beständen unbekannt. So wurde die Fälschung der Kunstobjekte nachgewiesen.

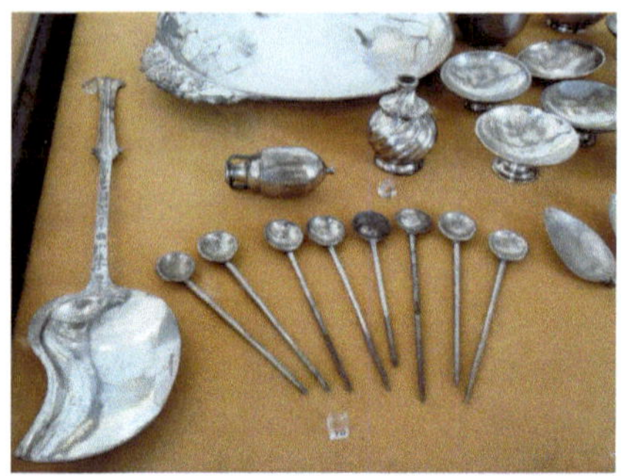

Geschirr und ein großer Servier-löffel (Trulla). Silber, 1. Jh. v. Chr.- 1. Jh. n. Chr. Archäologisches Museum, Neapel.

Schlangen-Armband. Gold, 1. Jh. n. Chr., Pompeji. Archäologisches Museum, Neapel.

Bei der Restaurierung römischer Gegenstände aus Eisen fiel auf, dass sich manchmal Kupfer- bzw. Messingüberzüge auf dem Eisen befinden. Der einwandfreie Nachweis muss gebührend berücksichtigt werden, da bei chemischen Entrostungen solche Überzüge verloren gehen. Man nimmt an, dass Eisen mit Buntmetall bedeckt wurde, um entweder eine bessere Wirkung oder eine Wertsteigerung zu erzielen. Die bessere Beständigkeit gegenüber der Korrosion dürfte jedoch den Ausschlag gegeben haben. So wurde die Rekonstruktion der Herstellung von Bronze- oder Messingüberzügen auf Eisen mit einfachsten Mitteln durchgeführt.

Der Bronzekessel war korrodiert und durch den Bodendruck in der Fundlage teilweise verbogen und zerbrochen. Die Oberfläche musste von der Korrosions- und Erdkruste behutsam gereinigt und die fehlenden Teile der Kesselwandung mit eingefärbtem Epoxidharz ergänzt werden. Nach den Röntgenaufnahmen der Teilpakete, technischen Untersuchungen und Analysen an Einzelteilen konnte man schließlich die aufwändige Restaurierung in Angriff nehmen. Der rekonstruierte Kessel stammte von Salamis (Zypern) aus dem 8. Jahrhundert v. Chr.

In Sipan in Peru wurden die Funde aus dem Fürstengrab, die aus der Moche-Kultur stammen, die vor den Inkas zwischen dem 3. bis 4. Jahrhundert existiert hat und aus 40 : 60 und 8 – 10 : 90 Gold-Kupfer-Legierungen, Silber-Kupfer-Legierung (40 : 60) und Kupfer mit wenigem Prozent Arsen bestanden, untersucht und restauriert. Diese Kultur erstreckte sich zwischen dem 1. und 7. Jh. n. Chr. entlang der Nordküste von Peru. Die Moche-Gesellschaft unterstützte viele begabte Handwerker, die sich auf Gold-, Silber- und Bronzebearbeitung spezialisierten. Unter den zahlreichen kostbaren Objekten befanden sich Masken aus dünnem Kupferblech mit vielen Ablagerungen. Kupfer war praktisch vollständig korrodiert und äußerst brüchig. Aufgrund der in der bisherigen Restaurierungspraxis von unbekannten Legierungen mussten neue oder abgewandelte Methoden entwickelt werden. Zur Ausführung der Untersuchungen kamen die Methoden mit Ethylendiamintetraessigsäure und Thioharnstoff zur Lösung von Oxiden, Festigung mit Glasgewebe mit Epoxidharz, Reduktion von Oxyden mit Niederdruck–Wasserstoffplasma und mechanische Entfernung von Oxyden mit Mikro-Sandstrahl zum Einsatz.

22000 Objekte aus Kupfer oder dessen Legierungen wurden im Württembergischen Landesmuseum Stuttgart spektroskopisch untersucht und nach ihrer Zusammensetzung in 29 Gruppen eingeteilt. Probleme der Archäologie zum Produktionsort, zum Handel und zur zeitlichen Entwicklung der Legierungen wurden an Beispielen mit der zeitlichen und lokalen Verteilung der 29 Gruppen verglichen.

Auch 3300 Goldgegenstände, deren erstes Vorkommen im Donauraum, dann in Spanien und Siebenbürgen verfolgt wurde, lassen sich in 12 Gruppen statistisch einteilen. Das Beispiel der frühbronzezeitlichen Lunulae aus Irland (vereinzelt auch in Norddeutschland, Dänemark und entlang des Rheins) mit einem einheitlichen Gold zeigt positive Möglichkeiten für die Archäologie auf – andere Beispiele der zeitlichen und lokalen Zuordnung der „Gruppen" sind noch ungeklärt.

Gold war ebenso wie Kupfer eines der ersten Metalle, die von Menschen im Alttag verwendet wurden. In Ägypten wurden die Golderzeugnisse in den Grabungen der Badari-Kultur (5000 - 3400 Jahre v. Chr.), entdeckt. Es waren aber jüngere als die dort gefundenen Kupfererzeugnisse. Übrigens handelt es sich um die ersten bearbeiteten Golderzeugnisse in der Welt.

Gediegenes Gold kommt in der Natur sehr selten in einer reinen Form vor. Die Hauptzulegierungen sind Silber, Kupfer, auch Eisen und einige andere Metalle. Wie die modernen Analysen zeigten, ist Silber einem Hauptlegierungselement im ägyptischen Naturgold. Der Silberanteil im Gold bewegt sich von 10 bis 30%, der Mittelwert beträgt ca. 15 – 18%. In der dynastischen Periode wurde schon Gold zusammen mit Silber und Kupfer geschmolzen, leider war diesen Schmelz nicht immer perfekt. Manchmal konnte man auf der Oberfläche der Golderzeugnisse die Silbereinflüsse in Form von hellen Flecken bemerken, wie zum Beispiel auf den Schmucken, der in ägyptischen Gräbern der XXI. - XXV. Dynastien (zwischen 1085 und 664 vor Christus) entdeckt wurde.

Die Ergebnisse der chemischen Analysen einiger alter ägyptischer Golderzeugnisse zeigen, dass Gold nicht immer raffiniert wurde. Bei alledem gibt es in alten ägyptischen Texten - zum Beispiel der XX. Dynastie (1200 - 1090 v. Chr.) - eine Erwähnung über zwei-, auch dreimalige Goldraffination. In den schriftlichen Quellen aus den Jahren 1090 - 945 v. Chr. wird hochkarätiges Gold erwähnt. Bereits im 2. Jh. v. Chr. wurde schon eine Goldraffination durchgeführt. Nach Agatharchides führte man im Alten Ägypten die Goldraffination ein Erhitzen des Goldes zusammen mit dem Blei, Zinn, Salz und Gerstenkleie durch. Es ist denkbar, dass in diesem Verfahren Silber vollständig extrahiert wurde, da es keine Information über ein gleichzeitiges Herausziehen gibt.

Goldfarbe hing hauptsächlich von den Anteilen solcher natürlichen oder künstlich gegebenen Legierungselemente wie Kupfer, Silber, Arsen, Zinn, Eisen ab. Unterschiedliche Goldfarbe und Legierungszusammensetzungen der Golderzeugnisse waren im Alten Ägypten charakteristisch. Alte Chemikern meinten, dass alle natürlichen Goldlegierungen nur die unterschiedliche Art des selben Goldes sind. Es wurden Golderzeugnisse mit ganz breitem Farbspektrum gefunden.

Gelbes Gold hat eine Zusammensetzung nahe reinem Gold und enthält kleine Silber, Kupfer oder andere Metallanteile. Graues Gold enthält einen höheren Silberanteil, der sich auf der Oberfläche des Erzeugnisses nach Jahrhunderten zum Silberchlorid umwandelt. Das Silberchlorid zersetzt sich selbst am Licht durch Erzeugen von feinkristallinem Silber. Diese Kristalline erzeugen auf der Oberfläche eine graue Farbe. Um Pinkfarbe des Goldes zu erhalten, wurde Gold mit kleinen Mengen von Eisen und Kupfer legiert.

Etwa 200 Analysen an drei Goldhalskragen aus Möne, Färjestaden und Ålleberg des 5. bis 6. Jahrhunderts sollen die technische Bewertung ihrer Herstellung erleichtern. Untersuchungen der chemischen Zusammensetzung der Legierungen von schwedischen Goldhalskragen weist eine relativ breite Streuung der Gold-, Silber- und Kupferanteile auf. Es zeigt in allen vier Fällen auf, dass keine einheitliche Legierung für die jeweilige Gesamtheit eines Kragens verwendet wurde. Die einzelnen Teile eines Goldhalskragens, also die Miniaturverzierungen, die Ringe, die Scharnierteile usw. haben jedoch eine weitgehend in sich übereinstimmende Zusammensetzung. Für den speziellen technischen Zweck wurde die in ihren Eigenschaften vorteilhafteste Legierung verwendet. Am deutlichsten zeigt sich diese erstaunliche Beherrschung der Legierungstechnologie am Goldhalskragen von Färjestaden, der weiter dadurch auffällt, dass nur bei ihm primär gewonnenes Gold verwendet wurde.

Im Alltag kam Silber praktisch immer später als Kupfer oder Gold vor, in einigen Regionen kurz vor Eisen. Die ältesten Silbererzeugnisse wurden auf den Territorien Anatolien und Iran gefunden: im Iran (in Tappe Sialk) sind es Knöpfe aus der Zeit von 4800 bis 4500 v. Chr. und in Anatolien in Beycesultan ein Ring vom Ende des 5. Jahrtausendes v. Chr. Die Quellen des alten Silbers sind bis heute noch nicht bekannt. Es gibt aber eine Vermutung, dass es zum ersten Mal während einer zufälliger Kupellation des silberhaltigen Bleischmelzes stattfand. Die Kupellation ist ein Verfahren der Herausziehung von Gold und Silber aus Blei und ist schon seit 4000 v. Chr. bekannt. Ein überzeugender Nachweis der Silberherstellung aus den Bleierzen sind die Knöpfe aus dem dritten Jahrtausend vor Christus, die in Mahmatlar, in Süd Mesopotamien, gefunden wurden.

Unter den Archäologen und Historikern gibt es die Meinung, dass zum ersten Mal das Silber in Form von Silber-Gold-Legierung in die Hände der Menschen kam. Es bestätigte die Analysen der altägyptischen Silbererzeugnisse, die bis zu 38% Gold enthalten. Man mit höher Wahrscheinlichkeit sagen, dass im Altertum Silber meistens aus Blei-Silber-Erzen hergestellt wurde.

Die Ergebnisse der chemischen Analysen zeigen, dass Silber im Altertum oft eine Silber-Kupfer-Legierung mit ziemlich hohem Goldanteil war. Der erste, der eine systematische Untersuchung der Silbererzeugnisse machte, war der französische Chemiker M. Berthelot. Seine Analyse der Fragmente einer Vase von 7. Jh. v. Chr., die in Susa (Iran) gefunden wurde, zeigte, dass zwei Proben 65,27% und 64,14% Silber, enthielten. Außer Silber enthielt die erste Probe 2,95% Kupfer und 1,1% Gold. In der zweiten Probe befunden sich 63% Silber, 15,5% Kupfer, 0,34% Gold und 0,27% Eisenoxid.

Analysen der Silberfunde aus dem Alten Ägypten zeigten, dass sie aus einer Silber-Gold-Legierung (von eins bis 38% Gold) und Silber-Kupfer-Legierung (von 0 bis 8,9% Kupfer) bestanden.

Grabmaske. Silber. 675-625 v. Chr. Archäologisches Museum, Florenz.

Altes Silber aus Ura findet sich auch ohne Gold, aber mit einem niedrigen Kupfergehalt.

Die Materialbestimmung bei Tauschierungen auf frühmittelalterlichen Objekten (Silber, seltener Messing oder Bronze) sowie auf späthallstattzeitlichen Dolchen (5. Jh. v. Chr.- Kupfer und Silber, nur im Mittelmeerraum auch Gold) führt zu archäologisch interessanten Fragestellungen.

Silberkrug, teilvergoldet. Am Henkel Stierkopf und Silenskopf. 50.-10. v. Chr., Archäologisches Museum, Mainz.

Keramikverzierungen aus metallischem Zinn sind ebenso von Bedeutung wie die Rekonstruktion eines schwedischen Gürtelbeschlags, der nur noch als ein Paket aus Schichten von Silberoxiden auf einer Basis von Zinn und Blei gefunden wurde. Erst durch enge

Zusammenarbeit des Analytikers mit dem Restaurator und dem Archäologen konnte der Gürtelbeschlag rekonstruiert werden. Studien zur Hartlötung und zur bis dato unbekannten Arsenierung von Bronze ergänzen die Arbeit.

Der Fund aus 33 Tellern und ovale Platten, den man Alemannen aus dem römischen Gallien zuschrieb, wurde mittels Röntgenfluoreszenzanalyse untersucht. Es sollten sowohl die Zusammensetzungen der Basislegierung als auch die der metallischen Überzüge festgestellt werden. Zwei Fragmente wurden als zusammengehörig identifiziert. Ein Teller bestand aus Silber und fünf Teller aus einer Zinn-Blei-Legierung. Von den verbleibenden 26 Objekten, deren Basismetall eine Kupferlegierung war, erwies sich ein Teller als rundum versilbert, drei Teller und eine ovale Platte waren teilversilbert; 19 Gegenstände waren auf ihrer Innenseite mit Zinn und Blei überzogen, zwei Teller waren ohne Belag. Silber der Versilberungen war durchweg mit wenigen Prozent Gold versetzt, sodass eine sekundäre Verwendung des Silbers angenommen werden muss. In einem Fall wurde der metallische Überzug aus Silber mit Zinn und Blei kombiniert. Die Überzüge der Innenflächen aus Zinn und Blei – in sechs Fällen mit mehr als 84 % Zinn - enthalten durchschnittlich 75 % Zinn. Die Kupferlegierungen der 26 Teller und ovalen Platten (versilbert und mit Belägen aus Zinn-Blei-Legierung) lassen sich nach der Zusammensetzung in sechs Gruppen einordnen. Das Grundmuster der Legierungen ist in allen Fällen gleich. Nur bei einem Teller lässt sich höchstwahrscheinlich, bei drei weiteren Tellern vielleicht, eine andere Provenienz ableiten. Die Basislegierungen der teilversilberten Objekte sind sich sehr ähnlich. Ebenso gleichen sich vier der fünf Teller, welche nur aus Zinn-Blei-Legierung bestehen, in den Konzentrationen ihrer Metalle.

Zu den ältesten Bleigegenständen (Datierung zwischen 3900 und 3400 vor Christus), die in Ägypten gefunden wurden, gehören eine Statuette, auch ein Siphon mit einem Filter aus Tel-El-Amarli, wo im 3. Jahrtausend vor Christus ein Wasserleitungssystem existierte.

Blei wurde im 3. Jahrtausend v. Chr. breit in einer Form der Platten und Gefäße verwendet. Die Analyse eines in Südmesopotamien gefundenen Erzeugnisses zeigte, dass es sich hier um eine Blei-Zinn-Legierung mit der Zusammensetzung von 98,3% Blei und 1,3% Zinn handelte. Zinn wurde möglicherweise für eine Erhöhung der Legierungsfestigkeit geschmolzen.

Im Altertum wurden die unterschiedlichen Werkzeuge und Waffen aus Legierungen auf Basis von Kupfer und Blei hergestellt. Die Analyse eines Gegenstandes, der in Frankreich (Region Nantes) gefunden wurde und aus der späten Bronzezeit stammte, zeigte 36% Blei und nur 5% Zinn. Dieser höhere Bleianteil in der Legierung, aus welcher der gefundene Gegenstand hergestellt wurde, ist bis heute noch ungeklärt.

Antimon ist ein Metall, welches seit grauer Vorzeit bekannt ist. In alten schriftlichen Quellen wie z.B. in den Papyrus- oder Keilschrifttexten fehlt ein spezielles Symbol für die Antimonbezeichnung. Möglicherweise betrachtete man Antimon im 3. Jahrtausend v. Chr. als eine Bleiabart. Es ist auch denkbar, dass das metallische Antimon in Ägypten und Mesopotamien noch nicht sehr breit verarbeitet war: In beiden Regionen wurden einige Perlen und Fragmente einer Vase aus der Zeit von 2500 vor Christus aus dem Antimon gefunden. Die Analyse bestätigte, dass das Material der Vase grundsätzlich nur das Antimon und die Legierungselemente in Höhe von 0,57% enthielt.

Im Alten Ägypten und Mesopotamien wurden die antimonhaltigen Bronzen verwendet. Es besteht die Vermutung, dass das Material aus dem Kaukasus transportiert wurde, da in Ägypten und Mesopotamien keine Vorkommen von Antimonerzen waren.

Zinn ist das geheimnisvollste Metall des Altertums. Dieses Metall ist ein Bestandteil der Bronze, welche der Name der historischen Epoche gab. Das Geheimnis ist, dass es im Radius von ca. 2000 Kilometer vom Nahe Osten – dem Zentrum der Bronzeherstellung – überhaupt kein Zinn gab. Das Geheimnis ist auch, dass die Gegenstände aus Zinnbronze um 800 v. Chr. gleichzeitig in den Territorien von Spanien bis Thailand erschienen. In der Welt sind die folgenden nachgewiesenen Vorkommen von Zinn: Malaisen, Afghanistan, Spanien und England. Deutschland kann ausgeschlossen werden, da auf seinen Territorien die Zinngewinnung technologisch so kompliziert war, dass das bis zum Ende des 1. Jts. v. Chr. unmöglich war.

Das Geheimnis der Bronzeherstellung besteht darin, man muss die Zinneigenschaften erst einmal kennenlernen. Um die Zinneigenschaften kennen zu lernen, muss man mit dem Zinn Versuche durchführen. Um die Versuche durchzuführen, muss man Zinn zuerst kaufen, weil es im Nahen Osten keine eigenen Zinnvorkommen gibt.

Das bedeutet, dass man im Nahen Osten wusste, dass Zinn existiert und wusste, dass Zinn zusammen mit Kupfer zu Bronze geschmolzen werden konnte. Das bedeutet auch, dass die Alte Welt im 4. Jt. v. Chr. sehr eng miteinander verbunden war.

Ein Zinnerz oder ein Zinnoxid zusammen mit dem Kupfererz oder Kupfergegenständen und Holzkohle einzuschmelzen ist ein vereinfachtes Verfahren gegenüber der individuellen Zinnreduktion und weiterer Kupferzulegierung. Für diese Hypothese spricht eine Entdeckung von 16 kg des weißen Materials, man in einem Handelsschiff, das um 1200 v. Chr. am Ufer der Türkei gesunken war, gefunden hat. Mit der chemischen Analyse wurde festgestellt, dass dieses Material 14% Zinndioxid und 71% Calciumcarbonat enthielt. Es gibt aber unterschiedliche Meinungen: War es metallisches Zinn oder das Mineral Kassiterit nach Einwirkung von Meerwasser. Stärkere Gründe hat die zweite Hypothese, weil Zinnoxid im Altertum für die Geschirrglasur und die Perlen verwendet wurde. Die Zinnquellen befanden sich meistens in den Regionen, in denen man viele Artefakte aus Zinn-Kupfer-Legierungen fand, zum Beispiel im Iran und im Kaukasus. Jedoch, gemäß modernen geologischen Untersuchungen, gibt es im Iran keine Vorkommen von Zinnerzen.

Ein hoher Metallgehalt von Arsen, Antimon, Zinn, Nickel oder Blei erklärt sich auch durch eine chemische Zusammensetzung der Kupfererze, die in der alten Metallurgie verwendet wurden, und, in einigen Fällen eine Kupferschmelzung zusammen mit den Artefakten aus Bronze. Die unterschiedlichen Ursachen, die deren Zusammensetzung erklären, regen die Notwendigkeit einer Klassifikation der alten Bronzen an.

Eisen ist nicht ein so geheimnisvolles Metall wie Zinn. Trotzdem gibt es in seiner Geschichte einige Lücken. Die offizielle Wissenschaft vertritt die Meinung, dass seit 2000 Jahre v. Chr., als Eisen von den Hethitern benutzt wurde, erstmals die Herstellung von Gegenständen aus diesem Metall stattfand. Die industrielle Herstellung der Gegenstände aus Eisen wurde von den Hethitern und danach von den Philistern mit ihrem Eisenmonopol gefördert. Es ist aber auch bekannt, dass eine Eisenverbreitung erst seit 1000 – 800 Jahren v. Chr. angefangen hat. Das bedeutet, dass die Erfindung der Eisenherstellung ca. 800 Jahre geheimgehalten wurde. Die Bronzeproduktion wurde dagegen sofort in der ganzen antiken Welt bekannt.

In der wissenschaftlichen Geschichte gibt es keinen Nachweis für den Fakt der Funde eines Stemmeisens in der Siedlung Samarra in Irak, datiert um 5000 v. Christus. In Ägypten wurde Schmuck aus Meteoriteneisen gefunden, das bestätigte durch der Nickelgehalt von 4 bis 10%. Dieser Schmuck ist mehr als 5500 Jahr alt – es spricht nicht dafür, dass Eisen gewonnen, zeugt aber davon, dass Eisen bearbeitet wurde. In der Cheops-Pyramide wurde ein Eisenplättchen aus irdischem Eisen datiert nach dem Pyramidenalter um ca. 2500 vor Christus, gefunden. Wegen all der anomalen Befunde kann man sagen, dass Eisen entgegen der offiziellen Datierung viel früher produziert wurde.

Aufgrund der neuen metallographischen Analysen wurden die Eisenklingen aus Alaca Höyük um 2100 vor Christus, möglicherweise früher, aus irdischem Eisen hergestellt. Diese Schlussfolgerungen der Historiker decken sich mit den Bestätigungen aus assyrischen Keiltexten der Handelskolonie in Kleinasien im 3. - 2. Jahrtausend v. Chr. Diese Haupthandelsware bestand aus Kupfer, Silber und Zinn, die in dieser Region mit einem sehr hohen Technikniveau der Metallherstellung und -bearbeitung eingeführt wurde. Damit verbunden ist die frühe Entstehung des Handelskapitals. Assyrische Handelsleute gründeten auch spezielle Handelsvereine mit dem Ziel Eisen zu kaufen. Eisen kostete ca. 40 Mal mehr als Silber und auch etwa 5 bis 8 Mal mehr als Gold.

__Helm__. Eisen, Russland, 13.-14. Jh. n. Chr. Staatliches Historisches Museum, Moskau.

__Schwerte__. Eisen, Ananin Region, 9.-8. Jh. v. Chr. Staatliches Historisches Museum, Moskau.

Zu diesem Zeitpunkt wurden die ersten Versuche der Töpfer in der Antike vom Nahen Osten mit Eisenoxiden als Farbstoffe durchgeführt. Von Eisenoxiden hängt die Farbe des Tones (Beispiel graubraun) und der Keramikfarbe (rot bei Eisenoxidation, dunkel-grau oder schwarz bei der Eisenreduktion aus Oxiden) ab. Der maximale Farbeffekt wurde bei einer Temperatur von circa 900°C erreicht.

Es wurde festgestellt, dass in den Öfen von Metsamor und Argishtikhinili (Urartu) die Zugabe des Flussmittels inklusive 7% Knochenmischung aus den Calcium- und Phosphoroxide ergab, die zur Herstellung des zum Schmieden geeigneten Eisens führten. Der chemische Versuch bei 960°C bestätigt diesen Sachverhalt.

Viele Maßnahmen zur Erhaltung von archäologischen Funden haben sich über die technische Entwicklung verändert.

Für die Restaurierung- und Konservierungsmaßnahmen archäologischer Fundobjekte sind immer auch neue Materialien als Ergänzungen verwendet worden. Dies führte häufig zu nicht vorhersehbaren Veränderungen, nicht zuletzt weil sich Ergänzungen manchmal schneller als die Originalmaterialien veränderten. Aus ästhetischer und konservatorischer Sicht haben sie die in sie gesetzten Erwartungen nicht erfüllt.

Heute will man deshalb derartige Eingriffe rückgängig machen und die Originalsubstanz, soweit noch vorhanden, so gut wie möglich konservieren. In Einzelfällen wird man mit äußerster Vorsicht und Zurückhaltung Materialien früherer Restaurierungen durch solche ersetzen, die den heutigen Erkenntnissen von Materialverträglichkeit, Haltbarkeit und Authentizität entsprechen. Von daher ist es äußerst wichtig, sich durch naturwissenschaftliche Untersuchungen genaue Kenntnis über frühere Restaurierungen zu verschaffen.

Die Röntgenfluoreszenzanalyse dient bei der Restaurierung sowohl der Beurteilung spezieller archäologischer Probleme als auch der Untersuchung von Objektserien weiträumiger regionaler und

Schwert, Spitze der Pike und Spitze der Lanze. Eisen, Andreev Kurgan. 1.-2. Jh. n. Chr. Staatliches Historisches Museum, Moskau.

chronologischer Ausdehnung. Durch die enge Zusammenarbeit des Analytikers mit Restauratoren und Archäologen können die verschiedensten archäologischen Probleme gelöst werden.

Die erweiterten typologischen Abgrenzungsmöglichkeiten werden wertend miteinander verglichen. Die Unterscheidung nach technischen Merkmalen ist schärfer als jene nach Form und Verzierung.

Schüssel. Silber, Vergoldung. Spätbronze Zeit, 1200-950 v. Chr. Zypernmuseum, Nikosia.

Anhand von Beispielen werden zur Echtheit, zur Materialver-
wendung, zur erstmaligen Verwendung bestimmter Materialien,
zum ursprünglichen Erscheinungsbild von Objekten, zur Herkunft,
Verbreitung und zur Zeit der Niederlegung von Funden Ergebnisse beschrieben.

Zur Definition des Riegseeschwertes werden 48 Riegseeschwer-
ter aus Deutschland und Österreich untersucht. Die Röntgenunter-
suchung, die zum Vergleich auch 13 Achtkantschwerter umfasst,
ergibt deutliche Unterschiede in der technischen Gestaltung der
beiden Schwerttypen. Alle Schwerter werden nach Fundort, Fund-
umständen, Form, Verzierung und technischem Aufbau (auf den
Röntgenaufnahmen basierend) beschrieben und im Bild vorgestellt.

Die intensive gegenseitige Beeinflussung zwischen Riegsee- und
Achtkantschwertern lassen sich verdeutlichen. Die allgemein verwendete Holste'sche Typographie des Riegseeschwertes wird
überprüft, teilweise erweitert und durch technische Charakteristika
ergänzt. Eine Gruppen-Gliederung, die primär nach technischen
Merkmalen vorgenommen wird, ergibt gleichlaufende Differenzierungen in Form und Verzierung. Kennzeichnende Merkmale für
sieben Gruppen werden festgelegt. Nur die Gruppe der Über-
gangsschwerter (zu den Achtkantschwertern) ist geographisch en-
ger begrenzt. Eine chronologische Abfolge kann lediglich vermutet
werden, da nur bei Schwertern einer Gruppe Beifunde vorliegen.

Beim Eisen sind die Untersuchungen im Wesentlichen auf das
Gefüge und die Mikrohärte zentriert – die technologische Entwicklung vom weichen Eisen zum harten Stahl v. a. bei den Kelten und
bei Damaszierungen im frühen Mittelalter werden angesprochen.
Die Damaszierung der Spaten wurde nach Röntgenaufnahmen untersucht. Von 38 Objekten sind 28 echt damasziert, zwei weisen
eine fortgeschrittene und fünf eine normale Streifendamaszierung
auf. Nur drei Spaten sind nicht damasziert. Die Qualitätsbegriffe
Streifendamast und Furnierdamast werden definiert. Fischgrat -
bzw. Winkeldamast werden als Spielarten des Torsionsdamasts an-

gesprochen. Die Spaten werden nach der Art des Damasts beschrieben (Anzahl und Breite der Damastbahnen, Ansetzen der Schneiden, Technik der Klingenspitzen, Schmiedemarke). Eine chronologische Einordnung der spatenführenden Gräber zeigt eine nur zögernde Einführung des Brauches damaszierte Spaten. Gräber nach 640 n. Chr. enthalten keine Spaten. Der Anteil an damaszierten Spaten in Altenerding mit 74 bis 92% ist etwa gleich groß wie jener bei allen anderen untersuchten Gräberfeldern (82 bis 85% bei 274 untersuchten Spaten). Damaszierte Spaten sind vom 6. Jahrhundert bis zur Mitte des 7. Jahrhunderts üblich, nicht-damaszierte sind selten.

Erste Bleiisotopen-Analysen lassen für die Zukunft hoffen. Auch die Tatsache, dass jedes Material, ob original oder ergänzt, Verfallserscheinungen unterliegt, muss berücksichtigt werden. Es müssen die bestmöglichen Bedingungen zur Erhaltung eines Fundgegenstandes oder einer Ausgrabung erforscht werden. Denken wir nur an Feuchtigkeit, an das Ausblühen von Salzen aus dem Mauerwerk, an Ruß von Fackeln und Kerzen. Dies bedeutet meist einen „geschlossenen Raum", in der Regel ein Museum – ein Raum, der schützt und optimale Konservierungsvoraussetzungen bietet.

Die Erhaltung von archäologischen Funden als Zeugen vergangener Kulturen für künftige Generationen gehört zu den wichtigen Verpflichtungen der Gegenwart.

Die Zahl der dabei pro Jahr entdeckten Fundobjekte geht in die Hunderttausende, darunter ein erheblicher Anteil an metallischen Objekten. Das größte Problem stellen Objekte aus Eisen dar, weil sie durch rasche Nachkorrosion von der Zerstörung besonders bedroht sind. In der Regel wird ein Eisenobjekt, das im Boden mehrere hundert bis tausend Jahre gut erhalten blieb, nach der Ausgrabung innerhalb von wenigen Jahrzehnten durch Korrosion, d.h. simples chemisches Rosten, völlig zerstört.

Früher hat man die ursprüngliche Oberfläche von einer relativ dicken und harten Agglomerationsschicht aus Bodenresten freigelegt. Man verwendet hier drastische Methoden des Schleifens, Sandstrahlens oder ähnliches. Es wird die gesamte korrodierte Oberfläche des Objektes bis auf den Metallkern entfernt.

Für eine sorgfältige Reinigung der Oberfläche der archäologischen Funde wurde eine neue plasmachemische Methode entwickelt, die auf einer Behandlung der Objekte in einem reduzierenden Plasma einer Hochfrequenz-Niederdruckentladung basiert.

In einem Glasrohr mit 45 cm Durchmesser und einer Länge von 120 cm wird Gas unter einem niedrigen Druck von einigen tausendstel Bar durch eine Hochfrequenzspannung zu einem Plasma angeregt. Das so ionisierte Gas reagiert, gasartabhängig, mit den in die Glasröhre eingelegten Fundobjekten. Die Spezialisten verwenden Gasmischungen mit Wasserstoff als reduzierendes Gas.

Es findet eine Teilreduktion der in der Kruste migrierten Oxide statt. Exakt gesprochen, erreicht man durch diese Behandlung eine Reduktion des Hämatits (Fe_2O_3) zu Magnetit (Fe_2O_4). Dadurch erhält man eine merkliche Volumenabnahme. Die vorher harte und kompakte Kruste wird spröde und weich und lässt sich in der Regel mit einem Skalpell entfernen. Der Restaurator verwandelt sich von einem „Schleifer" in einen feinfühligen „Chirurgen", der auch die kleinsten Details der ursprünglichen Oberfläche so freilegen kann, wie dies bisher kaum mögliche war. Es kommt hinzu, dass das Freilegen wesentlich schneller erfolgt.

Anschließend kommt das Fundobjekt wieder in die Plasmaröhre, und so wird durch Beimischung von Methan und Stickstoff eine Passivierung der Chloride in den Eisenobjekten erreicht. Auch die dabei ablaufenden Stoffumwandlungen an der Oberfläche konnten die Chemiker mit aufwendigen oberflächenanalytischen Methoden klären.

Ein eindrucksvolles Beispiel ist die Entdeckung der ältesten Handfeuerwaffe der Schweiz (Handrohr). Sie wurde 1975 in der Burg Freienstein bei Bülach, Kanton Zürich, ausgegraben. Die Waf-

fe muss vor 1443 hergestellt worden sein, da in diesem Jahre die
Burg ausbrannte. Man erkennt harte Ablagerungen, die archäolo-
gisch nicht charakterisiert werden konnten. Nach der Plasmare-
staurierung wurde entdeckt, dass die Waffe zur Überraschung der
Archäologen aus Eisen besteht, einige Teile der Waffe enthalten
Schleifspuren der Feile bei der Endbearbeitung.

Die Rolle der Chemie in der Archäologie ist sehr schwierig ein-
zuschätzen. Mit ihrer Hilfe erkennt man eine Bedeutung der Archäologie sowie der Chemie in der Entwicklung der menschlichen
Zivilisation. Nach sorgfältiger Analyse der alten menschlichen Kulturen nehmen selbst die Chemiker einen Platz beim Aufbau der
modernen Kulturen ein.

Nach der Meinung des Chemieprofessors Joseph B. Lambert
von der North Western University (USA) erkennt man in den Ar-
beitsmitteln oder der Sprachbeherrschung keine großen Unterschiede zwischen einem Mensch und einem Tier. In seinem Buch
„Traces of the Past: Unraveling the Secrets of Archaeology Through
Chemistry" geht er davon aus, dass einige Vögel Arbeitsmittel nutzen und die Primaten diese durch Beobachtung, Nachahmung und
Verbesserung weiterentwickeln konnten. Ein System der Signale,
welches Tiere benutzen, kann so unterschiedlich und kompliziert
sein, dass man diese leicht mit der menschlichen Sprache und seinen Möglichkeiten vergleichen kann.

Im Grunde können nur die Weiterentwicklung, das Verständnis
und die breite Anwendung z.B. der chemischen Reaktionen, die
der Menschen durchzuführen lernte als augenfälligster und wichtigster Unterschied zwischen dem Menschen und dem Tier zählen.

Die Archäologie erforscht jenen Zeitraum unserer Geschichte,
der nicht durch schriftliche Überlieferungen erhellt wird. Die Hinterlassenschaften unserer Vorfahren werden im „Bodenarchiv" dokumentiert und geborgen. Dadurch erlangt die Wissenschaft der
Chemie und der Analytik eine besondere Stellung für die Archäologie.

Bronze macht Epoche

*„Der Zufall begünstigt nur den
vorbereiteten Geist"*

*Louis Pasteur (1822 - 1895),
französischer Chemiker, Biochemiker*

Eine Entwicklung seit Jahrtausenden befähigte die Menschheit
die metallhaltigen Mineralien zu finden, und aus denen die Metalle
zu verhütten, auch die Kunst, die Metalle zu bearbeiten und weiter
zu verwenden entwickelte sich immer weiter. In der Erfindungsrei-
he besitzt die metallurgische Produktion, die hauptsächlich die
Welt veränderte, eine sehr wichtige Stelle. Metalle gründeten eine
Basis der modernen Zivilisation, auch derjenigen, die wir heute als
„postindustrielle" kennen. Es gibt nämlich keine Zivilisation ohne
Metallurgie. Das Aufschmelzen des Metalls aus einem Erz und die
weitere Herstellung der Werkzeuge und der Waffen führte zu einem steilen Anstieg der Arbeitsproduktivität. So sieht man die Rolle des Metalls in dem Zivilisationsprozess. Im Jahr 1816 unter der
dänische Händler und Altertumsforscher Christian Jürgensen
Thomsen (1788 - 1865) die Geschichte der Menschheit auf drei Peri-
oden: Stein-, Bronze- und Eisenzeit. Nur am Ende des 19. Jahrhunderts bewies der französische Chemiker Marcelin Berthelot, dass
einige Kupfergegenstände früher als die ältesten Bronzen hergestellt wurden. Seitdem sprechen die Historiker und Archäologen
über die Kupferzeit. Kupfer findet sich in der Natur als gediegenes
Element in Form von Oxiden, Carbonaten, Sulfiden, auch in natürlich vorkommenden Legierungen mit Arsen, Antimon, Tellur, sowie mit Gold, Silber, Platin, Palladium. In Kanada fand längere
Zeit keine pyrometallurgische Bronzeherstellung statt. Untersuchungen der Mikrostruktur der Gegenstände aus Kupfer weisen

aus, dass die Indianer Nordamerikas im Raum der Großen Seen in der Periode von 3000 v. Chr. bis zum 1400 n. Chr. für die Haushaltegegenstände gediegenes Kupfer, welches getempert und geschmiedet wurde, verwendeten. Wahrscheinlich war es gediegenes Kupfer, eines aus den ältesten Metallen, dem der Mensch seine Aufmerksamkeit schenkte. Zum Anfang diente Kupfer als Schmuck. Dann wurde festgestellt, dass Kupfer viele nützliche Eigenschaften hat: Kupfer besitzt eine hohe Schmiedbarkeit, und durch das Schmieden erzielt man eine besondere Form. Es war eindeutig klar, dass Kupfer, besonders seine verschiedenen Legierungen, für die Herstellung von Gegenständen sich besser als Stein oder Knochen eignen. Der Mensch merkte auch, dass man eine Pfeilspitze oder ein Messer aus Kupfer schneller herstellen und viel leichter schärfen kann. Später stellte man fest, dass man Kupfer aus ganz besonderen Steinen (Mineralien) durch Schmelzen gewinnen konnte. So fing die Kupferzeit an. Spuren antiker Bergwerke, Stollen und Schlacken sind teilweise bis heute zu erkennen. Gestützt auf die letzten Funde der ältesten Metallartefakte im Nahen Osten und Anatolien kann man sagen, dass schon im Anfang des 7. Jts. v. Chr. metallurgisches Kupfer sporadisch verwendet wurde. Es geht um die Metallfunde in der neolithischen Siedlung Çatal Höyük, südöstlich der Stadt Konya auf der anatolischen Hochebene. Dort wurden verschiedene kleine Schmuckteile aus Kupfer, welche nach C14 in dem Zeitraum zwischen 6400 und 5700 v. Chr. datiert wurden, gefunden. In den Ruinen eines Gebäudes vom 5900 - 5800 v. Chr. wurden Kupfererze, auch Kupferschlacke entdeckt. Während bereits am Ende des 5. Jts. v. Chr. der Abbau von Kupfererz und die Kupfermetallurgie für Vorderasien, Anatolien und im nördlichen Balkan bezeugt sind, gab es im 2. Jt. v. Chr. auf dem griechischen Festland, den ägäischen Inseln - einschließlich Kretas sowie kleinasiatischer Küstengebiete - keine ergiebigen Kupferlagerstätten. Hingegen ist für Zypern in der früheren Bronzezeit in steigendem Masse der Abbau von Kupfer in den reichen Lagerstätten im Nordwesten der Insel bezeugt.

*Idol. Bronze. (aus dem „Schatz des Priamos",
ca. 2200 v. Chr.). Staatliches Museum für
Bildende Künste A. S. Puschkin, Moskau (Das
Bild stammt mit freundlicher Genehmigung von
Frau Ludmila Egorova-Postnikova).*

Als ein Exportzentrum des Rohkupfers spricht für diese Insel
eine ganze Reihe von Erwägungen, so der Umstand, dass die beiden spätbronzezeitlichen Wracks von Kap Gelidonya und Ulubu-
run im Westen der kleinasiatischen Südküste der Türkei mit einer
Ladung von zahlreichen Kupferbarren auf der Schifffahrtsroute
Levante-Zypern-Ägäis sanken.

*Zwei Messer aus Bronze. Neues Reich, 18.-20. Dynastie, ca. 1550-1070
v. Chr. Römer- und Pelizaeus Museum, Hildesheim.*

Beide Wracks enthielten auch Zinn, welches für die Herstellung
der Zinnbronze notwendig war, ebenso Glasplatten und Gegenstände, die für diese Region üblich waren. Es erscheinen in dem in
Amarna (Mittelägypten) gefundenen Staatsarchiv (Amarna-Briefe)
der ersten Hälfte des 14. Jhs. v. Chr. umfangreiche Erwähnungen

der Kupferlieferungen aus Alasia, das mit größter Wahrscheinlichkeit mit Zypern gleichzusetzen ist. In der Mitte des 2. Jts. gelangte Kupfer in Barrenform in die lokalen Zentren zur Weiterverarbeitung. Seit dieser Zeit sind die flachen und rechteckähnlichen Barrengrundformen typisch. Diese Kupferbarren mit konkav eingezogenen Rändern wogen meistens zwischen 20 und 30 kg und wurden in der Archäologie mit dem Namen „Ochsenhaut" bezeichnet.

Jedoch vermutete man auch Sardinien als Abbau- und Exportzentrum. Die Insel besitzt mehrere Kupferlagerstätten und wies eine größere Anzahl der Barren in Ochsenhautform auf. Die in verschiedenen Weltregionen gefundenen und untersuchten antiken Metallartefakte, Schlacken, Gussformen weisen aus, dass man unter der Bezeichnung „Antike Bronze" alle Metallartefakte, die Kupfer enthalten versteht. Natürlich hingen die Zusammensetzung und die Form der Kupferartefakte von den mineralogischen Bodenschätzen der Region, dem technologischen und technischen Niveau der Menschen ab und wie leicht diese Bodenschätze gewonnen und bearbeitet werden konnten, sowie von den Handelsverbindungen. Die Zusammensetzung der Artefakte von 5. - 2. Jt. v. Chr. deutet darauf hin, dass es sich nicht nur um gediegenes Kupfer, sondern um Kupferlegierungen, meistens aus arsenhaltigem Kupfer handelt. Die Frage, wie sie hergestellt wurden, drängt sich dabei geradezu auf.

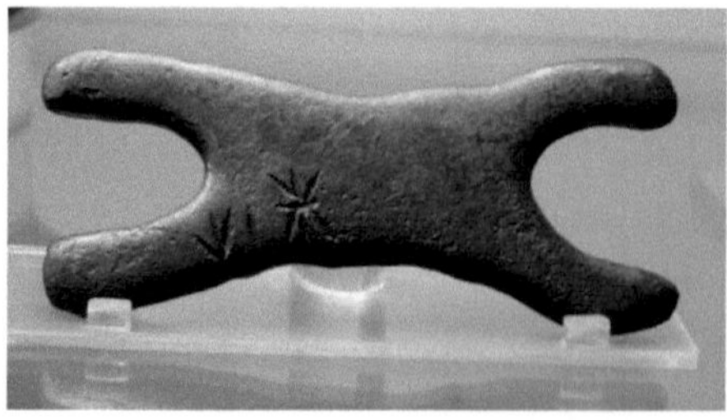

Kupferbarren mit konkav eingezogenen Rändern und vier ausgezogenen Ecken (s.g. Ochsenhautbarren). Zypernmuseum, Nikosia.

Wenn man über Bronze spricht, hat man die Kirchenglocken oder Haubitzen aus dem Mittelalter vor Augen. Aber die Anwendungen der Bronze waren von den ältesten Zeiten bis zum heutigen Tage viel breiter. Sie schließen auch die Herstellung von militärischer Rüstung, Haushalts- und Kultgegenstände ein.

In der Antike wurden die Artefakte aus Kupfer und Kupferlegierungen wegen ihrer anziehenden Farbe und nützlichen Eigenschaften, wie zum Beispiel Härte, immer geschätzt. Der Sammelbegriff Bronze, der einem ganzen Zeitalter zugeordnet wird, umfasst heute strenggenommen nur eine aus Kupfer und Zinn bestehende Legierung, welche in ihren Zusammensetzungen noch die anderen Legierungselemente, wie Aluminium, Blei, Mangan, Nickel, Silizium usw. enthalten kann. Unter dem Begriff „Legierung" bezeichnet man in der Wikipedia: „Ein metallischer Werkstoff, der aus mindestens zwei Elementen besteht, die gemeinsam das metalltypische Merkmal des kristallinen Aufbaus mit Metallbindung aufweisen". Und weiter: „Art und Anzahl der Legierungspartner, ihrem Massenanteil an der Legierung sowie der Temperatur. Diese Faktoren bestimmen die jeweilige Aufnahmefähigkeit, das heißt Löslichkeit eines Elementes im anderen und ob die Legierungspartner Mischkristalle oder Gemische aus reinen Kristallen (auch Kristallgemische) der jeweiligen Legierungselementen bilden". Das bedeutet, dass eine Art der Legierungskomponenten die Eigenschaften der Legierung bestimmt. Diese Definition ist sehr wichtig, um zu verstehen, warum Bronze eine Bronze ist.

Bronze kann man sowohl metallurgisch (durch das Schmelzen) als auch elektrolytisch herstellen. Es besteht kein großer Unterschied zwischen Eigenschaften der elektrolytisch abgeschiedenen und der gegossenen homogenisierten Bronze. Beide sind durch ihre hohe Beständigkeit gegen Korrosion, Verschleiß und Abrieb gekennzeichnet. Normalerweise sind die elektrolytisch abgeschiedenen Bronzen sowie die Bronzen im gegossenen Zustand mit niedrigen Zinngehältern einphasig. Die Röntgenstrukturuntersuchung der Bronzen mit 6, 11 und 14 % Zinn zeigt, dass sie, dank die

Löslichkeit von Zinn in Kupfer, nur aus einer kupferreichen festen Lösung bestehen. Es gibt zahlreiche Untersuchungen dieses Systems, welche in der Werkstoffkunde zum Beispiel in einer Form des Zustandsdiagramms Kupfer-Zinn dargestellt wird. Vor allem spricht man bei den Artefakten bis zum Anfang des 1. Jahrtausends über arsenhaltiges Kupfer. In Regionen, wie Iran oder Anatolien, in denen arsenhaltige Erze häufig vorkommen, war es nur eine Frage der Zeit, dass diese zusammen mit anderen Erzen (Gesteinsbruchstücke) in den Tiegel kamen. Wahrscheinlich entstand das erste arsenhaltige Kupfer auf diese Weise ganz zufällig und nicht in der Absicht, ein besseres Metall zu erzeugen. Nach dem Schmelzen bekam man ein härteres Produkt, welches man später Bronze nannte. Auf dem Nordbalkan und im Karpatenbecken tauchte die Metallurgie im 5. Jt. v. Chr. auf und entwickelte sich sehr schnell (größere Kupfermine Aibunar in Südbulgarien). In dieser Periode findet sich die Blütezeit der Metallproduktion auch im Kaukasus. Es sieht so aus, dass die heimischen Metallurgen alle Verfahren des Schmelzens, Gießens und Schmiedens sofort beherrschten. Wie war es möglich? Woher kamen die ersten Übungen der Metallbearbeitung? In Teps-Yahia, südöstlichen Iran erwiesen die Metallartefakte der ältesten Verhüttung des arsenhaltigen Kupfers, die zum 5. Jt. v. Chr. gehören. In den anderen Regionen des Nahen Ostens kamen die Haushaltegegenstände, Waffen, Schmuck aus arsenhaltigem Kupfer später. Durch Analysen der Metallartefakte aus Ausgrabungen der zwei Hügel in Kul Tepe (Aserbaidschan) wurde nachgewiesen, dass es im Südkaukasus Artefakte aus arsenhaltigem Kupfer seit dem 4. Jt. v. Chr. gab. Eine viereckige Fibel (etwa 3000 v. Chr.), welche in Kul Tepe gefunden wurde, wurde aus Kupfer-Arsen-Nickel-Legierung mit einem 1,2% Arsen- und 1,6% Nickelgehalt hergestellt. Ähnliche Gegenstände wurden aus arsenhaltigen Kupferlegierungen (Mitte 3. - Anfang 2. Jt. v. Chr.) im Nordkaukasus (im Dorf Bolschie Kurgani am Fluss Kuban) und auch in der Tschetschenen- und Inguschen Republik gefunden. Eine lokale Herstellung des arsenhaltigen Kupfers wurde mittels der Ergebnisse der chemischen Untersuchungen der dort gefunde-

Pferd-Figur. Bronze. Nordkaukasus, Ende des 3. - Anfang des 2. Jts. v. Chr. Staatliches Historisches Museum, Moskau.

Beile. Bronze. Maikop-Kultur, 4. Jt. v. Chr. Staatliches Historisches Museum, Moskau.

nen Gussformen und Schlacken bestätigt. Die gefundenen Artefakte wie z.B. Beile, Dolchklingen, Ahlen, Meißel und Deichsel der Maikop-Kultur im Nordkaukasus aus dem 4. Jt. v. Chr. (Radiokohlenstoffdatierung entspricht 3610 - 3100 v. Chr.) überraschten durch die Menge und die Formenvielfalt. Diese Kupferobjekte verbreiteten und unterschieden sich in den verschiedenen Herstellungsregionen sehr wenig. In der Maikop-Kultur gab es zwei Legierungstypen der Bronze: Kupfer-Arsen- und Kupfer-Arsen-Nickel-Legierungen. Die Analysen zeigten, dass arsenhaltiges Kupfer ca. 3% Arsen enthält. Typologische Absonderung einiger Arten der Maikop-Artefakte, Besonderheit chemischer Zusammensetzungen (Legierungen mit Arsen und Nickel) sprechen über ihre heimische Herstellung. In einer Metallwerkstatt im Nordwesten des Irans wurde eine Tongussform gefunden, ähnlich der Form der Maikop-Kultur.

In der frühen Bronzezeit des 3. Jts. v. Chr. kam der trojanischen metallurgischen Region eine besondere Rolle zu. Alle gefundenen trojanischen Artefakte wurden aus arsenhaltigem Kupfer gegossen, welche höchstwahrscheinlich mit den Kupfervorkommen in der Zentralanatolien gebunden sind. Das war die Blütezeit des Hethiterreiches, einen aus stärken Staaten des Alten Orients.

Beziehungen – ob politisch oder Handel - der Trojaner und der Regionen Westanatoliens führten meist in Richtung Balkan. Dieses Gebiet schloss im 3. Jt. v. Chr. die Nordostregionen der Balkanhalbinsel und des Flachlandes der Unterdonau ein. Im Wesentlichen hatten die Gegenstände dieser Regionen ähnliche Zusammensetzungen des arsenhaltigen Kupfers, genaue Übereinstimmung zeigten Typen der Werkzeuge und Waffen. Jedoch wies die Metallbearbeitung auf dem Balkan ein besonderes Merkmal auf: Außer arsenhaltigem Kupfer verwandte man auch reines Kupfer. Besonders charakteristisch war das für den Nordwesten und die Steppen Osteuropas. Außerdem wurden hier die Äxte mit langer Klinge hergestellt. Das war in Anatolien sehr selten. In Spanien und Portugal war arsenhaltiges Kupfer von Beginn des 3. Jahrtausends v. Chr. ebenfalls weit verbreitet. Es wurden nur vereinzelte Armreifen aus Zinnbronze gefunden. In einigen Weltregionen wurden die Gegenstände aus arsenhaltigem Kupfer bis zum Anfang des 1. Jts. v. Chr. hergestellt.

Bei der Herstellungstechnologie des arsenhaltigen Kupfers füllte man einen Tiegel mit einem Gemisch aus Holzkohle und zerkleinerten Kupfererzen und bedeckte die Füllung mit Holzkohle, was reduzierende Bedingungen sicherstellte. Die Schmelze wurde in eine Form gegossen und weiter durch Schmieden bei unterschiedlichen Temperaturen bearbeitet. Bei Herstellung der Werkzeuge und Waffen wurden deren Spitzen zusätzlich geschmiedet. Deswegen hatten die Schmiede großen Respekt vor Feuer und sogar einen eigenen Gott des Feuers, der Vulkane und der Schmiedekunst Hephaistos. Es ist nicht von ungefähr, dass unter den Europäern die Familiennamen Schmidt oder einer seiner Varianten sehr verbreitet ist.

Die Farbe des arsenhaltigen Kupfers unterscheidet sich von weißen bis rötlichen und gelblichen Farbtönen. Arsen bewirkt in den
Kupferlegierungen merkliche Verbesserungen der physikalischen
und mechanischen Eigenschaften, welche mit Eigenschaften der
Zinnbronze vergleichbar sind. Eine Anwesenheit von 0,5% Arsen
im Kupfer erhöht seine Gieß- und Kaltschmiedbarkeit und ermöglicht es einen dichteren Guss in der Gussform zu bekommen. Außerdem hatte arsenhaltiges Kupfer im Vergleich zu reinem Kupfer,
welches bei 1083°C schmolz, eine deutlich niedrige Schmelztemperatur (von 900 bis 950°C), vergleichbare mit Zinnbronze. Die Artefakte aus arsenhaltigem Kupfer könnte man leicht schmieden.
Nach der Kaltumformung nimmt die Härte steil an und beträgt
von 100 bis 245 HV (Härte nach Vickers). Zum Vergleich beträgt
die Vickershärte der Zinnbronze von 116 bis 252 HV und des reinen Kupfers von 40 bis 125 HV. Mit der Zunahme des Arsengehaltes bis 8% findet, im Gegensatz zur Zinnbronze, keine Verschlechterung der Elastizität von Kupfer statt. Die Herkunftsbestimmung
des Erzes oder des Rohmaterials in Barren steht bei Archäologen
im Mittelpunkt. Dazu fehlen noch metallographische Analysen
und Interpretationen der Metallartefakte, sowie Informationen
über Herkunftsbeziehungen zwischen Metallgegenständen und
Erzvorkommen. Bis heute gibt es zwischen den Archäologen und
Historikern keine Einigung, ob arsenhaltiges Kupfer („Arsenbronze") künstlich hergestellt wurde oder ein unabsichtliches Produkt
des Verfahrens der Kupferherstellung war. Wenn dies in der Antike bewusst hergestellt wurde, warum wurden gleichzeitig reines
Kupfer, Zinnbronze (grundsätzlich bis ca. 2% Zinngehalt), Kupfer-
Arsen-Nickel- oder Kupfer-Arsen-Antimon-Nickel-Legierungen
benutzt? Warum wurde um 1. Jt. v. Chr. trotz der vergleichbaren
Eigenschaften die antike Produktion von arsenhaltigem Kupfer auf
Zinnbronze umgestellt? Welches ist nun aber die technikgeschichtliche Bedeutung beim Wechsel von arsenhaltigem Kupfer zur
Zinnbronze? Was wurde gewonnen, was verloren?

Um auf die oben gestellten Fragen zu antworten, fehlen uns noch Informationen über Rohstoffe, die damals verwendet wurden, sowie die kompletten archäometallurgischen Untersuchungen der Zusammensetzungen und deren Interpretationen der antiken Artefakten. Zurzeit gibt es keine Beweise, dass Arsen in der Antike metallurgisch bewusst in die Bronze eingesetzt wurde.

Kupfermineralien (von links nach rechts: Sphalerit, Azurit, Erytrit, Malachit, Chalkopyrit, Tyrolit). Königliches Belgisches Institut für Naturwissenschaften, Brüssel.

Die arsenhaltigen Mineralien waren in der Regel im oberen Teil des Vorkommens von primären Arsen-Pyrit-Erzen verteilt. Für die Menschen war es nicht schwierig, um diese zu finden. Zum Anfang zogen die arsenhaltigen Mineralien wie goldenes Auripigment und rot leuchtendes Realgar die besondere Aufmerksamkeit auf sich an, weil man den roten Mineralien im Altertum magische Eigenschaften zuschrieb. Wenn man sich den mineralogischen Atlas anschaut, sieht man, dass im Iran, in Bulgarien, im Karpatenbecken neben sulfidischen Kupfermineralien, die für die Kupferherstellung verwendet wurden, sich auch Arsenkupfer-Mineralien wie Algodonit, Enargit, Domeykit, Lautit und Luzonit befinden. Eine Verwendung dieser Mineralien wird bis heute diskutiert.

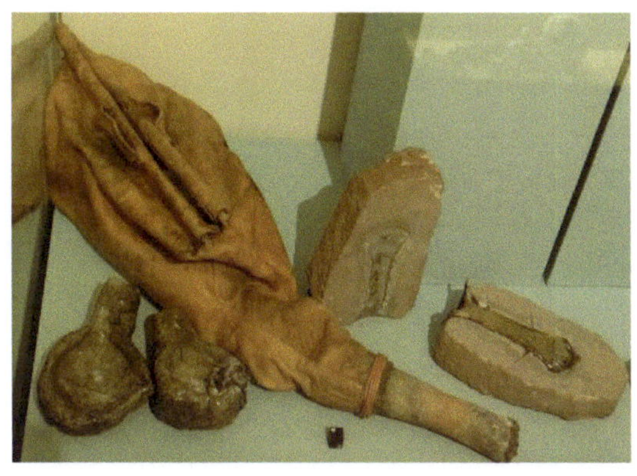

Gussform für Bronze und Rekonstruktion eines Blasebalges. Archäologisches Museum, Straßburg.

Es ist denkbar, dass der Mensch zuerst Kupfer aus einem oxidischen oder carbonatgebundenen Erz, wie Malachit- oder Azurit-Erz, das kein Vorrösten brauchte, mittels eines Reduktionsschmelzens gewonnen hat. Dieses Erz konnte der wegen der grünblauen Farbe leicht identifiziert werden. Das mit dem zerkleinerten Erz und Kohlen angefüllte Tongefäß wurde in eine kleine Grube angesetzt und angezündet. Das entwickelte Kohlenstoffmonoxid reduzierte Malachit bis zum metallischen Kupfer nach der Reaktion:

$$2CO + (CuOH)_2CO_3 \longrightarrow 2Cu + 3CO_2 + H_2O$$

Diese Reaktion sieht ganz einfach aus. Es gibt sogar eine Hypothese, dass der erste Herd ein Lagerfeuer war. Damit dieses Verfahren funktionieren konnte, brauchte man eine höhere Temperatur und eine Reduktionsatmosphäre.

Gussform einer Beilklinge. Neues Reich, 18.-20. Dynastie, ca. 1550-1070 v. Chr. Römer- und Pelizaeus Museum, Hildesheim.

Im anderen Fall wandelt sich Malachit in Kupferoxid um. Die Temperatur der Kupferreduktion aus Malachit soll nicht unter 700 bis 800°C sein. Dafür muss der Wind kräftig genug ins Holzfeuer strömen und dies mit Sauerstoff versorgen. Ein Ort, an dem das Feuer angefacht wird und eine höhere Temperatur erreichen konnte, konnten durchgehende Höhlen sein.

Aber die Reduktionskraft des Lagerfeuers ist nicht genug um das Metall zu gewinnen, weil dieser Prozess bei einem Sauerstoffdefizit durchgeführt werden sollte. Das bedeutet, dass die Hypothese einer Erfindung der Kupfermetallurgie durch zufälliges Hineinkommen eines Erzes ins Lagerfeuer nicht besondere realistisch ist.

Erstaunlicherweise wurde der älteste bekannte Ofen für das Rösten der Keramik in Tappa Gaura (Nordmesopotamien, heute Irak) entdeckt, in welchem eine Aufheiztemperatur bis 1100°C erreicht werden konnte. In Mesopotamien - auch in Suse (Iran) - wurden die bei 1000 bis 1200°C gerösteten Gefäße gefunden. Auch weisen einige ägyptische Gefäße der Prädynastik (vom 5000 bis zum 3400 v. Chr.) aus, dass sie bei der Temperatur von 1100 bis 1200°C geröstet wurden.

Das wichtigste Kupfererz für die Kupferherstellung ist Chalkopyrit $CuFeS_2$. Der Verhüttungsprozess lief aber bereits über den Kupferstein, das heißt, über ein mineralisches Zwischenprodukt mit hohem Kupfer- und Eisengehalt, welches durch Rösten vom Eisen und Schwefel getrennt und in weiteren Verfahrensschritten bei der Temperatur 1250 - 1300°C bis zum Rohkupfer reduziert wird:

$$2CuFeS_2 + O_2 \longrightarrow 2Cu_2S + 2FeS + SO_2\uparrow$$

$$2FeS + 3O_2 \longrightarrow 2FeO + 2SO_2\uparrow$$

$$3Cu_2S + 3O_2 \longrightarrow 6Cu + 3SO_2\uparrow$$

Gleichzeitig taucht mit dem Sand oder der Kieselerde gebundenes Eisen in Silikat als Schlacke auf.

$$FeO + SiO_2 \longrightarrow FeSiO_3$$

Bei der Oxidation des Kupfersulfides bildet sich in der Schmelze noch Kupfer(I)-Oxid:

$$2Cu_2S + 3O_2 \longrightarrow 2Cu_2O + 2SO_2\uparrow$$

welches weiter mit Cu_2S reagiert:

$$2Cu_2O + Cu_2S \longrightarrow 6Cu + SO_2\uparrow$$

Wenn diese Reaktion nicht vollständig durchläuft, löst sich das Kupfer(I)-Oxid im geschmolzenen Kupfer. Aufgelöstes Cu_2O spielt im geschmolzenen Kupfer die Rolle eines Hauptlieferanten des Sauerstoffes und reagiert mit allen Begleitelementen gemäß Reaktion:
$$Me + Cu_2O \longrightarrow 2Cu + MeO,$$

wobei Me – Eisen, Kobalt, Nickel, Zink, Arsen, Antimon, Blei, Zinn, Bismut und andere Metalle. Das Rohkupfer enthält ca. 95% bis 97% Kupfer. Der Rest besteht aus Zink, Blei, Arsen, Antimon, Eisen, Nickel, Schwefel und gegebenenfalls aus den Edelmetallen Gold und Silber. Daher ist es nicht immer möglich, von der Zusammensetzung des Metalls auf die verwendeten Erze und ihre Herkunft zu schließen. Je nachdem, welche Erzmischungen in den Ofen gelangten, entstanden im Metall unterschiedliche Begleitelemente. Auch die Schmelztemperatur und der Übergang der Fremdmetalle in die Schlacke haben große Auswirkungen auf Zusammensetzung des Kupfers. Es gibt Begleitelemente, die direkt aus Kupfermineralien stammen, die anderen scheinen sich im Schmelzverfahren aus zum Beispiel den Fluxzugaben zu ergeben. Als ein Beispiel zählt Kupfer von Timna (Israel). Obwohl die Mineralien des heimischen Vorkommens in Wadi Araba praktisch kein Blei enthielten, hatte das gefundene Kupfer in dieser Region einen ziemlich höheren Bleianteil. Arsen, Antimon und Nickel betrachtet man als schwer entfernbare Begleitelemente. In Anwesenheit von Arsen und Antimon werden verflüchtigen sich deren dreiwertige Oxide, die unsublimierbaren Arsen(V)-, Antimon(V)-Oxide bleiben im Schmelz und bilden im Kupfer die festen Lösungen. Aus dem aufgestellten Zustandsdiagramm Kupfer-Arsen ist zu schließen, dass die Löslichkeit des Arsens in Kupfer von maximal 5,1 % bei 25°C beträgt. Arsen konnte man auch im Kupfer in einer Form der Stein-Tropfen sich fixieren. Wiederum bildet Nickel lösbares Kupfer-Nickelantimonid und -arsenid, welches im Kupfer bleibt und zum höheren Nickelgehalt in der Legierung führen kann. Zur Befreiung von diesen Begleitelementen soll das Rohkupfer zunächst raffiniert werden, was in der Bronzezeit aus technischen und technologischen Gründen undenkbar gewesen ist. In antiken Kupferartefakten betragen die ermittelten Arsengehalte sehr häufig bis zu zwei Prozent. Diese analytisch bewiesenen Gehalte von Arsen und anderen Begleitelementen in den Zusammensetzungen der Bronzen aus verschiedenen Weltregionen entsprechen dem Niveau der Verunreinigungen des geschmolzenen unraffinierten Rohkupfers. Das sagt alles über ein unabsichtliches Zulegieren des Kupfers durch das Schmelzen der arsenhaltigen Kupfererze aus.

Gleichzeitig stellten die neuesten Forschungen und die Verwendung von chemischen und quantitativen Spektralanalyse fest, dass viele Metallartefakte aus dem 3. - 1. Jt. v. Chr., welche in Südostasien, Israel oder Ägypten gefunden wurden, nicht nur aus arsenhaltigem Kupfer hergestellt worden sind. Es geht auch um die Kupferlegierungen, die durch einige Prozente Nickel verbesserte mechanische Eigenschaften enthalten. Eine Anwesenheit von Nickel wurde zum ersten Mal durch ein spezielles Komitee der britischen Assoziation für die Förderung der Wissenschaften in einigen sumerischen Artefakten aus Kupferlegierungen nachgewiesen. Anfangs dachte man, dass Nickel sehr selten in Kupfererzen ist. So war man der Meinung, dass es durch sein Vorkommen ermöglicht wird, den Ursprung des Sumerer Kupfers zu bestimmen. In diesem Zusammenhang und durch die Handelsverbindungen der Sumerer kann nicht ausgeschlossen werden, dass die nickelhaltigen Kupfererze oder direkt Bronze von Indien nach Sumer exportiert wurden. In Indien sind die Kupfererze mit dem Nickelgehalt bis zu 5 % bekannt. Die in Mohenjo-Daro erzeugten Bronzegegenstände wiesen einen

Nickelgehalt bis zu 3,3% auf. Bald wurde in Oman auf der Arabischen Halbinsel die Kupferlagerstätte gefunden, wo das Verhältnis von Kupfer zum Nickel 19 zu 1 betrug. Jedoch war sie zu klein, um die Versorgung des gesamten Mesopotamien mit Kupfer gewährleisten zu konnten. Später wurden in anderen Orten Kupferlegierungen mit höheren Nickelgehalten gefunden. Zum Beispiel viele Artefakte aus Anatolien enthielten vier und mehr Prozent Nickel. In allen Fällen begleitete den höheren Nickelgehalt auch ein bis 3% erhöhter Arsen- oder Zinngehalt. Nickelmineralien kommen ebenfalls in manchen Kupferlagerstätten vor, und tatsächlich gibt es arsenhaltiges Kupfer mit einem erhöhten Nickelgehalt. In Georgien wurde in einer Grabstätte in Tqviavi das Messer aus Bronze mit relativ hohem Nickelgehalt im 3. - 2. Jahrtausend vor Christus gefunden. Auf eine weite Verbreitung der nickelhaltigen Bronzen weisen die Artefakte der Maikop-Kultur von Mitte des 4. - 3. Jahrtausends vor Christus hin. So erklären sich die nickelhaltigen Bronzen durch Zusammensetzung des nickelhaltigen Kupfererzes.

Durch unterschiedliche mineralische Rohstoffe und deren Verhältnisse waren die Zusammensetzungen der Kupferartefakte in der antiken Welt von Region zu Region unterschiedlich und hatten eine schwankende Menge von Begleitelementen. Deren Herstellung fand nicht am selben Ort wie die primäre Kupferproduktion statt.

Wahrscheinlich wurden von unseren Vorfahren die Rohstoffe zur Herstellung von Metallen verwandt, die man leicht „auf dem Boden" finden konnte. Diese Metalle wie Kupfer, Kupfer-Arsen-, Kupfer-Nickel- und Kupfer-Zinn-Legierungen wurden sicherlich nicht mit Absicht, sondern zufällig erzeugt, weil entsprechende Erze lokal vorhanden waren. Das herausragende Beispiel dieser These ist ein Schatz im Tal Nachal Mischmar (am Toten Meer, Israel), der einzigartige Objekte in Sortiment und Morphologie aufweist. Dort wurden die Artefakte aus Kupfer, Kupfer-Antimon-Arsen-, Kupfer-Nickel-Arsen- und Kupfer-Arsen-Legierungen gefunden. Die Radiokohlenstoffdatierung zeigte die Herstellungszeit des

Schatzes auf etwa 3500 v. Chr., was somit der Kupfersteinzeit entspricht. In diesen Legierungen schwankt der Antimongehalt von eins bis 25% und Arsen von 0,4% bis 15%. In Abu Matar und Shikmim (Israel) wurden Beweise der Herstellung des arsen- und antimonhaltigen Kupfers gefunden. Da es Kupfer-Arsen- oder Kupfer-Antimon-Erze in Israel nicht gab, ist zu vermuten, dass hier nur weiter verarbeitetes Kupfer zu israelitischen Produktionsstätten importiert wurde. Die reichen Vorkommen der Kupfer-Arsen-Erze in Ostanatolien, Nordwesten Iran oder in Aserbaidschan befinden sich in geographischer Nähe zu Israel. Die Kultartefakte mit dem Antimongehalt bis 5% wurden auch im Südwesten Irans (Susa) gefunden. Palästina wurde nicht von anderen Ländern isoliert. Archäologen und Historiker verfolgen auf allen Etappen der frühen Bronzezeit die Kontakte mit Anatolien, Ägypten, Mesopotamien, die vom Ganzen des kulturellen Zusammenhanges ausgehen. Nicht zu bezweifeln ist, dass in der Verhüttung von Kupfererzen in der Entwicklung der heimischen Metallproduktion eine wichtige Rolle die Nähe der reichsten Kupfervorkommen in Fenan (Jordanien) und Timna (in der Negevwüste in Israel) spielte.

Ein Vergleich der chemischen Zusammensetzungen der Artefakten aus dem Schatz im Tal Nachal Mischmar und Erzen aus den Bergbaugebieten Timna und Fenan zeigten, dass Kupfer in diesen Vorkommen gewonnen wurde (die Entfernung zwischen Fenan

Metallurgie im Timna, Israel.

und Nachal Mischmar beträgt 125 km). Die archäologischen Materialien aus Abu Matar und andere Orten der Region bestätigten, dass in dieser Zeit in Palästina die Metallurgie stark entwickelt war. Neben den Tigelschmelzverfahren wurde auch das Schmelzverfahren in einem metallurgischen Ofen mit weiterem Abgießen der Gegenstände praktiziert. Mit Berücksichtigung der Artefaktenstilistik und der Ergebnisse der chemischen Analysen ist die Schlussfolgerung über eine heimische Metallproduktion gerechtfertigt, besonders, weil die Produkte und die Abfälle der metallurgischen Tätigkeit im Nordteil der Wüste Negev gut dokumentiert sind.

Diese Funde widersprechen nicht einem Axiom der Archäologen, dass die neuen Technologien zuerst dort erscheinen, wo die notwendigen Rohstoffe sind. Die Entstehung einer regelrechten Metallproduktion - begünstigt durch lokale Bodenschätze und auch Fernhandel - was spielte eine sehr wichtige Rolle im Aufstieg der Menschheit zu Strukturen der modernen Welt. Ein kaum zu überschätzender Faktor der wirtschaftlichen und politischen Geschichte der antiken Hochkulturen ist die Herstellung von Zinnbronze. Ihre Technologie hatte bereits in der früheren Bronzezeit in Vorderasien, Anatolien und in der Ägäis gefasst. Grundlegende Voraussetzung dieser Technologie war die aufwendige Beschaffung des Ausgangsstoffes Kupfer, daneben auch des Zinns. Arsenhaltiges Kupfer wurde mit der Zeit von Zinnbronze in den Hintergrund gedrängt und erst Ende des 2. - Anfang des 1. Jahrtausends v. Chr. im Nahen Osten vollständig abgelöst. Die Artefakte aus Zinnbronze wurden in allen Weltregionen gefunden, obwohl dass Kupfer und Zinn jedoch selten gemeinsam vorkommen. Da Zinn im Nahen Osten relativ selten ist, stellen Archäologen und Historiker häufig die Frage nach der genauen Herkunft des Zinns. Wo bauten die früheren Zivilisationen dieses Metall ab. Die Reihenfolge einer Erfindung des Zinns und der Zinnbronze, welche bereits im 4. Jt. v. Chr. bekannt waren, bleibt auch bis heute ungeklärt. Es kann vermutet werden, dass der Mensch lernte, Zinn aus seinem wichtigsten Erz Kassiterit aufzuschmelzen (Zinnstein genannt und enthält praktisch 80% Zinn), weil die Schmelztemperatur des Zinns nur 232°C beträgt und der Schmelzprozess mit der Holzkohle nicht zu schwierig gewesen war. Der Kassiterit ist relativ schwer, stark glänzend, hat dunkel-braune bis schwarze Farbe, kommt wie Gold in alluvialen Lagerstätten oft vor und kann auch wie Gold durch das Auswaschen gewonnen werden. Es ist denkbar, dass die Menschen bei einer Goldsuche dieses Erz fanden. Das Wort Kassiterit leitet sich vom griechischen kassiteros ab, obwohl es keine Kassiterit-Vorkommen in Griechenland, in der Türkei, in Nordafrika und Italien gibt. Gleichwohl erscheinen überall dort Artefakte aus Zinn zusammen oder etwas später als die aus Bronze. Im Alten Ägypten, das über weitreichende Kontakte verfügte, war Zinn während der Herrschaft der 18. Dynastie (1580 - 1350 v. Chr.) schon bekannt. Zu den ältesten Zinnartefakten dieser Periode, die in der Literatur bekannt sind, gehören ein Ring (befindet sich im Museum des University Colleges London) und ein kleines Gefäß. Zu Beginn der 18. Dynastie wurde der Kassiterit in kleinen Mengen für die Herstellung des undurchlässigen weißen Glases verwendet. Zinnoxid wurde auch im Tutanchamunsgrab gefunden. Die älteste schriftliche Erwähnung des Zinns findet man in dem Großen Papyrus Harris aus der 20. Dynastie (1200 - 1090 v. Chr.). Weitere gibt es in chronologischer Reihe gibt es bei Homer (8. - 7. Jh. v. Chr.), in der Bibel und bei Herodot (5. Jh. v. Chr.).

Die Überlegungen über mögliche Zinnquellen basierten meistens auf inkorrekten oder manchmal falschen Informationen aus den Werken antiker und mittelalterlicher Autoren. So verwechselte das ganze mittelalterliche Europa Zinn und Blei, genau gesagt, betrachtete man beides als Blei, nur das erste als weißes Blei (Plumbum album), und das zweite – als schwarzes (Plumbum nigrum). Die seltenen Zinnvorkommen lassen sich fälschlicherweise vermuten, dass eine Festlegung der Zinnquellen in den Orten, wo Metallurgie blühte, keine schwierige Sache ist. Unsere Kenntnisse sind bis heute nicht ausreichend genug, um dieses Problem zu lösen. Bis vor kurzer Zeit war man der Ansicht, dass es in Ägypten keine eigenen Zinnerze gab. Im Jahr 1935 wurde in der östlichen Wüste, circa in der Mitte zwischen Edfu und Rotem Meer ein kleines Zinnvorkommen entdeckt. Im Jahr 1940 wurde bei al-Qusair an der Küste des Roten Meeres (im heutigen Libanon) noch ein Zinnvorkommen gefunden. Hier wurde später eine Fabrik für die Bearbeitung der Zinnerze gegründet. Es gibt aber dort keine Beweise, dass dieses Vorkommen in der Antike bekannt war. In dieser Region fließen zwei kleine Flüsse Adonisfluss und Phaidros. Sie münden ins Levantische Meer in der Nähe von dem Ort, wo in der Antike die Stadt Byblos stand. Schon in der 1. Dynastie befand sich hier bedeutender Hafen im östlichen Mittelmeer für ägyptische Schiffe. Im Sommer ist für den Adonisfluss eine starke Strömung und für den Phaidros ein versiegtes Flussbett charakteristisch. Das versiegte Flussbett konnte ein Ort der Ansammlung der Erzstückchen sein. Man kann vermuten, dass die Strömungen der Flüsse die kleinen Stücke des Zinnerzes wegtrugen und nach der Goldsuche am Ufer oder im Becken vom Adonis-oder Phaidrosflusses die Erfindung des alluvialen Zinnerzes stattfand. In diesem Zusammenhang muss man daran erinnern, dass es in Europa, schriftliche Beweise über die Ansammlung des alluvialen Erzes in den versiegten Bächen und Flüssen sowie über die Abbau der Zinnerze gibt. Die wahrscheinlich zu kleinen Reserven des Zinnerzes führten die Menschen dazu, sich auf die Suche nach anderen Zinnquellen zu begeben. In Spanien und Portugal scheint man Zinn bereits im 3. Jahrtausend v. Chr. abgebaut zu haben. Strabon zitiert die Wörter von Poseidonios (2. - 1. Jh. v. Chr.), dass die Erde, die Zinnerze enthält, „von Flüssen herangeschleppte", von Frauen gesammelt und durch die Siebe aufgewaschen" wurde. Plinius schrieb über spanisch-portugiesische Erze, dass „der Sand, welcher auf dem Boden liegt und teilweise mit Kieselstein vermischt, besonders in den versiegten Flussbetten. Der schwarz und von anderem Gewicht ist". Es sieht so aus, dass die beide Autoren über das alluviale Zinnerz schrieben. Vor allem Spanien gehörte im 1. Jahrtausend v. Chr. zum wichtigsten Erzlieferanten. Dort hatte sich die Stadt Tarsessos im Süden der Insel ergiebige Erzlagerstätten gesichert, aus denen sie einen Reichtum zogen, der die Stadt für die Griechen zum Inbegriff märchenhaften Überflusses machte. Schon um 1100 v. Chr. hatten die Phöniker dort die Stadt Gades gegründet. Von hier verschifften sie das Metall nach Osten aus. Über denen Herkunft jedoch wurde offenbar strengstes Stillschweigen gewahrt.

Ein Zentrum der Metallurgie war bereits in früher Zeit Sardinien, wo im 2. Jahrtausend vor Christus die Zinnminen erschlossen waren. Im 1. Jh. v. Chr. berichtete Diodor von Sizilien über eine Zinngewinnung am britischen Vorgebirge Belerion. Er schrieb, dass „Zinn aus der Erde von Menschen ausgegraben wurde. Da die Erde steinig ist, ist das Metall mit der Erde vermischt". Nun kann man denken, dass über Gangerz gesprochen wurde. Aber dies ist das alluviale Erz, weil in einigen Regionen von Cornwall der alluviale Kieselstein nicht direkt auf dem Boden, sondern bis zu 15 Metern unter der Erde liegt.

Auch aus Kleinasien und dem Mittleren Osten scheint man Zinn gewonnen wurden. Die Ausgrabungsstätten in der Region von Kandahar (Afghanistan) zeigten vereinzelte Zinnartefakte aus der Mitte des 4. Jahrtausends v. Chr. Während der Zeit des Akkadischen Reiches im 3. Jt. v. Chr. verbreitete sich Zinn in ganz Mesopotamien. Es ist erstaunlich, aber Persien, das auf einer Handelsroute zwischen Mesopotamien und Afghanistan lag und über die vermutlich die größeren Zinnmengen transportiert wurden, produzierte in der gesamten Bronzezeit fast nur arsenhaltiges Kupfer. Das änderte sich erst in der frühen Eisenzeit ab der ersten Hälfte des 1. Jahrtausends v. Chr. Vermutlich war der Übergang zur Zinnbronze auch zufällig. In einigen Kupfervorkommen gibt es bis 2% Zinn, was beim Schmelzen dieses Erzes zu einem bis zu 2% Zinngehalt in der Bronze führen kann. Wenn der Zinngehalt in der Bronze über zwei Prozent liegt kann man sagen, dass diese Legierung künstlich hergestellt wurde. Es muss aber berücksichtigt werden, dass ein Zusammenschmelzen von Kupfer und Zinn in großem Maßstab eine Lieferung der Zinnerze zu Orten der Kupferherstellung brauchte. Oder wurden die Metallbaren in Siedlungen gebracht, wo die fertigen Legierungen hergestellt wurden. Es gibt archäologische Beweise, dass vor ca. 2000 v. Chr. die Zinnbarren in die Regionen des Nahen Ostens geliefert wurden, wo man arsenhaltiges Kupfer überall verwandte. Wie oben gezeigt, war im Alten Ägypten die Herstellung von Zinngegenständen seit dem Mittleren Reich gut bekannt. Um ein Vorkommen festzustellen, sollte in der Nähe einer Lagerstätte die Zahl der Metallfunde systematisch zunehmen. Wenn die Metalle aus unterschiedlichen Vorkommen stammen, werden die Quellen nicht gefunden. Dann kann ein falsches historisches Bild über die Metallvorkommen erzeugt werden. Das fand oft zum Beispiel in den Werkstätten von Mesopotamien und Syrien statt, welche weit mineralischen Ressourcen waren und wo die Probleme des Rohstoffmangels durch Lieferungen der Rohstoffe aus unterschiedlichen Vorkommen von Anatolien, Oman, Iran oder Zypern gelöst wurden. Das kann kaum überraschen, wenn man bedenkt, dass zumindest seit dem 4. Jt. v. Chr. Metalle über mehrere tausend Kilometer transportiert wurden. Da das Metall in der Antike zu teuer war, wurde dies zentralisiert aufbewahrt und für die Wiederaufbereitung zu neuem Werkstoff benutzt. In der Region, in der Metallmangel herrschte, war eine Verarbeitung der kaputten Gegenstände (Metallschrott) für die Herstellung neuer Gegenstände an der Tagesordnung. Eine Vermischung von Material aus regional und geographisch unterschiedlichen Lagerstätten ist in keiner Weise auszuschließen. Als indirekte Bestätigung dieser Hypothese kann man ein Beispiel bringen: Im Bible Lands Museum Jerusalem befindet sich unter anderen Gegenständen eine Statuette „Betende" aus der minoischen Zeit von 1700 bis 1500 v. Chr., welche 7,5 % Zinn und ca. 0,5 % Blei enthält. Daneben stehen zu dieser Periode gehörende Gegenstände, die kein oder weniger als 1 % Zinn erhalten. Es ist denkbar, dass der Metallschrott verschiedener Herkunft und unterschiedlicher Zusammensetzungen irgendwann für einen neuen Guss zusammen eingeschmolzen werden konnte. Das ergab im Vergleich zu Kupfer ein neues Material mit einer anderen Farbe und höheren Eigenschaften. Es geht auch um die Bedeutung der Ästhetik in der antiken Metallurgie. Da die Zinnbronzen einen unverwechselbaren goldenen Farbton hatten, verdrängten sie die Kupfer-Arsen-Legierungen durch die Nachfrage nach der Goldfarbe oder eine mögliche Imitation des Goldes. Mit der Zeit erkannten die Menschen, dass sich die Qualität des Metalls dadurch verbessern ließ, und suchten nach geeigneten Mischungen aus Kupfer und Zinn. Danach verbreitete sich dieses Wissen recht schnell in verschiedene Richtungen. Wiederherstellen des historischen Bildes der Industrieentwicklung oder der allgemeinen menschlichen Kultur in der Antike kann man mit Herstellung eines Puzzles vergleichen. Archäologen finden ein neues Stück und das historische Bild verändert sich.

Seevölker und Eisenkultur des Nahen Ostens

„Einführung von Eisen in einem Volk bedeutet Ende seiner wilden Existenz und Anfang der Bildung"

Gaius Julius Caesar, "Erinnerungen an den Gallischen Krieg"

Was bedeutet „Eisenmetallurgie"? Heute ist es eine Herstellung von Eisen und Stahl aus einem Erz oder sekundären Rohstoffen, eine Änderung ihrer Eigenschaften, Struktur und Form. In 20 oder 30 Jahren wird man möglicherweise unter der Eisenmetallurgie die unterschiedlichen feinen Prozesse der Herstellung von Eisengegenstände mittels der Nanotechnologie verstehen.

Die neuen Technologien sind oft ein „Nebenprodukt" der alten. Mineralische Strichfarben wurden für die Höhlenkunst – einer früheren Periode der Geschichte der menschlichen Kultur vor 15000 - 20000 Jahren benutzt. Aus Eisenoxid wurde roter, brauner und gelber Ocker gewonnen. Die prähistorischen Maler verwendeten diesen, um die Darstellungen von Jagdszenen auf Höhlenwänden auszuführen. Aus dieser Zeit stammen alle bekannten Felsmalereien der Steinzeit wie Steppenbison in der Höhle von Altamira (Spanien), Hirschjagd in der Höhle Font-de-Gaume (Frankreich), Mammuts in der Höhle von Kapowa (Ural-Gebiet, Russland) und Tiere in Tassili n'Ajjer (Algerien). Dazu zählt auch eine alte Technologie der Herstellung von mineralischer Farbe aus Eisenmineral Hämatit, die im Alten Ägypten vor 4000 v. Chr. bei der Mumifizierung und Beisetzung oder Grablegung verwendet wurde. Auch in Thrakien, auf dem Territorium des heutigen Nordbulgariens, wurden nahe dem Ort Esero die Begräbnisstätten der Frühen Bronzezeit gefunden, welche die Stückchen des roten Hämatits und mit Hämatit

eingeriebene Skelette enthalten. Eisenminerale wurden auch als Farbstoffe bei der Keramikherstellung sowie zum Schminken verwendet.

Die Eisenschwämme, welche von Archäologen bei den Ausgrabungen der türkischen Çatalhöyük gefunden wurden, gehören zum 6. Jahrtausend v. Chr.

Die Menschen, die das erste Eisen herstellte, hatten keine Gedanken, dass sie den Ausgangspunkt der „Eisenzeit" markierte. Diese Zeit kommt erst in Jahrtausenden und wir, ihre Nachfahren - die Leute des 21. Jahrhunderts werden in dieser leben.

Offenbar reichen die bisherigen Erkenntnisse der Fachwelt noch nicht aus. Ein Studium der metallischen Funde aus archäologischen Ausgrabungen ist aufgrund des Zustands der Sachen sowie unserem Wissen über prähistorische Metallurgie begrenzt. Unversehrtheit der Metallartefakte in den archäologischen Schichten

hängt von dem Boden-pH ab. In einigen Fälle erhalten sich die eisernen Artefakte gut und könnten detailliert untersucht werden; in anderen - wandelt Eisen in völlig unnützlichen verrosteten Eisenschrott um. In der Bibel gibt es etwa 100 Erwähnungen über Eisenbergbau und Eisenobjekte. Zum ersten Mal wird Eisen in der Genesis (1. Mose 4:22) erwähnt. Hier finden wir die Aufzeichnung, dass Tubal-Kain, Stammvater der Schmiede, sich mit der Produktion von Gegenständen aus Bronze und Eisen beschäftigte. Noch bevor man lernte, das Metall aus dem Erz zu schmelzen, wurde es in Form von Bruchstücken von Meteoriten gefunden. Die Schmelztemperatur des Eisens beträgt ca. 1500°C und ist somit deutlich höher als von Kupfer, Gold oder Silber. Ein Nachteil von Eisen ist sein niedriges Edelmut, das heißt die leichte Möglichkeit der Korrosion zu unterliegen. Deshalb sind Eisenprodukte ohne Konservierung unhaltbar.

Eisen spielt auch eine wichtige Rolle bei der Funktionsweise von lebenden Organismen. Es ist nämlich Bestandteil mancher Eiweiße und Enzyme. Blut verdankt seine lebendige, rote Farbe eben dem Eisen, welches ein wichtiger Bestandteil des Hämoglobins ist. In der Bibel steht, dass „das Leben des Fleisches im Blut ist" (3. Mose 17:11). So kann man mit Recht zustimmen, dass unser Leben vom Eisen abhängig ist. Auf jeden Fall deutlich mehr als z.B. von Gold oder von Silber. In der Bibel wird Eisen vor allem mit der Herstellung von Waffen und dem Waffenkampf verbunden. Aus Eisen bestanden Schwerter (Hiob 20:24), Beile (2. Sam. 12:31), Pfeil- und Speerspitzen (1. Sam. 17:7), später auch Rüstungselemente (Hes. 4:3). Es war üblich, die Radnaben einiger Wagen mit eisernen Sicheln zu versehen, was eine zusätzliche Gefahr für Fußsoldaten darstellte: Josua 17:18 „Da es ein Wald ist, sollst du ihn abholzen, und es soll dein [Gebiets]endpunkt werden. Denn du solltest die Kanaaniter vertreiben, obschon sie Kriegswagen mit eisernen Sicheln haben und stark sind." Gottes Gesetz beinhaltet eine Vorschrift nach, welcher jeder Schlag mit einem Werkzeug aus Eisen als Mordversuch gedeutet werden sollte. Das 4. Buch Mose (35:16) betont: „Wenn er ihn aber mit einem eisernen Werkzeug schlägt, so dass er stirbt, dann ist er ein Totschläger". Dies bedeutet, dass eiserne Werkzeuge als todbringende Waffen betrachtet wurden.

Im 5. Buch Mose 19:4,5 wird von einem unabsichtlichen Unfall mit einer Axt aus Eisen berichtet: „Oder wenn er mit seinem Mitmenschen in den Wald geht, um Holz zu sammeln, und seine Hand holt aus, um den Baum mit der Axt umzuhauen, und das Eisen ist vom Holzgriff abgeglitten, und es hat seinen Mitmenschen getroffen, und er ist gestorben, sollte er seinerseits in eine dieser Städte fliehen und soll leben". Entstand ein tödlicher Unfall, konnte der „Unschuldige" in eine Zufluchtsstadt fliehen, „damit sein Leben verschont blieb".

Eisen wird in der Bibel auch mit etwas Hartem, Starkem, Standhaftem verbunden, was nicht zerstört werden kann. Jeremias (Jer. 28:14) benutzt das Eisenjoch als Symbol für die unerbittliche Herrschaft Babylons: „Ich habe ein eisernes Joch auf den Hals aller dieser Völker gelegt, damit sie Nebukadnezar, dem König von Babel, dienstbar sein sollen". Mit einer eisernen Kette sollte später eben dieser Nebukadnezar gebunden werden: „Aber seinen Wurzelstock lasst in der Erde, und zwar in Fesseln von Eisen und Erz im Gras des Feldes" (Dan. 4:20). Diese Worte bedeuteten nach der Erklärung Daniels den siebenjährigen Wahn des Königs Nebukadnezar von Babylon.

„Der Himmel über deinem Haupt wird für dich zu Erz werden und die Erde unter dir zu Eisen." (5. Mose 28:23). „Ich will euch den Himmel machen wie Eisen und die Erde wie Erz" (3. Mose 26:19). Das sind Symbole des Fluchs und der Ungnade, da eine hohe Temperatur benötigt wurde, um Eisen zu schmelzen. Die ägyptische Gefangenschaft wurde in der Bibel (5. Mose 4:20) mit einem viel Hitze verbrauchenden Eisenschmelzofen verglichen: „Euch aber hat der Herr genommen und herausgeführt aus dem Eisenschmelzofen, aus Ägypten, damit ihr sein Eigentumsvolk sein solltet, wie es heute der Fall ist". Diese Gefangenschaft war eine

sehr mühsame Erfahrung, aber aus anderer Sicht formte, schmolz und härtete er das „eiserne", „halsstarrige" Volk. Genau diese Symbolik des Eisens als mächtige, zermalmende, standhafte, militärische Kraft wurde auch in der Vision des Standbilds Nebukadnezars genutzt, welche im 2. Kapitel des Buches Daniel niedergeschrieben ist: „Seine Oberschenkel aus Eisen, seine Füße teils aus Eisen und teils aus Ton" (Dan. 2:33). In der späteren Deutung dieser Vision lesen wir: „Und ein viertes Königreich wird sein, so stark wie Eisen; ebenso wie Eisen alles zermalmt und zertrümmert, und wie Eisen alles zerschmettert, so wird es auch jene alle zermalmen und zerschmettern" (Dan. 2:40). Manchmal erfüllt sich eine Prophezeiung in der Bibel auf zweifache Weise. In Daniel 2:28 wird angedeutet: „Aber es existiert ein Gott in den Himmeln, der ein Offenbarer von Geheimnissen ist, und er hat König Nebukadnezar bekanntgegeben, was im Schlussteil der Tage geschehen soll..."
Wie ein Studium der Prophezeiung Daniels zeigt, werden die letzten Weltmächte - vor Gottes Eingreifen - durch die Füße und Zehen (Eisen plus Ton) des Standbilds dargestellt. Die Füße sind der letzte Teil des Standbilds, was darauf schließen lässt, dass keine weitere Weltmacht in Erscheinung treten wird. Daniel (2:44, 45) sagt: „Und in den Tagen dieser Könige wird der Gott des Himmels ein Königreich aufrichten, das nie zugrunde gerichtet werden wird. Und das Königreich selbst wird an kein anderes Volk übergehen. Es wird alle diese Königreiche zermalmen und [ihnen] ein Ende bereiten, und selbst wird es für unabsehbare Zeiten bestehen; wie du ja sahst, dass aus dem Berg ein Stein gehauen wurde, nicht mit Händen, und [dass] er Eisen, Kupfer, den geformten Ton, Silber und Gold zermalmte. Der große Gott selbst hat dem König bekanntgegeben, was nach diesem geschehen soll. Und der Traum ist zuverlässig, und seine Deutung ist vertrauenswürdig." Die zuvor erwähnten „ Füße und Zehen aus Eisen und Ton", zeigen an, in welch geschwächtem Zustand sich die Regierungen im Allgemeinen befinden. Gegensätzliche politische Programme und knappe Wahlergebnisse, bei denen keine Seite eine klare Mehrheit erringt, schwächen die Machtbasis selbst beliebter politischer Führer, so-

dass sie sich nicht auf einen eindeutigen Wählerauftrag zur Umsetzung ihrer Politik stützen können. Daniel sagte vorher passenderweise: „Das Königreich wird sich teils als stark erweisen und wird sich teils als zerbrechlich erweisen" (Dan. 2:42).

Daher überraschen uns nicht die Worte welche besagen, dass die Steine für den Altar der göttlichen Opfergaben nicht vom Eisen berührt sein durften: „Und du sollst dort dem Herrn, deinem Gott, einen Altar bauen, einen Altar aus Steinen; über diese sollst du kein Eisen schwingen" (5. Mose 27:5). Auch in der Konstruktion des Zeltes der Begegnung, finden wir nirgends Eisen. Es tritt zwar in den Materialien auf, aus welchen der Salomonische Tempel erbaut wurde, aber es hat nur eine versteckte Funktion für die Konstruktion. Es tritt nur in Form von Nägeln oder Klammern auf: „Und David schaffte viel Eisen an für die Nägel an den Torflügeln und für die Klammern, und so viel Erz, dass es nicht zu wägen war" (1. Chr. 22:3). Es gibt jedoch Eisensymbolik im Zusammenhang mit Gottes Handeln auf gewissen biblischen Bilder. Zweifellos ist das wichtigste davon das „Eiserne Zepter" aus dem Psalm 2:9: „Du sollst sie mit eisernem Zepter zerschmettern, wie Töpfergeschirr sie zerschmeißen". Hier spielt auch die eiserne Rute eine zerstörerische Rolle. Doch sie wird vom Gesalbten Gottes benutzt, sie hat so also eine positive Funktion.

Eisen wird in der Bibel auch in Bezug auf zwischenmenschliches Verhalten angewendet. In Sprüche 27:17 heißt es: „Eisen wird durch Eisen geschärft, So schärft ein Mann das Angesicht eines anderen". Klingen schärft man nicht dadurch, dass man sie gegeneinanderschlägt. Das Schärfen ist ein eher behutsamer Vorgang. Ebenso gibt es auch richtige und verkehrte Methoden, den Verstand durch Gespräche zu schärfen. Die Herkunft der Eisenmetallurgie ist eines der wichtigsten Themen der historischen Studien. Wenn man über technokratische Zivilisationen der Alten Welt spricht, kommt man nicht um die Frage der alten metallurgischen Zentren herum. Sie waren Hauptquellen des Wissens über Verfahren der Gewinnung und Bearbeitung der Metalle. Nach moderner Vorstel-

lung, welche mit früheren Hypothesen zufälliger Erfindungen und
Verwendung neuer Materialien, Metalle und Technologien über-
einstimmt, trifft die Entstehung der Eisenmetallurgie nicht auf
eine, sondern auf mehrere Regionen zu. In den archäologischen
Städten in Anatolien wurden kleine Eisenschwämme vom 6. Jt. v.
Chr., die mit hoher Wahrscheinlichkeit durch ein Tigelschmelzverfahren hergestellt wurden, gefunden. Ein ältester Eisenartefakt
stammte aus Samara in Nordmesopotamien und wurde auf 5000 v.
Chr. datiert. Obwohl die Menge der Eisenartefakte im 4. - 2. Jt. v.
Chr. angestiegen, treten sie im Vergleich zu Bronze selten auf. Die
Eisenmetallurgie wurde wahrscheinlich in den verschiedenen Regionen Kleinasiens und im östlichen Mittelmeerraum möglicherweise selbstständig entwickelt. Trotzdem kann man vermuten, dass
die Hauptquelle, die über die industriellen Geheimnisse der Fertigung verfügten, nur auf dem Territorium des Nahen Ostens und
Vorderasien lag. In anderen Ländern waren diese Kenntnisse nicht
sofort bekannt. Viele Forscher halten das Hethiterreich als Heimat
der Eisenmetallurgie um etwa 3. Jt. v. Chr. für plausibel. Eine Gewinnung und Anwendung von Eisen ist die alleinige Besonderheit
einer industriellen Kultur der Hethiter Gesellschaft und alleiniges
Monopol des Hethiterreiches. Es muss betont werden, dass in der
Bronzezeit die Länder Kleinasiens, von dem Geschäft mit Metallen
profitierten. Im Rahmen des Handels wurden große Menge Gold,
Silber, Kupfer exportiert. Gleichzeitig wurde von der einheimischen Regierung ein Export von Eisen oder Eisenerz wahrscheinlich verboten. Im 14. Jh. v. Chr. verarbeiteten die Hethiter in Anatolien Eisenerze in zunehmendem Maß und entwickelten eine
beachtliche Eisentechnologie. In Hethiter Keilschriften vom 15. - 13.
Jh. v. Chr. gibt es Hinweise zu Eisenmaßen von einem Schekel (ca.
8,4 g) bis 90 Minen (ca. 45 kg) sowie Hinweise zur Größe der Gegenstände aus Eisen. In großen Mengen wurden die Schatullen,
Dolche, Klingen, Sockel für Statuetten und die Statuetten der Göt-
ter und Tiere aus Eisen hergestellt. Eine Erwähnung über himmli-
sches Metall Eisen als ein Geschenk der Eisenwaffen befindet sich
im Amarna-Archiv im Brief von dem Hethiter König an Pharao

Darstellung von Seevölkern (Scherden).
Wandrelief am Totentempel Ramses III. in
Medinet Habu (1190-1180 v. Chr.), Ägypten.
(Wikimedia Commons)

Gott steht auf
Kupferbarren.
Bronze, 12. Jh.
v. Chr.
Zypernmuseum,
Nikosia.

Amenhotep III. (1388 - 1351 v. Chr.) und seinen Sohn Echnaton. In
der Grabkammer von Pharao Tutanchamun (1332 - 1323 v. Chr.)
wurden ein kleiner Eisendolch mit goldenem Griff, Eisenhocker
und kleine eiserne Werkzeuge (Lanzetten, Meißel, Stichel usw.),
mit einem Gesamtgewicht von circa vier Gramm gefunden.

Zu diesem Zeitpunkt gewann Eisen noch keinen Sieg über Bronze; eiserne Gegenstände erschienen in der Alten Welt als zufällig
und kostbar.

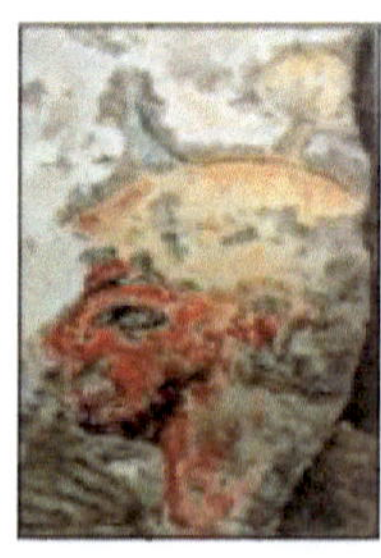

Scherden mit einem Metallhelm mit Horn der
brauen Farbe und Resten von bemaltem Bart.
Relief am Luxor-Tempel, Ägypten.

Ein berühmtes Fragment der Keilschrifttafel des hethitischen Großkönigs Ḫattušili III. aus dem Amarna-Archiv bestätigte die Überlegenheit der Völker Kleinasiens Eisen zu gewinnen und zu bearbeiten: „Was um ein gutes Eisen über welches Du mir schrieb, es geht, gibt es in Kizzuwatna (Königreich im südöstlichen Anatolien) kein gutes Eisen. Momentan ist eine schlechte Zeit für Eisenherstellung. Als Geschenk sende ich Dir Eisen für einen Dolch zu". Es wäre falsch aus diesem Fragment zu viel herauszulesen. Es beweist nicht, dass der König der Hethiter ein Verbot von Eisenauslieferung erließ. Der Hinweis auf „schlechte Zeit für Eisenherstellung" lässt vermuten, dass die Hethiter diese Tätigkeit als Heimindustrie nur im Winter, wenn auf dem Feld keine Arbeit mehr war, ausübten. Auf diese Weise ist es denkbar, dass im Sommer oder im Herbst die Eisenreserve stark absank. An der Wand der Grabkammer von Ramses III. gibt es ein Fresko mit Abbildungen der Krieger. Ein besonderes Merkmal dieses Fresko ist, dass ein Teil der Krieger mit orange gefärbten Schwertern und Speeren ausgerüstet wurde, der andere Teil hatte blaufarbige Waffen. Das kann bedeuten, dass mit oranger Farbe die Kupfer- oder Bronzewaffen und mit blauer Farbe die Eisenwaffen abgebildet wurden.

Zur Regierungszeit von Ramses III. gehören die im philisterischen Ort Gerar in Palästina gefundenen antiken Schmelzöfen der Größe 3,3 x 1 Meter. Die Öfen hatten spezielle, ziemlich komplizierte Luftführungskanäle. In der Nähe von Öfen wurden unterschiedliche Größen Eisenschwämmen gefunden. Außer Eisenschwämme wurden 2,8 kg schwere Spitzhacken sowie Pflugscharen aus Eisen gefunden. Alle diese Werkzeuge gehören in die Zeit etwa um 1200 v. Chr. statt. Möglicherweise fand dort die Eisenherstellung schon im 14. Jh. v. Chr. Nach der Eroberung Jerichos durch die Israeliten um etwa 1300 v. Chr. fand Josua unter anderen „...Das Silber und Gold und die ehernen und eisernen Geräten" beschrieb im Buch Josua (6:24). Der Prophet Jeremia berichtet (15:12), dass Eisen von Norden (möglicherweise Fremdvölker von Norden mit Eisenwaffen) zerbrechen kann. Syrien und Palästina wurden schon einige Male erwähnt, da von dort im 12. Jh. v. Chr. der Eisenschwamm nach Ägypten ausgeliefert wurde.

In Mesopotamien ist es zu schwierig die Entwicklung der Eisenmetallurgie zu verfolgen. In den Annalen der assyrischen Könige im 10. - 9. Jh. v. Chr. werden oft in den Registern Metalle als Kriegsbeute oder als Tribut von Königen und von Städten aus Syrien und Palästina erwähnt. Beim König Aššur-nâṣir-apli II. (883 - 859 v. Chr.) finden sich mehrmals Erwähnungen über Eisen und andere Metalle. Eine erzählt, dass vom König des Karkemišes 20 Talente Silber, viele Goldsachen und 250 Talente Eisen kamen. Dieses Register zeigt den hohen Wert von Eisen und seine relative Seltenheit. Eisen wurde als eine sehr schwere Last zusammen mit Edelmetallen über viele Hundert Kilometer nach Assyrien transportiert. Die hier vorhandenen Keilschriften sind die ersten Zeugnisse einer großen Lieferung von Eisen aus Syrien nach Mesopotamien.

Obwohl die Hethiter in der Produktion der eisernen Gegenstände geschickter waren, reichte das gesamte Technologieniveau für die Überlegenheit der eisernen Werkzeuge und Waffen über die Bronze nicht aus. Zwar besaß die Armee der Hethiter schon einige Mengen an Eisenwaffen, hatte allerdings noch keine eindeutigen Vorteile gegenüber Gegnerheeren mit Bronzewaffen. Soweit war die Menschheit noch nicht. Erst im 9. Jh. v. Chr. nach dem Eisensieg wurde die Verwendung der Bronzewerkzeuge und Waffen stark reduziert. Nach dem Niedergang des Hethiterreiches hat die Verbreitung der differenzierten Fachkenntnisse bei der Gewinnung und Verarbeitung von Eisen nicht nachgelassen. Im Gegenteil - sie bekommt einen neuen Impuls. Dies kann einerseits durch die Migration verschiedener Hethitervölker auf neue Territorien, andererseits durch die Eroberung ehemaliger Hethiter Regionen durch mächtige Nachbarn - vor allem dem Reich der Assyrer oder durch das neue fachkompetente Volk der Philister - erklärt werden.

Ein berühmter Autor populärwissenschaftlicher Literatur I. Asimov beschriebt so die Historie des Überganges der Menschheit von der Bronze- zur Eisenzeit: „Um circa 15. - 14. Jh. v. Chr. wurde die Technologie der Gewinnung und Aufkohlen von Eisen in dem Königreich Urartu in den Transkaukasien entwickelt. Dieses Land befand sich damals unter der Herrschaft der Hethiter. Die hethitischen Großkönige verstanden die Wichtigkeit der Eisengewinnung und schützten ihr Monopol auf neue Technologien sehr. Anfangs wurden nur kleine Mengen des Eisens hergestellt und während mehrerer Jahrhunderte war dieses um ca. 40 Mal teurer als Silber. Als die Kapazität der Eisengewinnung erhöht wurde und man begann diese Vorteile zu nutzen, wurde das Hethiterreich durch Unruhen nach der Seevölkerbewegung zerstört und das hethitere Eisenmonopol gebrochen. Da Assyrien eine gemeinsame Grenze mit Urartu hatte, verbreitete sich die Technologie der Eisengewinnung schnell nach Assyrien, und ein Handel mit Eisen führte zu dessen Blütezeit. Die erste Entwicklung der Eisentechnologie in Urartu ist eine strittige These, weil es bekannt ist, dass Eisen nach Assyrien nicht aus Urartu, sondern aus Anatolien und Palästina von Hethitern und Philistern geliefert wurde. Dort wurden die ältesten Eisenartefakte und Fragmente der Produktion gefunden. Die Eisenlieferung vom Kaukasus fand erst im 9. - 8. Jh. v. Chr. statt. Wo liegen die Unterschiede der Bearbeitungsverfahren eines Eisenerzes von Kupfererzen? Erstens braucht man für eine Reduzierung von Eisen aus seinen Oxiden viel mehr Holzkohle (hier spielt eine Rolle das Reduktionsmittel) als beim Schmelzen der Kupfererze. Zweitens sollten die Ofenkonstruktion sowie die Schmelztechnologie ein höheres Temperaturniveau des Prozesses gewährleisten. Das ist notwendig, weil Eisentrennung von Gestein nur nach Überführung eines aus Komponenten in die Schmelze, in diesem Fall nach der Schlackenbildung, möglich ist. Die minimale Temperatur der schmelzflüssigen Schlacke, hauptsächlich bestehende aus dem Mineral Fayalith (Fe_2SiO_4), liegt bei 1200°C. Dagegen lag bei der Herstellung von Kupfer oder Bronze die Temperatur des Ofens nicht über 1000°C. Deswegen war es notwendig, für die Erhöhung des

Temperaturniveaus des Prozesses ein starkes Luftführungsmittel oder eine intensivere Luftzufuhr der Bedienungen zu schaffen. Es muss angemerkt werden, dass in der Antike versucht wurde die Temperatur der Schlackenbildung durch eine Zugabe von speziellem Flussmitteln zu senken. Um diese Ziele zu erreichen, wurde in Mesopotamien und in Kleinasien schon im 2. Jt. v. Chr. eine Mischung aus Knochenasche und Dolomit verwendet. Dieses Verfahren hatte aber nur beim Tiegelschmelzverfahren bestimmte Vorteile. Die Ursache der langsamen Einführung von Eisen ins Leben der antiken Völker liegt nicht in den Schwierigkeiten der Herstellungstechnologien (die Bronze- und Eisenartefakte wurden praktisch gleichzeitig hergestellt), sondern in der Kenntnis entsprechender Anwendungstechnologien der gewonnenen Metalle. Zum Beispiel war Öl seit dem Altertum bekannt und als ein primitiver Brennstoff verwendet. Dessen industrielle Gewinnung fand erst nach der Erfindung des Cracken-Verfahrens statt. Das bedeutet, dass ein Naturobjekt vorteilhaft sein kann, wenn eine Technologie für seine breiten Anwendungen vorhanden ist. Für die Beherrschung einer Technologie der industriellen (für die antike Welt) Bronzeproduktion brauchte die Menschheit über zweitausend Jahre, für Eisen eine Zeit von dreitausend bis fünftausend Jahre. Deswegen datieren viele Wissenschaftler den Anfang der Eisenzeit um ca. 1200 v. Chr.

Der Prozess der Eisenherstellung - im Gegensatz zu Gold und Kupfer gibt es in der Natur kein gediegenes Eisen – beginnt mit einem langen Verhütten von „verrosteten" Eisenerzen. Um Eisen aus den Erzen zu gewinnen, wurden im Anfang der entstehenden Eisenmetallurgie einfache Erdgruben ausgehoben und deren Ränder im Laufe der Entwicklung anschließend mit Lehm versehen. Zum Beispiel wurden von den Germanen die Eisenerze in den Gruben mit einem Durchmesser von etwa 1,5 Meter und Tiefe bis 0,6 Meter verhüttet. Die Gruben wurden in den Orten der intensiven natürlichen Luftströmungen wie einem Hügel oder Gebirgsvorland eingerichtet. Danach kamen sie ziemlich schnell zur Schlussfolgerung, dass ein effektiver Schmelzvorgang einer künstlichen Luftzufuhr und einer Erbauung über die Erdgrube der Aufstockung bedurfte. Das war der Prototyp eines Rennofens – des ersten metallurgischen Gerätes zur Verhüttung von Eisenerzen. Seine Konstruktion war eine Folge des Wunsches der antiken Metallurgen eine Intensität der Luftzufuhr in den Ofen und entsprechend die Temperatur des Prozesses zu erhöhen. Im Fundament der ältesten bekannten Rennöfen wurde eine runde Grube eingerichtet, welche mit Lehm ausgekleidet wurde. Nach den jüngsten archäologischen Studien wurden die ersten Rennöfen im Anfang des 2. Jts. v. Chr. gebaut. Besonders verbreitet waren diese in der Latènezeit von 5. bis 1. Jh. v. Chr.

Rennofen aus der La-Tene-Zeit in Obersdorf-Rödgen. Um 500 v. Chr.

Steinstössel zum Zer kleinern von Erzen und Schlacken kratze. Siegerlandmuseum im Oberen Schloss, Siegen.

Zur Grube führen Luftkanäle oder Winddüsen aus Lehm mit einem Durchmesser von 25 bis 60 mm. Um für eine permanente Luftzufuhr in den Ofen zu sorgen wurden Blasebälge in die Winddüsen gesteckt. Wenn nur eine Winddüse verwendet wurde, benötigte man zwei Blasebälge. Für die Abstichschlacke wurde in manchen Fällen unter dem Ofen einen Eingusskanal mit Schlackenfänger ausgegraben. Oben wurde ein bis zu einem Meter hoher kreisförmiger Aufbau aus Gerten geflecht und danach mit Lehm verputzt. Die Konstruktionen der Rennöfen unterschieden sich stark. Manchmal wurden für eine Verstärkung der Wände des Ofens Holzfassreifen verwendet. Der Ofen konnte auch komplett in ein Holzgerüst gebaut oder mit Steinen gemauert werden. Bei slawischen Völkern und in Skandinavien verbreitete sich eine Konstruktion, bei der der untere Teil des Ofens tief in die Erde gebaut wurde und der obere Teil nur gering über das Erdniveau herausragte wurde. Später wurden die Rennöfen nicht so tief in die Erde gebaut, was ihre Bedienung stark vereinfachte. Man kann praktisch sicher sein, dass die erste Eisenmetallurgie durch ihre Reduktion aus Oxiden oder Hydroxiden begann. Der Prozess wurde in zwei Schritten durchgeführt: Zuerst wurde das Erz in einem Lagerfeuer oder in den offenen, primitiven Öfen geröstet und danach im Rennofen geschmolzen. Bei einem andauernden Rösten verlor wasserhaltiges Eisenoxid (Fe_2O_3 x nH_2O - Limonit, auch Goethit, Hydrogoethit, Eisenstein) Wasser bei einer Temperatur bis 200°C und wandelte sich in Hämatit (Fe_2O_3) um. Danach wurde dies bis zur Größe einer Haselnuss zerkleinert und, um eine Beschickung vorzubereiten, mit Holzkohle vermischt. Der Ofen wurde auf circa zwei Drittel der Höhe mit Holzkohle aufgefüllt und nur danach wurden die Beschickung und eine weitere Schicht Holzkohle hineingelegt. Das Feuer wurde durch Kanäle für Abstichschlacke, welche mit kleinem Holz und Reisig gefüllt wurde, entfacht. Beim Erhitzen fand eine Umwandlung von Hämatit in Magnetit (Fe_3O_4) statt. Das reduzierte sich weiter bis zu reinem Eisen. Durch Lufteinblasen und Verwendung von Holzkohle entstand im Inneren des Ofens bei der Temperatur zwischen 1100°C und 1200°C das Kohlenstoffdioxid.

$$C + O_2 \rightarrow CO_2$$

Dies reduzierte sich beim Sauerstoffmangel zum Kohlenstoff-monoxid

$$CO_2 + C \rightarrow 2CO$$

In der Reduktionsatmosphäre des Ofens löste Kohlenstoffoxid den Sauerstoff aus dem Eisenerz und begünstigte die Eisenreduktion aus seinen Oxiden.

$$Fe_2O_3 + 3CO \rightarrow CO_2 + 2Fe$$

Da reines Eisen jedoch einen Schmelzpunkt von 1539°C hat, kann dies im Rennofen nicht geschmolzen werden. Im Holzkohlenfeuer konnte Eisen bei 1200°C durch Lufteinblasung aus dem Erz in Form von so genanntem „Eisenschwamm" - ein schlackenhaltiges Eisen, welches eine veränderliche Zusammensetzung hat - ausgeschieden werden. Ein Teil des Eisenerzes wird im festen Zustand zu Eisen reduziert; gleichzeitig entstehen bei etwa 1200 Grad die flüssigen Schlacken als Folge von Quarzbeimengungen im Erz und einer chemischen Reaktion mit den Ofenwänden. Durch die Schlacke wird das Eindringen von Kohlenstoff ins Eisen verhindert. Die Schlacke lief (rann, daher der Name „Rennofen") aus Öffnungen des Ofens in die Herdgrube. Die Metallausbeute lag wegen des höheren Eisenverlustes in den Schlacken meistens unter 20%. Bei etwa 1100°C trennte sich das Eisen vom Gestein und auf dem Boden des Ofens bildete sich eine „Luppe". Zum Anfang der Technologie betrug die Masse des Eisenschwammes nicht mehr als eins bis zwei Kilo. Danach stieg sie bis 25 - 40 kg und in einigen Öfen bis 120 - 150 kg. Um die Luppen aus dem Rennofen herauszuziehen, wurden diese mit Hammer und Meißel geöffnet und damit zerstört. Deswegen wurden vor einem neuen Schmelzverfahren die Wände des Ofens repariert, frisch mit Lehm gemauert und neue Winddüsen verlegt, da die Festigkeit der Winddüsen aus Lehm sehr niedrig war. Die Weiterverarbeitung der Luppen erfolgte durch Schmieden. Nach der Schlackenentfernung ist der Eisenschwamm zum Heißschmieden gelangt. Der Schlüsselmoment der Technologie war eine Auswahl der Schmiedetemperatur: Eine geringe Abweichung vom optimalen Niveau verschlechterte die Qualität des Metalls. Zur Kontrolle der Temperatur dienten die Farben des glühenden Eisens. Deswegen wurde das Licht im Schmieden speziell gedämpft, um die Farbtöne des heißen Metalls besser bewerten zu können. Um eine höhere Härte des Eisens zu bekommen wurde in der Schmiede ein spezielles Verfahren durchgeführt: die sogenannte Zementation unter Kontakt mit Holzkohle bei einer Temperatur von 800 bis 1000°C. Eine Zementation bestand in einer Schichtbildung auf der Oberfläche eines Gegenstandes mit höherem Gehalt des Eisencarbides (Zementit), welches die Festigkeit von Eisen erhöhte. Dabei wurde die restliche Schlacke aus der Luppe herausgearbeitet. Der hergestellte Eisenbarren, welcher von zwei bis 4% Schlacke enthält, war der „Eisenschwammbarren". Dass man auf diese Art überhaupt ein schmiedbares Eisen erhielt, lag an der Schwefelarmut der Holzkohle, dadurch blieb das Eisen rotbruchfrei. Längere Zeit war das Schmieden des Eisenschwammes ein Hauptprozess in der Technologie der Eisenherstellung. Die Schlacken sammelten sich im Schmiedefeuer an und wurden in Mulden oder Rinnen abgestochen. Daher findet man bei alten Schmieden auch Schlacken, die die gleiche Zusammensetzung wie die Rennschlacken aufweisen.

Nach der Aufnahme des „Rennverfahrens" wandelte sich das Hüttenwesen in die erste Industrie in der Geschichte der menschlichen Zivilisation umgewandelt. Dies dauerte in vielen asiatischen und afrikanischen Ländern bis Ende des 19. Jhs. an. Bei Völkern der Inseln des Indischen und des Pazifischen Ozeans gibt es dieses Verfahren bis heute.

Die Eisenverhüttung aus Erzen im Tiegel und seine Gewinnung im Rennofen sind ähnlich der Herstellung von Kupfer oder Bronze. Dass das Tiegelschmelzverfahren die älteste Herstellungsmethode

von Kupfer und Eisen ist, zeigen zahlreiche archäologische Funde
der letzten Jahrzehnte in mehreren Regionen der Welt: in Kleinasi-
en, in Europa, in Fernost. Man sieht eine starke Einheitlichkeit der
Technologien, Methoden und Verfahren in verschiedenen Weltregionen. Im Ural (Russland) wurden Tontiegel mit den Resten der
Kupfer- und Eisenerze sowie die Metallschlacken, Stein- und Kup-
ferwerkzeuge vom 2. Jt. v. Chr. gefunden.

Nach der Meinung von Historikern war das Tiegelschmelzverfahren eine Heimindustrie des Metalls. Dieses Verfahren der Eisenherstellung aus den Erzen entwickelte sich weiter in erster Linie in
asiatischen Ländern. Erlaubte dies jedoch, ein hochwertiges Eisen
zu bekommen, wenn auch in kleinen Mengen. Mit der Herstellung
des sogenannten Damaszener Stahls begann die Blütezeit des Tie-
gelschmelzverfahrens im 5. - 13. Jh. In Asien hielt sich diese Technologie des Hüttenwesens bis Ende des 19. Jahrhunderts; in der
Heimindustrie wird sie bis heute verwendet. Die Ursache der lang-
wierigen Aufnahme der Herstellungstechnologie von Werkzeugen
aus schmiedbarem Eisen dessen nutzbare Eigenschaften höher als
bei Bronze liegen, ist auch in den Prozessschwierigkeiten der Auf-
kohle (s.g. Zementation) der Oberfläche der Gegenstände und
Stahlherstellung begründet. Nur Stahl wird der hohen Beanspru-
chung von Waffen und Werkzeugen gerecht. Zahlreiche Rekon-
struktionsuntersuchungen der letzten Jahre zeigten, dass um eine 5
Mikrometer Dicke der Aufkohleschicht zu bekommen, muss man
dieses Objekt in der Reduktionsatmosphäre (in der Regel in einem
geschlossenen Gefäß, wo dies in tierischen Hörner und Hufe verpackt wurden) bei einer Temperatur über 900°C für mindestens 9
Stunden halten. Heute ist es eine große Anzahl archäologischer
Funde der Öfenrester, Fragmente der Tiegel mit Schlacken und
nicht vollständig reduzierten Aglomeratkuchen, Lager von Erzen,
Holzkohle und Flussmitteln bekannt. Die Studien dieser Materiali-
en mittels metallographischer Methoden und Archäometallurgie
erlaubten es die Herstellungstechnologie ziemlich präzise darzule-
gen. Es fällt in der Tat auf, dass die in Bibel erwähnten Eisenobjekte

in Palästina früh und geballt auftraten. In dieser Region haben wir Beweise einer lokalen Eisengewinnung und Herstellung der Eisengegenstände unter den Hethitern und besonders unter den Philistern, eines Stammes der „Seevölker". Ungefähr alle eineinhalb tausend Jahre hat der Atlantischer Ozean zyklische eine Periode der Abkühlung und Erwärmung (das so genannte Bond-Ereignis). Beim Temperaturrückgang wird das Klima in Europa kälter, die Ernte fällt drastisch schlechter aus, in Afrika und im Nahen Osten verliert der Monsun an Kraft, im Indischen Ozean fielen anhaltende Dürren auf (es sei an die biblischen „sieben Jahre der Dürre" erinnert). Dann war die Not größer, die Flüchtlinge gingen im Mittelmeerraum auf Eroberungszüge und siedelten sich an schon bestehenden Handelsstützpunkten an. Die Beispiele der Migrationsströme sind in der antiken Geschichte gut bekannt. Herodot schrieb (Historien 1. Buch, 94), dass die Ursache einer Trennung der Einwohner in Lydien im Altertum und der Weggang eines Volksteiles nach Italien ein schrecklicher Heißhunger war.

Nüchtern betrachtet entstand der Kollaps der Bronzezeit nicht nur durch die von Nord nach Süd wandernden Heere gut gerüsteter Krieger, sondern auch durch die Vielzahl hungernder Menschen. Ihr Erscheinen und Verschwinden wurde mit destruktiven Prozessen verbunden. Ethnische „Fremd-" oder „Seevölker" überfluteten durch Migration am Ende 13. - Anfang 12. Jh. v. Chr. den gesamten östlichen Mittelmeerraum. Der Name Seevölker wurde einfach von den Ägyptern als Sammelbegriff verwendet, weil es so viele unterschiedliche Nordvölker und die Stämme gab, die nach Ägypten und in den Mittelmeerraum drängten. Die Seevölker gründeten zusammen mit den Einwohnern der Region des Ägäischen Meers und den Menschen in Libyen ein starkes militärisches Bündnis. Ein Ansturm der Seevölker auf Ägypten und die vorderasiatischen Küsten war so gut organisiert, dass gemäß den ägyptischen Quellen ihre Feldzüge gegen die Hethiter erfolgreich waren und zum globalen Zusammenbruch des Hethiterreiches führten. Vor allem wurde ihre Verschiebung durch Überfälle und kurzfristige, auch brutale Raubzüge geprägt und ist ein Hauptfaktor der gesamten Umwälzungen und Veränderungen der ethnopolitischen Karte des Nahen Ostens. Nach dem Zusammenbruch der Hethiter Kultur um 1200 v. Chr. und der Zerstörung der verschiedenen vorderasiatischen Großreiche entstanden im östlichen Mittelmeerraum mehrere neue, kleine Königreiche. Der Terminus "Seevölker" wurde erst im 19. Jh. von Gaston Maspero in die Wissenschaftssprache eingebracht.

Die „Seevölker" sieht man heute allerdings weniger als Stämme, sondern als entwurzelte Menschengruppen, die eher die Folge und nicht die Ursache dieser Krisen gewesen sind. Tatsächlich war es eine Zeit, in der auch in anderen Teilen der östlichen Staatenwelt Krisen erhebliche Auswirkungen zeitigten. Ein früher konkreter Beweis über die Anwesenheit einiger Gruppen der Seevölker im Nahen Osten fällt in die Regierungszeit des Pharao Echnaton (1351 - 1334 v. Chr.). Im Amarna-Archiv (heute Tell el-Amarna) wurden zahlreiche Tontafeln in akkadischer Sprache gefunden, die vom Pharao sowie von vorderasiatischen Herrschern erstellt wurden und erläutern die politische Situation im Nahen Osten in der ersten Hälfte des 14. Jhs. v. Chr. Wie aus den Briefen ersichtlich, ist eine Verstärkung der Piratenaktivität aus Südost Europa und Südwest Kleinasien mit dem Niedergang des Hethiterreiches und Ägyptens am Ende 15. - erste Hälfte 14. Jh. v. Chr. verbunden. Ägypten war nicht das erste Objekt eines Angriffes der Seevölker. Ein Kriegsschauplatz der Seevölker waren Kleinasien, Zypern, Nordost Syrien, das Königreich Amurru. Einem Bericht aus dem achten Regierungsjahr von Ramses III. ist zu entnehmen, dass zurzeit des Angriffes der Seevölker auf Ägypten kein Land ihren Waffen standhielt. Das Hatti-Land, die Königreiche Qadi, Qargemis, Arzawa und Alašija waren auf einem Schlag entwurzelt und an einem Ort im inneren von Amurru wurde ein Lager aufgeschlagen. In einem Brief des Königs von Alašija (heute Zypern) an Pharao Echnaton gibt es eine Erwähnung über Scherden - einen Stamm des Seevölkerverbundes. Auf den Reliefs von Medînet Hâbu, Luxor und Abu

Simbel ist die Rüstung der Scherden sehr präzise gezeigt. Der griechische Historiker und Restaurator Dimitrios Katsikis verwendete Reliefdarstellungen von Medînet Hâbu und Artefakte des archäologischen Museums in Athene, rekonstruierte eine solche Rüstung und zeigte, dass diese völlig funktionell ist. Auf den Reliefs wurden 22 Typen der Hörnerhelme der Scherdenkrieger abgebildet. Von denen hatten zwei Helme nur ein Horn, die anderen hatten zwei Hörner mit sehr ähnlichen Profilen. Aus der Art von Helmen kann man Rückschlüsse ziehen, dass die Hörner ein Symbol dieses Volksstammes waren. Die Helme selbst konnten aus Bronze geschmiedet oder aus zusammengeflochtenen Lederbändern hergestellt werden. Auf Zypern kann man die Parallelen zu abgebildeten ägyptischen Reliefs finden, die nahezu detailgetreu selbiges zeigen. Ein Vergleich der Bronzestatuette „Gott steht auf Kupferbarren" vom 12. Jahrhundert v. Chr. im Zypernmuseum in Nikosia mit den ägyptischen Reliefs und Rekonstruktion des Scherden-Helmes zeigt eine Identität des spezifischen „Hörnerhelmes". Eine Aufstellung des Scherdenkriegers mit Schild und Lanze auf den Kupferbarren ist ein markanter Charakterzug und kann als ein Symbol der Kupfermineneroberung in Zypern durch die Scherden erklären. Im Zypernmuseum befindet sich noch eine andere Bronzestatuette „Gehörnter Gott aus Enkomi" vom 12. Jh. v. Chr., welche auch als Scherdenkrieger identifiziert werden konnte. Es ist bekannt, dass ein Teil der Scherden nach Sardinien migrierte, sie gaben der Insel ihren Namen. Die Bronzefiguren, die von Archäologen in Sardinien gefunden wurden, sind aufgrund ihrer Rüstung mit den Darstellungen der Scherdenkrieger der ägyptischen Reliefs vom 13. - 12. Jh. v. Chr. identisch.

Pharao Merenptah wehrte mit Mühe und Not den Ansturm von Seevölkern auf Ägypten ab. In den Inschriften des Tempels Amun-Re (Karnak) dankte er Gott für die Befreiung Ägyptens von den ersten Libyern und „Seevölker" Invasion. Nach 6 stündiger Schlacht siegten Ägypter über die Seevölker, aus welchen bis 8500 getötet und über 10000 in Gefangenschaft genommen wurden.

Statue des gehörnten Gottes aus Enkomi.
Bronze. 12. Jh. v. Chr. Zypernmuseum,
Nikosia.

Die nächste Erwähnung über Angriff der Seevölker auf Ägypten findet man im zweiten Jahr der Regentschaft von Ramses II. (1303 - 1213 v. Chr.). Der Obelisk von Assuan enthält eine Inschrift mit genauem Datum der Gefangenschaft von Scherden - „2. Regierungsjahr von Ramses II., 26. Tag 3. Monat Jahreszeit Schemu (Hitzezeit)".

Pharao Ramses III. (1221 - 1155 v. Chr.), ein Enkel des berühmten Ramses II. der Große, sollte die zweite gewaltige Welle der Seevölker in den Jahren 1193 und 1190 v. Chr. abwehren. Im fünften Jahr seiner Regentschaft drangen wiederum die Libyer in Ägypten

Rekonstruktion eines Scherden-
Hörnerhelmes. Mykenische Rüstung
13. - 12. Jh. v. Chr. (Das Bild stammt
mit freundlicher Genehmigung
von Herrn Dimitrios Katsikis).

ein. Diesmal erscheint als ihr Verbündeter ein neues Nordvolk -
„Peleset", welches in den ägyptischen Inschriften bis dahin unbekannt war. Die Historiker waren sich einig, dass es sich um die alt-
testamentarischen Philister handelte. In einer Reliefzeichnung sieht
man, dass die Scherden, die schon in der ägyptischen Armee dienten, mit den Philistern kämpften. Woher die Philister nach Kleinasien kamen – vom Balkan oder von der Nordküste des Schwarzen
Meeres (über den Kaukasus) ist bis heute noch unklar. Aufzeichnungen unter Ramses III. bestätigen, dass das kein Raubzug, sondern eine Eroberung – Übersiedlung, richtige Völkerwanderungen
waren. Es ist auf einem Relief im Totentempel des Ramses III. in
Medînet Hâbu zu sehen, wie Familien der Seevölker mit Frauen
und Kindern mitsamt Hab und Gut auf Karren ihre Heimat verlas-
sen. Laut Auszug aus der Inschrift im Totentempel „Ihre Städte
wurden in einem Moment zerstört. Ihre Bäume und Leute sind
Asche gewesen. Sie kamen nach Ägypten und trugen ihr Gut auf
ihren Rücken". Das zeigt deutlich, dass die Ursache der Umwandlung dieser nördlichen Völker eine Zerstörung ihres Vaterlandes
war. Ein Relief um 1190 v. Chr. in Medînet Hâbu zeigt die Schlacht
zwischen der ägyptischen Flotte und den Schiffen der Seevölker.
Die Schiffe der alten Ägypter wurden vorne mit einem Löwenkopf
verziert und hatten ein glattes senkrechtes Heck. Die Ruderer waren vor Wurfspeeren und Pfeilen der Gegner hinter einem höheren
Waffendeck versteckt. Die Schiffe der Seevölker hatten einen einheitlichen Typ, besaßen zur Fortbewegung auf längeren Strecken
Schiffsmast mit Rahsegel und wurden mit Vogelköpfen an beiden
Enden ausgestattet. Bei Windstille konnten sie von Ruderern vor-
angetrieben werden. Aus allen Darstellungen kann man die ent-
scheidenden Details der Philister erkennen. Auf monumentalen
Fries von Ramses III. waren die Philister als schlanke bartlose Krieger in knielangen (wie schottische Kilts) Röcken dargestellt. Sie waren mit einem großen runden Schild und auch mit langen Schwertern bewaffnet und trugen einen auffälligen rippen-, federartigen
Helm oder ein Stirnband mit Federn. Solche Helme bestanden
wohl aus Leder- oder Metallringen, in welche die Strohbüschel

oder auch echte Federn gesteckt wurden. Die Rüstungen, die die Philister auf den Darstellungen von Medinet Hâbu tragen, erinnern zum Teil an kretische und ägäische Bronzerüstungen. Das Interessante an dieser Darstellung ist, dass die Philister nicht nach nahöstlicher Art mit Pfeil und Bogen, sondern nach mykenischer Art mit langem Speer oder Lanzen und Schwert bewaffnet sind. Es gibt auch die ausdrucksvollen ägyptischen Inschriften der Schlachten. Es ist nachvollziehbar, dass die Philister daher nicht gleich als mykenische Griechen identifiziert werden müssen, aber doch wohl zumindest als ein Volksstamm, der aus dem Einflussbereich der mykenischen Kultur stammt. Oder sie müssen sich mindestens beim Durchzug durch die Ägäis so viel Zeit gelassen haben, dass sie die mykenische Technik und Kultur übernehmen konnten. Die Invasion der Seevölker, die zusammen eine zerstörungswütige Konföderation gebildet hatte, war für die Verwüstungen im östlichen Mittelmeerraum um 1200 v. Chr. verantwortlich. Eine Schwächung des ägyptischen Reiches unter den Pharaonen der 20. Dynastie machten die Philister nicht nur tatsächlich, sondern auch gesetzmäßig unabhängig. Ramses III. konnte eine Verteidigung Ägyptens an der palästinensischen Grenze organisieren, wehrte mit größter Mühe den Angriff der Seevölker ab und versuchte ägyptische Präsenz in Asien zu verstärken. Einige Städte, auch Bet She`an, wurden mit ägyptischen Truppen besetzt. Danach brach die Koalition der Seevölker auseinander.

In der ersten Hälfte und Mitte des 12. Jhs. v. Chr. besaßen die Philister einen breiten Streifen der Küstenebene Palästinas. Sie siedelten in den Stadtstaaten Aschdod, Aschkelon, Ekron, Gat und Gaza und gründeten dort eine Fünf-Städteunion (Pentapolis). Das waren antike kanaanäische Städte, welche wichtige Handels- und Industrierollen in vorherigen Epochen spielten. Wie die archäologischen Ausgrabungen zeigten, besaßen die Philister die gewaltsam zerstörten Städte und bauten auf deren Ruinen die neuen Siedlungen. Möglicherweise waren das zuerst kleine befestigte Siedlungen, die sich relativ schnell zu richtigen Städten entwickelten. Es ist auch unklar, ob Philister die Staatsform mitbrachten oder ob sie von Kanaan übernommen wurde. Pentapolis war in erster Linie eine religiöse Union mit dem Dagons-Kult. Die Stadt Gaza, welche zu Anfang die Rolle der Hauptstadt in ganz Pentapolis spielte, hatte einen Dagons-Tempel. Falls notwendig, konnte die Union besonders gegen mächtige Feinde eine militärische Rolle spielen und wie in den Kriegen mit den Israeliten eine gemeinsame Armee von allen philisterischen Städten aufgestellen (1. Sam. 4:1; 29:1-2). Um 1050 v. Chr. brachten die Philister der Union der israeliten Stämme in der Nähe der Stadt Tel Afek (Israel) eine Niederlage bei. Als Kriegsbeute nahmen sie die heilige Lade Gottes und brachten diese nach Aschdod. Diese Stadt hatte, wie Gaza, einen Dagons-Tempel und spielte in der zweiten Hälfte des 11. Jhs. eine wichtige Rolle. Wie im Alten Testament geschrieben (1. Sam. 8:12), wurde danach die Lade Gottes in die philisterischen Städte Gat und Aschkelon weiter getragen. Als die Philister auf zahlreiche Katastrophen stießen - „Am folgenden Morgen früh aufstanden, siehe, da lag Dagon auf seinem Angesicht auf der Erde, vor der Lade des Herrn; aber der Kopf Dagons und seine beiden Hände abgehauen auf der Schwelle" (1. Sam. 5:4), mussten sie die Lade Gottes den Israeliten zurückgeben. Das Buch Richter des Alten Testamentes erzählt über Simson, der drei philisterische Ehefrauen hatte. Als seine Ehefrau Delila durch mit Betrug von dem Geheimnis seiner Kraft erfuhr, starb er im Gefängnis der philisterischen Stadt Gaza (Richter 16:25-31). Aus dem Stamm der Philister kam auch der riesige Krieger Goliath, der vom jungen David getötet wurde. Goliaths kupfernes Panzerhemd wog 5000 Schekel (57 kg) und die eiserne Klinge seines Speeres 600 Schekel (6,8 kg). Dazu sagt 1. Samuel 17:5, 7: „Und auf seinem Haupt war ein Helm aus Kupfer, und er war mit einem Panzerhemd von übereinanderliegenden Schuppen bekleidet, und das Gewicht des Panzerhemds war fünftausend Schekel Kupfer. Und der hölzerne Schaft seines Speeres war gleich einem Weberbaum, und die Klinge seines Speeres war sechshundert Schekel Eisen; und der Träger des großen Schildes marschierte vor ihm her".

Gefangene Philister. *Wandrelief am Totentempel Ramses III. In Medînet Hâbu, Ägypten (Wikimedia Commons).*

Relief eines Pelest Kriegers *am Totentempel Ramses III. in Medînet Hâbu, (Wikimedia Commons)*

Dieser zylinderförmige Helm *wurde im Tholosgrab von Praisos-Foutoula auf Kreta gefunden. Um 1200 v. Chr. datiert.*

Ein weiteres gut erhaltenes Exemplar eines achaeischen "tiaraähnlichen" Helms wurde in einem Grab in Portes-Kephalovryson *aus der Zeit um 1200-1100 v. Chr. gefunden. Wie von Professor Ioannis Moschos in seinem archäologischen Bericht beschrieben, hat dieser Helm eine zylindrische Form mit einem ovalen Querschnitt und geraden Seiten. (Die Bilder stammen mit freundlicher Genehmigung von Herrn Andrea Salimbeti. The Greek Age of Bronze. Late Helmets. www.salimbeti.com/micenei/helmets3.htm).*

König David selbst begann seine Karriere als philisterischer Vasall und herrschte nicht ohne Hilfe der Philister zuerst in Hebron und dann in Jerusalem. Obwohl die Philister eine eigene Flotte besaßen, waren sie keine Seemacht und spielten im Mittelmeer keine große Rolle. Ein Reisebericht des Unamunes sagte über Philister kein Wort. Allerdings waren sie zu Lande sehr aktiv. Die Philister aus Aschkelon griffen die phönizische Stadt Sidon an und vertrieben deren Einwohner. Strabon berichtet (Strabon XVI, 2, 13), dass die vertriebenen Einwohner von Sidon mit Schiffen fuhren und sich in den Inselstädten Tyros und Aruad ansiedelten. Das bestätigt, dass die Inselstädte als sichere Zufluchtsstätten vor den Angriffen der Philister galten. Nach der Zerstörung von Sidon sollen die Philister weitergezogen sein. Da beim Ansturm auf Sidon nur Aschkelonier teilnahmen, könnte das bedeuten, dass Pentapolis noch nicht existierte oder die angelegte Militäroperation kein gemeinsames philisterisches Heer brauchte. Die Ausgrabungen der philisterischen Siedlungen zeigten, dass die materielle Kultur der Philister keine Wurzeln in der kulturellen Entwicklung dieser Region hatte, weil sie viele Unterschiede gegenüber der lokalen heimischen Kultur aufwies. Die Philister brachten ihre Kultur, zum Beispiel die spätmykenische Keramik, mit. Obwohl die kanaanäische Tradition in der Keramik besonders die Verwendung von roter und schwarzer Farbe verfolgt, bekommt sie bei den Philistern kurz nach 1150 v. Chr. eigene auszeichnende Besonderheiten. Die Neutronenaktivierungsanalyse zeigte, dass Keramik aus Aschdod und Ekron an diesen Orten hergestellt wurde. In den Ruinen der philisterischen Städte wurden große Mengen Biergefäße mit Filtern, um die Gersteschalen zu filtrieren, gefunden. Außer Bier stellten die Philister auch Weine her. Die Schweine- und Hundeknochen, die bei Ausgrabungen gefunden wurden lassen vermuten, dass das Fleisch dieser Tiere ein sehr beliebtest Nahrungsmittel war und zur allgemeinen Ration der Philister gehörte. Der Verzehr des Hundefleisches war im antiken Griechenland verbreitet und hatte im Gegensatz zum Alten Ägypten und Palästina dort eine stolze Tradition. Hippokrates galt das Hundefleisch als heilsam, und er pries dies als eine Quelle von Stärke. In den „De morbis II“ und „De superfetatione“ seines „Corpus Hippocraticums“ empfahl er gekochten Hund als eine Diät für Kranke. Aus Hundefleisch ließ sich eine Heilsalbe für Gelähmte herstellen: Säugende Welpen wurden gesotten, bis sich das Fleisch von den Beinen löste, die Substanz musste erkalten, wurde gestoßen und auf das Rückgrat und auf die lahmen Glieder geschmiert. Fleisch, Lunge, Fett und Fell des Hundes galten als Heilmittel für Lungenkranke. Die Häute wurden von Gerbern, Schustern, Handschuhmachern und Kürschnern verarbeitet.

Als Philister in einem semitischen Land angesiedelten, übernahmen sie ziemlich schnell viele kennzeichnende Züge der heimischen Kultur, inklusive der Religion. Über die Assimilation dieses Volkes spricht zum Beispiel die ziemlich frühe Übernahme des semitischen Gottes Dagon durch die Philister als eigenen obersten Gott. In der Schriftensammlung des Alten Testamentes nehmen Philister einen bevorzugten Platz ein: es gibt viele verschiedene Benennungen von Ereignissen und Fakten, welche mit den Philister verbunden sind.

Das Alte Testament teilt über die Philister in Palästina folgendes mit: „spricht der Herr. Habe ich nicht die Philister aus Kaphtor herausgeführt?“ (Amos 9:7); „Und [wie] es den Awitern [erging], die in Dörfern bis nach Gaza wohnten: die Kaphtoriter, die von Kaphtor ausgezogen waren, vertilgten sie und wohnten an ihrer Stelle“ (5. Mose 2:23); „Die Pathrusiter und die Kasluhiter (von dannen sind gekommen die Philister) und die Kaphthoriter“ (1. Mose 10:14). Dort sagt man eindeutig: „So spricht Gott, der Herr: Weil die Philister aus Rachsucht gehandelt und Rache geübt haben in Verachtung des Lebens und in ewiger Feindschaft, um zu verderben, darum, so spricht Gott, der Herr: Siehe, ich will meine Hand gegen die Philister ausstrecken und die Kreter ausrotten und den Überrest an der Meeresküste umbringen“ (Ezechiel 25:15-16).

Die ungenügend erforschte Geschichte der Philister zieht die
Aufmerksamkeit von Wissenschaftlern und Historikern bis heute
auf sich und regt zu Streitfragen und Diskussionen an. Wie viele
andere technokratische Völker der Alten Welt sind sie bis heute ein
Geheimnis für die historische Wissenschaft. Offenbar reichen die
bisherigen Erkenntnisse der Fachwelt noch nicht aus, die Identität
der Philister sicher zuzuordnen. Es gibt ganz unterschiedliche Hypothesen ihrer Herkunft, inklusive Ägäis, Kreta und Zypern. Gegen die griechische Hypothese spricht der Fakt, dass die Philister
auf den ägyptischen Reliefs bartlos dargestellt werden. Das wider-
spricht dem Wissen von Historikern über die Hellenen. Die altgriechischen Männer hatten einen langen Bart bis 4. Jh. v. Chr. Davon
bezeugen die Abbildungen auf mykenischen Vasen dieser Perio-
den.

Inmitten der vielen ungeklärten Rätsel der Vergangenheit steht
die Frage: Warum konnten die Philister die Technologie der Eisenherstellung übernehmen? Von vielen Historikern wurden die Philister als direkte Nachfolger der hethitischen metallurgischen Traditionen genannt. Es ist bekannt, dass die Achaier in der Homerzeit
keine eisernen Waffen besaßen (Homer nannte selbst Eisen als
„Metall mit großem Aufwand"). In der Homer „Ilias" wurde Eisen
im Gegensatz zu Bronze selten erwähnt. In der „Odyssee" wurde
Eisen öfter, und zwar meistens als ein Material für Werkzeuge erwähnt. Das bedeutet, dass Eisen in jüngerer Zeit in Griechenland
meistens für Werkzeuge verwendet wurde. Der römische Dichter
und Philosoph Lukrez schrieb in seinem 5. Buch „Über die Natur
der Dinge" (1. Jh. v. Chr.), dass zuerst ein Stein als Material für
Waffen und Werkzeuge diente, danach Kupfer und als letztes - Eisen. Lukrez hatte in diesem Fall konkrete Vorstellungen des Überganges von Bronze zum Eisen, welches die Römer von den Griechen geerbt hatten.

„Hände und Nägel und Zähne, das waren die ältesten Waffen,

Ebenso Steine, auch Äste, die jeder vom Baume sich abbrach,

Endlich Flamme und Feuer, nachdem dies einmal entdeckt war.

Später erst wurde erkannt des Eisens und Erzes Bedeutung.

Und zwar lernte man eher das Erz als das Eisen verwenden,

Da von Natur es geschmeidiger ist und sich häufiger findet.

Erz durchpflügte den Boden, mit Erz erregte man Wogen

Brandenden Schlachtengewühls, Erz säte grässliche Wunden,

Erz nahm Herden und Acker hinweg. Denn den ehernen Waffen

Mußte ja alles, was nackt und wehrlos war, sich ergeben.

Dann erst Schritt für Schritt drang weiter das eiserne Schwert vor, und man verhöhnte sogar die Erscheinung der ehernen Sichel.

Nun erst begann man mit Eisen den Boden der Erde sich zu furchen, gleiche Bewaffnung führte den Kampf im schwankenden Kriege".

Man erhielt moderne Technologien (Gewinnung und Bearbeitung von Eisen, Herstellung von eisernen Streitwagen und Waffen). Die Philister drangen tief nach Kanaan ein, setzten sich an der Küste des Mittelmeers fest und verlangten von den neben ihren lebenden Stämmen Tribut. Ihre Krieger waren starker Gegner der israelitischen Stämme, die nur die Bronzewaffen hatten. Die Israeliten konnten Eisen noch zu Zeiten Sauls weder schmelzen noch verarbeiten, wodurch sie in dieser Beziehung von den Philistern abhängig waren: „Aber im ganzen Land Israel war kein Schmied zu finden, denn die Philister hatten gesagt: Damit sich die Hebräer nicht Schwerter und Speere machen! So musste ganz Israel zu den Philistern hinabgehen, wenn jemand seine Pflugschar, seinen Spaten, sein Beil oder seine Sichel zu schärfen hatte" (1. Sam. 13:19-20). Es ist bekannt, dass Eisenerz in einigen Orte von Transjordanien anzutreffen war. Es ist aber bis heute unklar, ob diese Lagerstätten in der Antike benutzt wurden. Deswegen steht nach wie vor die Frage aus, welchen Rohstoffen Eisen gewonnen wurde. In den altassyrischen Keiltexten wurde Eisen aus Vorkommen mit dem Begriff „amutum" bezeichnet. Als ein Rohstoff für seine Gewinnung diente „aši'um". Höchstwahrscheinlich ist, dass dieser Begriff ein Halbprodukt bezeichnet, welches eine zusätzliche Bearbeitung brauchte. Jedoch ist eine zielorientierte Eisenherstellung noch zweifelhaft. Es gibt wichtige Gründe zu behaupten, dass Eisen im Wesentlichen als ein Nebenprodukt bei der Schmelze des Chalkopyrites gewonnen wurde. Diese Möglichkeiten der Eisengewinnung gab es in Vorderasien seit langem. In einem großen Erzvorkommen bei Timna in der israelischen Negev-Wüste wurde die gemeinsame Produktion von Kupfer und Eisen mittels Kupferschmelzverfahrens in den Schmelzöfen vom 14. - 12. Jh. v. Chr. durchgeführt. Es ist klar, dass dieses Verfahren der Eisengewinnung keine stabilen Ergebnisse liefern konnte. Das erklärt Seltenheit und Teuerung dieses Metalls, auch die Erwähnungen über schlechtes und gutes Eisen. Hethiter Tonkeilschrifte unterscheiden deutlich einige Sorten von Eisen: „Eisen" (AN.BAR), „Schwarzeisen" (AN.BAR GE6), „gut, rein Eisen" (AN.BAR SIG5), „Himmeleisen" (AN.BAR nepišaš). Das letzte hatte ohne zu zweifeln eine meteoritische Herkunft, alle andere wurden aus Eisenvorkommen hergestellt. „Eisen" hatte eine niedrige Qualität, die höhere Qualität war - „gut, rein Eisen". Es ist denkbar, dass die Qualität des Eisens von Oxiden, Sulfiden und anderen Verunreinigungen abhing, welche nach dem Schmelz im Metall geblieben waren. Wenn Eisen nicht reduzierte Oxide oder Schwefel enthält, verliert dies seine Schmiedbarkeit, obwohl seine optischen Eigenschaften kaum verändert werden. Es sind leider keine Hethitertexte bekannt, wo das Verfahren der Eisengewinnung, Produktionsorte oder Öfen für Eisenschmelzen beschrieben wurde. Diese Situation erlaubte eine Frage zu stellen: wo lagen die Ursachen dieser Veränderungen auch eines kleineren Maßstabes der Eisenherstellung in den vorherigen Epochen: In einigen Literaturquellen wurde vermutet, dass Eisen im Nahen Osten in der Antike gewonnen wurde, ohne den Prozess richtig zu steuern. Das alles führte zur Teuerung von Eisen und seine relative Seltenheit. Wenn die Technologie der Eisengewinnung zum Beispiel im 3. Jt. v. Chr. bekannt gewesen wäre, hätte sie sich sehr schnell verbreitet. Aber das konnten wir bis 12. Jh. v. Chr. nicht beobachten.

Eine interessante Beobachtung von J. D. Muhly zeigte, dass eine Eisenverbreitung im Nahen Osten mit der Migration von Dorern und Seevölkern zusammenfiel. Eine Verbreitung des Abbauens der sulfidischen Erze führte zum Anstieg der Menge der eisernen Gegenstände.

Jetzt geht es nicht um Schmuck oder kleine Sachen, sondern um ziemlich schwere Werkzeuge und Waffen. So fanden in dieser Periode die Qualitätsänderungen in der Technologie der Eisengewinnung statt. Das erlaubt es, für auf eine Reihe von Territorien den Beginn der Eisenzeit auf dieses Datum festzulegen. Wenn man ein Bild vom Leben der Völker zeichnen will, muss man zum Spaten greifen, um Hinterlassenschaften der Alten zu Tage zu bringen. Aus Münzen, Schmuck, Töpfen und Metallartefakten lässt sich die Zeit erschließen. Auch Metallschlacken geben Auskünften. Aus ihnen kann man Schlüsse auf Verfahren, angewandte Erze und Ofenformen ziehen. Bei Ausgrabungen in Palästina wurden in Aschdod, Tell Qasile und Tell el-Hamme die Reste der Schmelzöfen gefunden. In der Schicht, die zur Philisterzeit gehörte, fanden die Archäologen eiserne Dolche, Schwerter, Pfeil- und Lanzenspitzen sowie Sicheln, Teile des Pfluges und auch Schmuck - alles von den Philistern hergestellt wurden. In philisterischen Gräbern in Tell el-Fara wurden eiserne Armbänder, Ringe und ein Dolch gefunden. Da die Menschen bei der Gewinnung und Verarbeitung von Eisen über ein hohes Maß an differenzierten Fachkenntnissen verfügt haben müssen, spricht das Phänomen einer früheren Beherrschung der Technologie der Eisenherstellung zu Gunsten einer Herkunft der Philister aus Regionen wie Anatolien oder Zypern, wo die metallurgischen Verfahren bekannt und gut entwickelt waren. Sehr wichtig war der Umstand, dass der Niedergang des Hethiterreiches das Ende des hethitischen Monopols der Gewinnung und Bearbeitung von Eisen herbeiführte; dies wurde in verschiedene Län-

der Vorderasiens und der Ägäis exportiert. Während des 11. - 9.
Jhs. v. Chr. blieb Nordost-Kleinasien eine Hauptquelle der Eisenherstellung. Seine Auslieferung war genügend um Vorderasien
von Bronze- zur Eisenzeit zu überqueren. Nach der Beherrschung
der Technologie der Eisengewinnung konnten viele Völker eigene
Eisenvorkommen finden und abbauen. In der Natur findet Eisenerze viel öfter als Kupfer, und die Mechanismen der Eisengewinnung
aus seinen Oxiden ist einfacher als Kupferreduktion. Darüber hinaus ist die Eisenproduktion günstiger als Bronze und braucht keinen sehr selten in der Natur anzutreffenden Legierungskomponenten – Zinn. Noch längere Zeit konkurrierte Bronze mit Eisen für
eine ganze Reihe von Gegenständen. Zum Beispiel kann man die
Pfeilspitzen schneller und leichter aus Bronze in Formen gießen, als
jede Eisenspitze extra zu schmieden. Die Möglichkeit, dass die in-
doeuropäischen Völkerbewegungen in Form von Seevölkern vom
Schwarzen Meer in die Ägäis einfielen, halten viele Forscher für
plausibel. Dazu passt auch das plötzliche Auftauchen der Indoeu-
ropäer (ca. 1100 v. Chr.). Homer erwähnt die „Pelasger", die sowohl auf Kreta als auch auf den ägäischen Inseln gewohnt haben
sollen. Weiterhin gibt die Bibel die Auskunft, die Philister seien
von Kreta gekommen, wobei für die Zeit Davids und Salomos (laut
Bibel die Zeit zwischen 1000 und 900 v. Chr., also die Jahrhunderte
unmittelbar nach dem Seevölkersturm) davon gesprochen wird,
dass Söldner aus „Kreter und Pleter" in der königlichen Leibwache
dienten. Es besteht kaum ein Zweifel, dass nach einer Naturkata-
strophe – wie der Ausbruch des Santorin-Vulkans mit vernichten-
den Seebebenwogen, der zum Anfang des Niederganges der mino-
isch-mykenischen Mischkultur führte, viele Flüchtlinge aus Kreta
als „Reste Kaphtorer" ihre Zuflucht auf Zypern suchten. Noch heute ist die Ursache ihres endgültigen Kollapses nicht völlig klar. Ein
Jahrhundert hielt sich fortan eine Hochkultur ägäischer Prägung
auf der Insel. Während dieser Phase lernte man auch mit Eisen um-
zugehen. Vermutlich war die Kenntnis davon aus Anatolien einge-
drungen. Von dort kamen ihre Nachfahren als „Seevölker" nach
Kanaan, die mit der kretischen Kultur aufgewachsen waren und

brachten Elemente dieser Kultur mit. Kreter und Pleter müssten also zwar beide von Kreta gekommen sein, aber doch noch unterschiedlichen Charakter gehabt haben. Dennoch belegt die große Ähnlichkeit der Keramik der Philister mit der Keramik, die auf Kreta und in der Ägäis bis nach Troja in der Späthelladisch-IIIC genannten Zeitstufe verbreitet war (also um 1190 v. Chr., genau in der Zeit, in der der Seevölkersturm stattfand, bis etwa 1050 v. Chr.), dass die Philister tatsächlich vor ihrem Eintreffen in Palästina im Bereich der griechisch-kretischen Kultur gelebt haben müssen. Der Untergang dieser Kultur bedeutete vorerst das Ende städtischen Lebens, und auch die Kunst des Schreibens und Lesens geriet vorläufig in Vergessenheit. Da Überlieferungen zur Sprache der Philister nicht vorhanden sind, setzen sich die Sprachwissenschaftler gegenwärtig mit den Theorien möglicher Einwanderung der Philister auseinander. Von denen ist bekannt, dass seit etwa 1800 bis 1400 v. Chr. auf Kreta eine Linearschrift A entwickelt wurde, auf deren Basis zwei andere Schriften erschienen: Linearschrift B und kypro-minoische Schrift. Die kypro-minoische Schrift war in Zypern von 1500 bis 1150 v. Chr. bekannt und erschien seit 7. Jh. v. Chr. in Form der kyprischen Silbenschrift wieder. Die Inschriften dienten für Buchführung unterschiedlicher materieller Werte oder Opfer. Es wurden keine kypro-minoischen Schriften der literarischen Werke oder Texte der Gesetzgebung gefunden. Es ist denkbar, dass genau in einer begrenzten Verwendung der minoischen Schrift der Grund lag, dass sie so schnell und spurlos auch in den Zentren ihrer Hauptverbreitung verschwand. Offensichtlich ist, dass die stärkeren politischen Veränderungen, vor allem der Niedergang der großen politischen und religiösen Zentren der Stadt-Elite, die diese Schrift benutzte, die plausibelste Erklärung dafür darstellt, warum diese Schrift plötzlich verschwand und zum Beispiel in den philisterischen Städten noch nicht bekannt war.

Ein weiterer Hinweis auf eine Herkunft der Philister aus dem Ägäisraum oder auch aus Anatolien liefern Särge der Philister, die in Palästina ausgegraben worden sind. Diese Särge sind so gestaltet, dass sie an menschliche Figuren erinnern. Sie tragen Gesichter mit Federkronen auf der Außenseite. Die Gestaltung der Gesichter erinnert an die sog. „Maske des Agamemnon", die Schliemann in Mykene ausgrub.

Das müsste allerdings schon um 1700 v. Chr., also lange vor dem Seevölkersturm, der Fall gewesen sein, denn auf dem sog. Phaistos-Disk ist ein Schriftzeichen, das einen Federhelm darstellt. Den minoischen Kretern war also diese Art von Helm schon bekannt. Auch ist auf Kreta eine Statue ausgegraben worden, die aus dem 13. bis 12. Jh. v. Chr. stammte und ebenfalls eine Federkrone trägt. Reste eines solchen Helmes, der aus etwa 1200 v. Chr. datiert und also mitten in die Seevölkerzeit fällt, wurde von Professor Ioannis Moschos auf Kreta gefunden. Dieser Helm ist aus bronzenen Bändern mit einer Höhe von 15,8 cm aufgebaut, die übereinander und im Wechsel mit Ornamentbändern angeordnet und geschmückt sind und so einen zylinderähnlichen Helm ergeben, der an eine Tiara oder Diadem erinnert und an Darstellungen von Philisterhelmen aus Medinet Hâbu. Gemäß der Abbildungen hatte dieser Helm noch einen „Busch" aus eigenen Haaren, Rosshaaren oder Federn. Jedoch, ein sehr schematischer Stil der antiken Maler erlaubt keine detaillierte Identifikation dieser Helme und lässt den Platz für unterschiedliche Hypothesen und spekulative Überlegungen.

Jüngere Untersuchungen vertreten Thesen, dass eine Klimaveränderung Ursache für Hungersnöte und Revolten gewesen sein sollte. In den Jahrzehnten um 1200 v. Chr. erfasste eine Serie von Beben die Levante, Anatolien und den Ägäisraum. Sogar die Regionen wurden von Tsunamis getroffen. Erdbeben könnten die Metropolen erschüttert haben. Der Vulkanausbruch und der nachfolgende Erdbebensturm legten Kreta in Schutt und Asche, ebenso fielen andere Inseln den Gewalten zum Opfer. Nach der Katastrophe gab es keine Paläste mehr auf der Insel. Allein auf Zypern, in Syrien und Palästina wurden Dutzende Hafenstädte zerstört. Schon ein einziges Beben kann verheerende Schäden anrichten, doch das, was sich zwischen 1230 und 1150 v. Chr. in der Region ereignete, muss eine beispiellose Serie von Katastrophen gewesen sein. In dieser Zeit wurden die Ägäis und der östliche Mittelmeerraum von immer neuen Erschütterungen verwüstet. Die Naturkatastrophen des 12. Jhs. v. Chr. führten zu weiteren Tragödien der Völker. Der Klimawandel fiel in die kritische Phase des bronzezeitlichen Kollapses und führte zu Missernten. In einer Inschrift um 1200 v. Chr. rühmt sich der ägyptische Pharao Merenptah: „Korn in Schiffe verladen zu haben, um das Land Hatti am Leben zu erhalten". Die sogenannte Palastkultur wurde einfach ausgelöscht. Aber das Leben ging auch ohne sie weiter. Archäologen und Historikern verweisen auf jene Städte entlang der Handelsrouten (zum Beispiel auf Zypern), in denen niemals Paläste standen, die aber gegen Ende des 13. Jahrhunderts v. Chr. aufblühten. Man kann mit einem spektakulären Schritt weiter gehen. Womöglich sei auch die protoglobalisierte Wirtschaft erstmals ins Stocken geraten, sodass verarmte Massen sich erhoben und die Untergänge von innen heraus herbeigeführt hätten. Eine Dürre habe eine Hungersnot verursacht, in deren Folge die Völker ihre Heimatländer verließen und Chaos verbreiteten, das zum Kollaps der Hochkulturen führte. Die gefürchteten Völker könnten ebenfalls Opfer einer Wirtschaftskrise oder des Klimawandels geworden sein und sich auf die Suche nach einer neuen Heimat gemacht haben. Die Welt der späten Bronzezeit war schon immer in Bewegung. Zeugen einer Migration fanden sich in harmloser Form in Kreta. Dort verschwand ein Großteil der Bevölkerung aus der ehemaligen Metropole ebenso ihre Schrift, tauchte aber andernorts in Zypern in Form der krypto-minoischen Schrift wieder auf. Die Philister lebten also sehr wahrscheinlich seit der mykenischen Zeit auf Kreta, welches im 2. Jt. v. Chr. ein Handelszentrum der Alten Welt im Verkehr mit Vorderasien und Ägypten oder nahegelegener Inseln war. Wenn sie dort als Volk nicht entstanden sind, müssen sie trotzdem einige Zeit dort verbracht haben und sich von den mykenischen Griechen kulturell einiges abgeschaut haben. Die Flüchtlinge seien erst nach Kizzuwatna oder Zypern geflohen und von dort im Gefolge der restlichen

Seevölker nach Ägypten und Palästina gelangt, wo sie von den Ägyptern schließlich angesiedelt wurden.

Eine Veränderung der Lebensqualität in Kleinasien waren nicht nur die Zerstörung des Landes beim Niedergang des Hethiterreiches und die weiter andauernden Stammesbewegungen; eine wichtige Rolle spielte auch der grundlegende ökonomische Umschwung. Das zeigt zum Beispiel die Gründung der neuen Küstenhandelszentren. Man spricht über einen Umbau des ganzen Systems des internationalen Handels, was einerseits in der Erschöpfung der alten - und anderseits im Erfinden von neuen Rohstoffressourcen zu sehen ist. Die Schlussfolgerung liegt nahe, dass Klimawandel, Erdbeben, Revolten und Migrationsströme die Gesellschaft in den politischen und wirtschaftlichen Kollaps der Kulturen stürzten. Nach wie vor steht die Frage nach dem Zusammenspiel dieser Faktoren im Raum.

Auf den Spuren von Blei

„Manchmal ist es wichtig zu wissen, wie die Menschheit über dieses Problem nachgedacht, anstatt eine eigene Lösung zu suchen".

Ernest Renan, französischer Schriftsteller, Historiker und Archäologe

"Durch so viele giftige Zusätze wird der Wein gezwungen zu munden, und wir wundern uns dann, dass er schädlich ist!"

Plinius der Ältere

Es ist weit bekannt, dass Gänse die einzigen gewesen seien, die die Gefahr zu spürten und Rom von überraschenden Angriff der keltischen Stämme zu retteten. Mit ihrem lauten Geschnatter gelang es ihnen, die schlaftrunkenen Römer zu wecken. Damals ist für die Römer alles gut gegangen. Trotzdem kam nach einiger Zeit der Untergang des Römischen Reiches. Wo lagen die Gründe dieses Sturzes? Was führte zum Niedergang Roms?

„Das alte Rom wurde von Blei vergiftet", - zu dieser Schlussfolgerung kamen einige amerikanische und kanadische Wissenschaftler-Toxikologen. Nach ihrer Meinung führte eine Verwendung des bleihaltigen Geschirres (Flaschen, Krüge und Teller) und Kosmetik zur chronischen Vergiftungen und dem Aussterben der römischen Elite. Zum Vergleich: Im Alten Rom lag die Bleiverwendung bei etwa vier Kilo pro Einwohner und Jahr, in der modernen USA beläuft sich der heutige Bleikonsum nur auf zwei Kilo.

Es ist bekannt, dass viele Imperatoren des Römischen Reiches in dem ersten Jahrhundert nach Christus, das heißt, in der letzten Periode der Existenz des Römischen Reiches die eine oder andere psychische Erkrankung hatten. Die durchschnittliche Lebenserwartung der römischen Elite lag bei nur ca. 35 Jahren. Da der Klassenunterschied zwischen der Aristokratie Roms und dem Rest der Bevölkerung sehr groß war, wurden Plebs viel weniger von Bleivergiftungen getroffen, weil sie kein teures Geschirr hatten, keinen süßen Wein tranken und keine bleihaltige Kosmetik verwandten. Die Leute starben, das Römische Reich wurde geschwächt. Es ist aber klar, dass daran nicht nur Blei schuld war. Andere wichtige Gründe waren politische, ökonomische, soziale.

Trotzdem liegt eine gewisse Wahrheit in den Überlegungen der amerikanischen Wissenschaftler, dass die Römer mit Blei vergiftet wurden. Die ausgegrabenen menschlichen Knochen mit höherem Bleigehalt, alte römische Kochrezepte und mit Blei ausgekleidete Gefäße, in denen die Gift-Mahlzeiten zubereitet wurden, dienen als Beweismittel.

Geschichtlicher Überblick

Die Spärlichkeit der Bleifunde aus älterer prähistorischer Zeit beruht zum Teil jedenfalls auf unvollständiger Erforschung. Da Blei durch Oxidation u.a. leicht verändert wird, ist es, oft nicht gut zu erkennen und wohl manchmal übersehen worden. Auch hat es nie eine Rolle gespielt wie die vornehmeren und härteren Metalle.

Blei war unter sieben Metallen zusammen mit Gold, Silber, Kupfer, Zinn, Eisen und Quecksilber seit dem Altertum bekannt. Diese Metalle wurden den früher bekannten Planeten und ihren Göttern zugeordnet, wo Blei als ein irdisches Reflektieren des Planeten Saturn in Form eines Greises mit einem Holzbein und einer Sense dargestellt wurde. Die Freimaurerei assoziiert Blei mit Schädel und Knochen. In der Erdkruste befindet sich ziemlich wenig Blei – tausend Mal weniger als Aluminium oder Eisen. Trotzdem war Blei im 3. - 4. Jt. v. Chr. den Menschen bekannt. Bei Ausgrabungen im

Alten Ägypten wurden die Artefakte aus Silber und Blei in Erdbestattungen der prädynastischen Zeit gefunden. Zu dieser Periode gehören auch die Artefakte, welche in Mesopotamien gefunden wurden. Es wird angenommen, dass das älteste Artefakt aus Blei eine ägyptische Figur ist, welche sich im Britischen Museum in London befindet: Sie ist über 6000 Jahre alt. Bei Ausgrabungen der assyrischen Stadt Aššur wurden neben hethitischen Inschriften auf Bleistreifen auch die Bleimarken mit erotischen Szenen gefunden. Archäologen meinen, dass sie in die Zeit um 1300 v. Chr. gehören. Das Blei war in Nord- wie in Südeuropa schon in der Bronzezeit bekannt. Es wurde in Mykene (Griechenland) und in fast allen Schichten von Hissarlik (Troja) gefunden, auch Homer erwähnt es in der Utas.

In der Antike galt Blei als ein Metall, welche magische Kräfte hatte. Im Alten Griechenland wurden die Bleiplättchen in der weißen Magie verwendet und hießen „Symbole der Macht". Hellen glaubten, dass sie eine negative Energie nach längerer Zeit wegschieben können. Die Alchemisten meinten, dass im Blei einen Dämon sitzt, weil sich beim Schmelzen giftige Dämpfe entwickelten. Sie waren sicher, dass im Blei eine stärkere archetypische Energie eingeschlossen war. Wenn Blei Macht über einen Alchimisten bekommt, kann er seinen Verstand verlieren. Infolgedessen kam ein Spruch der mittelalterlichen Wissenschaftler auf: „Unter der Macht des dämonischen Bleies gegen seinen eigenen Willen geraten". In Alchemie betrachtete Gold als einen Verwandten und mündlich überlieferte Legenden erzählten über gut gelaufene „Transmutationen" (Verwandlungen) von Blei, das sich nach einer Zugabe von Stein der Weisen in Gold oder Silber umgewandelte. Aufgrund dessen wurde Gold oder Silber in den Barren mit Blei vertauscht.

Bleibergwerke

Seit prähistorischer Zeit ziehen wunderschöne glänzende dunkel-bläuliche Kristalle die menschliche Aufmerksamkeit auf sich. Die Vorkommen von Bleiglanz wurden in den Gebirgen von Armenien sowie in den zentralen Regionen des Kleinasiens gefunden. Es ist nachgewiesen, dass Bleiglanz bereits Ende des 3. Jts. v. Chr. bekannt war und seit dem 6. Jh. v. Chr. die reichen Vorkommen des Galenits in Laurion - das Gebirgsland im südöstlichen Attika in der Nähe von Athene – abgebaut wurden.

Römische Aquädukt in Jouy-aux-Arches bei Metz. *Beginn des 2. Jhs. n. Chr.*

Während der punischen Kriege (264 – 146 v. Chr.) waren auf dem Territorium des modernen Spaniens viele Bleigruben, welche von Griechen und Phönikern gegründet wurden, im Betrieb. Später wurde die Ausbeutung der Bodenschätze von Römern übernommen.

Wasserleitungsrohr aus Blei.
1.-2. Jh. n. Chr., Dominikanermuseum der Stadt Rottweil.

Bleibergwerke sind für Griechenland und Italien durch die klassischen Schriftsteller kaum bezeugt; aber es ist anzunehmen, dass an all den Orten, von wo die Nebenprodukte des Bleis wie Bleiglätte, Bleiweiß, Schwefelblei usw. bezogen wurden, auch Blei produziert wurde (so bei Pergamon, in Kilikien, Zypern, Rhodos, Puteoli und auf Sizilien), und dass da, wo Silber aus Bleiglanz gewonnen wurde (wie im griechischen Laurion-Gebirge und im makedonischen Pangaeos), auch Blei verwertet worden ist. Besonders bekannt waren die Bleigruben in Spanien, aber auch in Sardinien und Gallien wurde Blei gewonnen.

In Deutschland wurden von den Römern Bleibergwerke betrieben, so „im Lahn- und Siegtal, in Commern in der Eifel, am Tranzberg bei Gull, in Wiesloch bei Heidelberg". In Westfalen gewannen die Römer Blei bis zu ihrem Rückzug nach der Varusschlacht. Besonders ergiebig war die Bleiproduktion Britanniens zur Römerzeit, wie das Zeugnis des Plinius der Ältere und die zahlreichen Funde von gestempelten Bleibarren in Staffordshire und Cheshire zeigen. Die Auffindung der erwähnten bleiernen Kelte macht es wahrscheinlich, dass die alten Bleiwerke in diesen Gegenden wie auch in Flintshire, in der Umgegend von Matlock (Derby) und in den Mendip Hills (Somerset) schon zur Bronzezeit in Betrieb waren.

Dass Arbeiter in Bleiminen von einer Vergiftung durch Bleistaub bedroht sind, wussten schon die Griechen und Römer. Der griechische Arzt und Dichter Nikander hat die typischen Symptome der chronischen Bleivergiftung, des „Saturnismus", bereits im 2. Jahrhundert vor Christus beschrieben: die anfängliche Mattigkeit gefolgt von Blutarmut und Darmkoliken, die fahle, blasse Haut, den schwarzblauen bis schiefergrauen „Bleisaum" am Rande des Zahnfleisches. Krankheitsbeschreibungen römischer Autoren lieferten in der Tat schon frühzeitig Hinweise darauf, dass Bleivergiftungen in der Antike nicht selten waren. Doch auch die Mediziner ahnten damals noch nichts von jener schleichenden Form der Bleivergiftung, die auftreten kann, wenn Menschen winzige Mengen des Metalls über Jahre hinweg aufnehmen.

Blei ist ein ziemlich seltenes Metall; sein Anteil in der Erdkruste beträgt $1,6 \times 10^{-3}\%$. Eine Ansammlung der Bleiminerale (insgesamt über 80, wo das Hauptmineral der Galenit (PbS) ist) ist mit der Bildung der hydrothermalen Erzlagerstätte gebunden. Industrielle Bedeutung haben auch oxidierte (sekundäre) Erze, die sie wegen einer Verwitterung der naheliegenden Erze (von 100 bis zu 200 Meter Tiefe) bilden. Normalerweise stellten sie solche Mineralien wie Anglesit ($PbSO_4$), Cerussit ($PbCO_3$) oder Pyromorphit ($Pb_5(PO_4)_3Cl$) dar.

Wenn Blei und Zink die Hauptkomponenten der komplexen polymetallischen Erze dieser Metalle sind, haben sie oft solche Begleitelemente wie Gold, Silber, Kupfer, Arsen, Antimon, Indium und Bismut. Der Anteil der wertvollen Komponenten in den polymetallischen Erzen bewegt sich von einem einzigen bis zu über 10%.

Blei ist in Form vieler Erze zu finden. Das wichtigste bildende Erz ist der Bleiglanz PbS (Galenit) aus welchem Blei durch das Oxidationsrösten und anschließende Reduktion mit Kohle gewonnen werden kann:

$$2PbS + 3O_2 \rightarrow 2PbO + 2SO_2 \quad \text{und} \quad PbS + 2O_2 \rightarrow PbSO_4.$$

Beim Reaktionsverlauf werden die Sulfide der Begleitmetalle wie Kupfer, Zink, Eisen oxidieren. Als ein Endprodukt wird ein Agglomerat mit 35 bis 45% Blei hergestellt. Danach wird das Agglomerat mit dem Koks und dem Kalkstein vermischt. Der Koks und das Kohlenmonoxid reduzieren das Bleioxid zum Blei bei einer Temperatur bis 500°C:

$$PbO + C \rightarrow Pb + CO \quad \text{und} \quad PbO + CO \rightarrow Pb + CO_2$$

So gewonnenes Rohblei mit circa 92 - 98% Pb enthält noch viele andere Begleitelemente wie Kupfer, Silber, Gold, Zink, welche durch die verschiedenen Verfahren entfernt werden. Der Silberanteil im Rohblei beträgt von 0,5 und mehr Prozent. Bei einem langsamen Abkühlen der Schmelze wird zuerst Blei kristallisiert. Bei dem wird die Schmelze bis etwa zwei Prozent Silber angereichert. Blei wurde auch für Gold- und Silberraffination mittels Kupellation-Verfahren verwendet. Dafür wurde das verunreinigte Edelmetall zusammen mit Blei geschmolzen; Letzteres nimmt die Verunreinigungen in sich auf. Bei einer höheren Temperatur wird Blei oxidiert und das entstehende Bleioxid wird mitsamt den unedleren Metalloxiden von einer porösen Tiegel-Kupelle aufgesogen. Auf dem Boden blieb ein Barren reines Silbers und Goldes, welcher lässt sich jedoch nicht die Metalle voneinander scheiden. Die Mechanismen dieses Prozesses wurden erst 1833 studiert.

Die archäologischen Funde in Ur und Troja bestätigen, dass Kupellation auf Nord-West Kleinasien schon in der ersten Hälfte des 3. Jts. v. Chr. bekannt wurde. Die gefundenen Metallartefakte zeigen den hohen Stand der Metallurgiekunst in diesen Städten, obwohl die Metallurgen in der Antike keine Möglichkeit hatten, die Temperatur an den verschiedenen Stadien des Prozesses zu kontrollieren oder die chemischen Analysen durchzuführen. In der Alten Welt betrachtete man die Metallherstellung als eine geheiligte Kunst. Sie lag als Geheimnis lediglich in den Händen von Priestern oder Priesterinnen und konzentrierte sich dort. Die alten Metallurgen aus Laurion konnten aus gewonnenem Blei praktisch das ganze Silber herauszuholen: Nach modernen Analysen blieb nur 0,02% Silber im Blei. Noch bessere Ergebnisse hatten die römischen Metallurgen; sie konnten den restlichen Silberanteil im Blei um die Hälfte reduzieren. Es ist klar, dass sie in erster Linie nicht die Reinheit des Bleis, sondern die Vollständigkeit der Edelmetallgewinnung interessierte. Mehr als das. Wie der griechische Historiker Strabon bestätigte, gewannen die Römer nach der Ausarbeitung der alten Erzhalden in Laurion ziemlich viel Blei und Silber und ließen etwa zwei Millionen Tonnen Klaubeerz in den Halden. Danach vergaß man diese Bergwerke für etwa zweitausend Jahre. Erst im Jahre 1864 wurden sie wieder, jetzt nur wegen Silber (Silbergehalt betrug circa 0,01 %), in Betrieb genommen. In den modernen metallurgischen Werken beträgt die restliche Silberkonzentration im Blei etwa 0,00001 %.

Seit dem Altertum wurde Blei von Menschen in verschiedenen Anwendungen breit genutzt. Besonders viel wurde über ein internes Versorgungssystem der Römer, zum Beispiel von der Verwendung von Bleirohren beim Bauen der Wasserleitungen, erzählt. Aber waren sie die Ersten? Oder wurde diese Idee von früheren Großkulturen, wo sie erstmalig in Erscheinung trat, an die Römer weitergegeben?

Der Name Semiramis ist mit den berühmten „Hängenden Gärten von Babylon" (erste Hälfte 6. Jh. v. Chr.) verbunden. Das war eine vierstöckige Gartenanlage mit gekühlten Räumen auf Terrassen, mit Blumen, Büschen und Bäumen. Bei Ausgrabungen, die von dem deutschen Architekten, Bauforscher und bedeutendsten Archäologen Robert Koldewey am Ende des 19. Jahrhunderts durchgeführt wurden, wurde auf dem Gardenplatz ein künstlicher Hügel gefunden, welcher innen ein komplexes Wasserversorgungssystem hatte. Die Hängenden Gärten der Semiramis, die als die zweiten Weltwunder des Altertums bekannt sind, wurden mit Wasser durch ein komplexes System der Brunnen, Rohre und die anderen hydraulische Konstruktionen, die aus Blei gebaut wurden, befeuchtet. Auch die Etagenböden bestanden aus mehreren Lagen dicker Bleiplatten.

Welche Konzentration des Giftmetalls ist für den Menschen unschädlich? Schon wenn dem menschlichen Körper nur ein Milligramm Blei täglich zugeführt wird, treten nach einiger Zeit Verstopfung und Herzbeschwerden auf, die Fortpflanzungsfähigkeit wird beeinträchtigt, es kommt zu Früh- oder Totgeburten. Die frühen Symptome einer chronischen Bleivergiftung werden leicht übersehen, weil sie sich meist nur in Störungen des Allgemeinbefindens äußern, die ebenso gut andere Ursachen haben könnten.

Geschichtsschreiber pflichteten bis heute dem Urteil bei, dass die Römer an Vergiftungen litten, die von den Bleirohren der Wasserversorgung verursacht worden seien. Man sagt, dass die Römer von Generation zu Generation mit Blei vergiftetes Wasser tranken, an Saturnismus litten und degenerierten. Dazu zählen besonders die Senatoren und Ritter, die beiden höchsten sozialen Gruppen der römischen Gesellschaft, die permanent in der „Ewigen Stadt" lebten. Alle löslichen Verbindungen dieses Elementes sind giftig. Die Bleigiftigkeit wurde im 1. Jh. n. Chr. von Pedanios Dioskurides und Plinius dem Älteren vermerkt. Es wurde festgestellt, dass das Wasser, mit dem Rom versorgt wurde, Kohlenstoffdioxid enthielt. Dies bildete mit Blei ein im Wasser lösliches Bleihydrogencarbonat $Pb(HCO_3)_2$. Wenn Blei auch nur in kleinen Dosen in den Organismus kommt, bleibt darin und ersetzt langsam Calcium, welches ein Teil der Knochen ist. Das alles führt zu chronischen Krankheiten. Die alten Wasserleitungen bestanden aus Aquädukten und Bleirohren, durch welche Wasser in die Städte geleitet wurde. Doch Vitruv entdeckte die größte Gefahr, die von dem Blei ausging. Er meinte, Wasser aus Tonrohren sei gesünder als das aus Bleirohren, da aus ihm Bleiweiß entsteht. So dürfte seiner Meinung nach Blei selbst ebenfalls ungesund sein. Als Beispiel führte er die Bleiarbeiter an, die eine blasse Körperfarbe hatten.

Nicht alle römische Wasserleitungen enthielten die Bleirohre. Das Wasser wurde noch durch Leitungen aus Mauerwerk, Ton oder Holz geführt. Bleirohre, sogenannte Fistulae, waren damals noch nicht üblich. Es gibt eindeutige archäologische Beweise, dass erst im 2. Jh. v. Chr. das System von Wasserleitungen entstanden sein könnte. Seit dem Bau der berühmten Aquädukte bis zum Niedergang des Römischen Reiches war schon ziemlich viel Zeit vergangen. So erlebte Rom sowohl die Periode der Blütezeit als auch des Niederganges. Eine Wasserversorgung von hunderten Bädern und privaten Wohnhäusern durch ein komplexes Netzwerk von Fistulae kann erhöhte Bleigehalte aufweisen und dadurch die Gesundheit gefährden. Dies ist insbesondere der Fall, wenn das Wasser längere Zeit in Bleirohren gestanden hat (z. B. über Nacht). Auch hängt es von der Qualität des Wassers, wie zum Beispiel pH-Wert und einem Gehalt von Kohlenstoffdioxid, ab. Kein Zweifel: Das Trinkwasser Roms war stark mit Blei belastet. Ist es nicht möglich, dass die Vergiftungen nicht nur wegen der bleiernen Wasserrohre passierten, sondern weil sich in den Rohren normalerweise rasch eine relativ stabile Oxidschicht bildete? Zudem setzten sich Kalkablagerungen an den Innenwandungen der Bleirohre fest, sodass Blei nicht mit Wasser in Verbindung kam. Bei den innerstädtischen Leitungen war das Wasser fließend und nicht stehend. Somit war eine Bleibelastung auch nicht gegeben. Dafür gibt es qualifizierte wissenschaftliche Auswertungen. Wasserrohre aus Blei sind nur bei stehendem Wasser ein gravierendes Problem. Die römischen Wasserleitungen hatten einen ständigen hohen Durchfluss.

Beim Trinkwassertransport über z. B. Aquädukte bestand oft eine „Steinleitung", also waren hier keine Belastungen vorhanden. Sie waren ungiftig. Allerdings waren die Kosten ihres Baues, der Verlegung und der Wartung viel höher als bei Bleileitungen. Es gab Wasserhähne, sogar solche für Kalt- und Warmwasser. Die meisten seien Haupthähne gewesen und waren nur selten zugedreht worden. In den Bädern und anderen Luxuseinrichtungen gab es natürlich Hähne. Aber diese Strukturen wären trotzdem ständig von Wasser durchflossen worden, weil an anderer Stelle (zum Beispiel unter den Latrinen) ständig fließendes Wasser abgerufen wurde. Das Wasser konnte also durchaus auch in den Leitungen stehen; ob das ausreicht, die Bleimengen in den Sedimenten zu erklären, ist aber trotzdem eine andere Frage, denn der größte Anteil des Bleis im Abwasser muss ja nicht aus dem Frischwasser stammen, wie hier einige schon zu Recht festgestellt haben, sondern kann auch aus dem Spülwasser (Aufbewahrungsgefäße aus Blei wurden garantiert nach dem Gebrauch auch gespült), aus bleiverarbeitenden Betrieben und vielem mehr stammen. Allerdings sollte man die gesundheitliche Gefahr durch Bleirohre nicht unterschätzen, denn wenn die Zufuhr an Blei in den Körper die Abfuhr übersteigt, dann reichert es sich mit der Zeit an, so dass es zu erheblichen gesundheitlichen Problemen kommt, und dass wir heute nichts davon wissen, hat auch mit fehlenden Analysemethoden und medizinischem Wissen in der Antike im Vergleich zu heute zu tun. Selbst wenn man die abstrakte Gefahr von Blei kennt, bedeutet dies ja noch lange nicht, dass man bei jedem einzelnen Todesfall wegen Bleivergiftung die Todesursache kennt; dasselbe gilt sinngemäß für durch Blei ausgelöste Erkrankungen.

Archäologische Untersuchungen deuten eher darauf hin, dass im römischen Trinkwasser eben kein Blei war. Einerseits gab es keine Wasserhähne. Das Blei stand nie in den Leitungen, sondern hatte im Durchfließen nur kurz mit den Leitungen Kontakt. Zweitens war es zumindest in der Stadt Rom in der Regel so hart, dass man in den antiken Bleirohren dicke Kalkablagerungen fand, die das Wasser vom Blei isoliert hätten. Sonst wären die Römer ja massenhaft an Bleivergiftung gestorben, was aber tatsächlich nicht der Fall war.

Viel schlimmer war die Gewohnheit der Römer Lebensmittel in Bleikrügen aufzubewahren. Das Blei reagiert mit z.B. Fruchtsäure zu giftigen Verbindungen, die natürlich mit den Lebensmitteln konsumiert werden.

Jedoch kann Geschichte sich auch wiederholen. In diesem Fall passierte eine Vergiftung der Patrizier durch Bleiwasserleitungen tausende Kilometer weit weg von Rom und viele Jahre nach seinem Untergang. Die Stadt, wo diese Geschichte sich ereignete, heißt auch Rom, genau gesagt „Drittes Rom". So wurde in Russland die Stadt Moskau genannt.

Im 1633 wurde in dem Wasserzugturm (früher Swiblow-Turm) des Moskauer Kremls ein Wasserreservoir gebaut, welches aus Gründen der Hermetik innen mit Bleiplatten verkleidet wurde. Durch die Bleirohre wurde Wasser aus dem Fluss Moskwa mittels einer Pumpe mit Pferdeantrieb ins Wasserreservoir gepumpt und von dort auch durch die Bleirohre in die Paläste, königlichen Bäder, die Hofgärten, auch in die Hofämter des Kremls weitergeleitet. Jeder Verbraucher hatte ein eigenes Wasserreservoir. Besonders giftig war das Wasser früh morgens, weil es die ganze Nacht in diesen Bleileitungen stillgestanden hatte.

Wasserzugturm des Moskauer Kremls. *Moskau.*

Die Merkmale der chronischen Bleivergiftung sind Amnesie, Apathie, Kraftlosigkeit. Die Menschen sehen älter aus, als sie sind und degenerierten geistig und physisch.

Saugpumpe aus Blei. *2.-3. Jh. n. Chr. Archäologisches Museum, Metz.*

Einige solche Merkmale beobachteten die Zeitgenossen bei den Zaren Fjodor III. (1661 – 1682) und Iwan V. von Russland (1666 – 1696). Obwohl eine mögliche Bleivergiftung keine Einflüsse auf die geistigen Fähigkeiten von Zar Fjodor III. hatte, besaß er keine Lebensfähigkeit. Er sah viel älter aus, als er war, war immer kraftlos und oft krank und ist jung gestorben. Zar Iwan V. von Russland war körperlich schwach und galt als geistig minderbemittelt, unfähig zur aktiven, besonders staatlichen Tätigkeit, permanent sprach er Gebete und fastete. Mit 27 Jahren sah er wie ein alter Mann aus, im Alter von 30 Jahren war er gelähmt und starb.

Man rettete das Leben von Zar Peter dem Großen, weil er außerhalb des Moskauer Kremls geboren wurde und aufwuchs. Im Jahr 1706 wurden die Bleirohre aus der Wasserleitung des Kremls herausgenommen und nach Petersburg transportiert. Aber ist es bekannt, dass die erste Wasserleitung in Petersburg, welche mit Wasser aus dem Fluss Newa die Paläste und Brunnen des Sommergartens versorgte, Rohre aus durchbohrten Baumstämmen hatte. Vermutlich brauchte der Zar Peter der Große Blei für die Geschosse und die Kartätschen. Man kann nur spekulieren, welche Einflüsse die Bleiwasserleitung auf die Geschichte von Russland hatte.

Nicht alles ist auf die Wasserleitungen zurückzuführen, sondern auch auf die Lagerung von Getränken und Speisen sowie die verbreitete Methode, harzigen Wein mit Bleizucker zu süßen. Hierauf soll das Aussterben ganzer Patrizierfamilien und Aristokraten zurückzuführen sein, da sie infolge übermäßigen Bleikonsums unfruchtbar wurden.

Blei kann auch erst mit dem Abwasser in großen Mengen dort hineingelangt sein. Die Römerinnen schminkten sich anfangs mit Bleiweiß, was ihnen eine vornehme Blässe bescherte, erst später kannte man die ungiftigere, hautfreundliche Alternative des Schminkens. Und wie auch heute werden sich die Frauen in der Antike abends die giftige Schminke abgewaschen und sie in die Kanalisation gespült haben.

Nicht süßes Leben hat Roms Niedergang verschuldet, sondern süßer Saft. Wein und Trauben-Sirup, mit dem Roms Köche ihrer Herrschaft Speisen süßten, waren - einige Jahrhunderte hindurch - mit Spuren eines heimtückischen Gifts versetzt.

Das Gift konnte von den Innenwänden der Vorratsbehälter stammen, von Teilen der Weinpressen, aus den Trinkgefäßen oder aus den Töpfen, in denen der Wein an kühlen Tagen erhitzt wurde. Ausgrabungen zeigten, dass reiche Römer in Bleitöpfen gekocht und aus Bleibechern getrunken haben. Bleioxid wurde mitunter dem Most zugefügt, um die Säure zu neutralisieren. Schließlich setzten die Römer dem Wein oft auch eingedickten Traubensirup zu. Dieser Sirup sollte die Haltbarkeit des Weines verlängern - er tötete Fäulnis - Bakterien ab - eben, weil er Blei enthielt. Der Bleigehalt des Traubensirups muss in der Tat sehr hoch gewesen sein - schon durch die Art seiner Zubereitung. Durch langes Kochen wurde Traubensaft auf ein Drittel seines ursprünglichen Volumens eingedickt. In den Rezepten dazu waren ausdrücklich Bleitöpfe vorgeschrieben. Und durch die Dauerhitze, aber auch durch das fortwährende Umrühren des Gebräus muss sich der Sirup beträchtlich mit Blei angereichert haben. Nichtsahnend verbrauchten die Römer große Mengen des bleihaltigen Süßstoffs, als Konservierungsmittel für Wein und Früchte und als Zucker-Ersatz, denn Rohrzucker war eine Rarität; er musste aus Indien importiert werden. Es erklärt, warum die römische Aristokratie nur spärlich mit Nachwuchs gesegnet war. Viele römische Kaiser magerten ab, hatten Gelenkschmerzen und schließlich sogar Lähmungserscheinungen, Blindheit und Wahnsinn folgten.

Sie hatten oft keine männlichen Erben und halfen sich dadurch, dass sie einen Nachfolger für den Thron adoptierten. Es ist eine Ironie, dass Vertreter der so hoch entwickelten Zivilisation - vor allem in wissenschaftlichen und technischen Bedingungen – durch das Blei zum Aussterben kamen.

Luxus und Laster, zürnten Zeitgenossen, seien die Ursache dafür gewesen, dass Glanz und Kultur des Römischen Reichs in Barbarei versank. Aber allein durch den Weingenuss bei ihren Bacchanalien haben zumindest die Mitglieder der römischen Oberschicht täglich sehr große Bleimengen aufgenommen - dem Wein wurde damals fast stets ein in Bleikesseln eingedickter Traubensaft, die Sapa (Sirup), zugesetzt. Bronzene Gefäße schienen ungeeignet zu sein, da sie beim Kochen Grünspan abgaben und den Geschmack verschlechterten. Bei Bleigefäßen bekam der Wein einen noch süßeren Geschmack, doch das aufgelöste Blei in dem Most führte auch zu Kopfschmerzen, Trunkenheit und Magenbeschwerden, wie schon der griechische Arzt Dioskurides erkannt hatte. Die Gewohnheit, den Wein mit Sapa nachzusüßen, brachten die Römer auch nach Deutschland.

Der Wein ist das einzige Genussmittel, für das es ein eigenes Recht gibt, das Weinrecht. Alle anderen Nahrungsmittel und Getränke fallen unter das Lebensmittelrecht. Das ist übrigens nicht nur in Deutschland oder Europa so. Drakonische Strafen erwarteten den Betrüger im Mittelalter. Das „Soester Stadtbuch" aus dem Jahre 1350 sah für Weinpanscher die Todesstrafe vor. Eindrucksvoll ist auch die „Bäckertaufe". Hier wurde der Delinquent in einen sogenannten „Schandkorb" gesteckt und mit diesem in einem Fluss oder anderem Gewässer versenkt. Zuvor durfte er noch von der Bevölkerung gesteinigt werden.

Zahlreiche Kolik-Epidemien in Klöstern des Mittelalters sind nach Ansicht von Medizinern als Bleivergiftungen zu deuten. Am Ende des 17. Jahrhunderts wurde Blei als auslösender Faktor der Koliken erkannt. Der Teilstaat Württemberg erließ 1696 ein Gesetz, dass Winzer oder Händler mit dem Tode bestrafte, wenn Wein dem Blei zugesetzt wurde.

Es ist bekannt, dass der Fisch zuerst am Kopf verrottet. Eine These, dass der Zerfall der Moral im alten Rom die Wurzel des Unheils war, dass das Reich in die Selbstzerstörung durch bleihaltigen

Wein trieb, ist nicht falsch. In Rom spielten die Obersten des Reiches – die Kaiser, besonders Nero und Caligula, die ein Symbol der moralischen Verwesung des Imperium Romanum waren, die erste Geige. Nach dem römischen Schriftsteller Sueton (um 70 - nach 122 n. Chr.) soll Caligula Inzest begangen haben. Die Paläste des Imperators in Rom, wurden im Grunde genommen in ein Bordell umgewandelt, wo Roms Eliten wahnsinnige Orgien feierten. Nach Beschreibungen der antiken Autoren soll Nero ein Tierfell angezogen haben, dann stürzte er sich auf fest an einen Pfahl gebundene Opfer und befriedigte unersättlich seine sexuelle Neigung. Später, als er keine Kraft mehr besaß, gab er sich gerne seinem ehemaligen Sklaven hin. Außerdem war er auch mit mehr als eine Frau heiratet.

Neben Weinmarkt und Weinstadel diente dem Weinhandel als dritte rein städtische Einrichtung das Eichhaus. Es zählt zu den ältesten Einrichtungen Ulms und wird schon 1288 erwähnt. Das Personal bestand aus zwei Prüfern, die nur gemeinsam das Eichgeschäft führen durften; dabei hatte aber jeder unabhängig von dem anderen jedes Fass zu eichen und die gefundenen Maße mitsamt dem Namen des Besitzers in ein Buch einzutragen. War die Eichung beendigt, so wurden die Resultate der beiden Prüfer miteinander verglichen und danach das endgültige Maß festgestellt.

Gesundheitlich bedeutend ist vor allem die schleichende Belastung durch die regelmäßige Aufnahme kleiner Bleimengen, die man nicht merkt. Sie beeinträchtigt die Blutbildung und Intelligenzentwicklung, beeinflusst das Nervensystem. Die Bleivergiftungen kamen viel eher vom Wein. Und nicht nur aus der Antike, auch aus dem Mittelalter und der Neuzeit kennen wir solche Vorfälle.

Sicher gäbe es ohne Goethe keinen „Faust", ohne Beethoven keine „9. Sinfonie". Beim Ludwig van Beethoven vermutet man, dass die Todesursache…Blei war. Die Wissenschaftler glaubten, dass mit Blei gepanschter Rotwein den Komponisten Ludwig van Beethoven, der Zeit seines Lebens diesen Wein gerne trank,

Beethoven-Denkmal. *Bronzeguss von Fernando Cian. 1. Viertel des 20. Jhs. Beethoven-Haus, Bonn.*

umgebracht haben soll. Aus den USA liegen jetzt neue Ergebnisse einer Haaranalyse vor, die einen ganz anderen Schluss nahelegen.

Seine Todesursache ist noch immer ungeklärt. Es gibt die andere Hypothese der Todesursache, wie zum Beispiel Syphilis, über die diskutiert wird.

War der Wein doch nicht schuld? Neue Tests an Schädelfragmenten von Ludwig van Beethoven widersprechen der Theorie, dass der große Komponist 1827 an einer Bleivergiftung starb. Ein Forscher des Mount Sinai Institutes für Medizin in New York kam bei jüngsten Untersuchungen von zwei Knochenstücken zu dem Ergebnis, dass sich der Bleianteil durchaus im normalen Rahmen bewegte, wie die Zeitung „New York Times" berichtete.

Bleiwasser (Bleiessig).
Aqua saturnina.
Apotheken Museum, Heidelberg.

„Ich glaube, wir brauchen nicht mehr auf Blei als ausschlaggebendem Faktor in Beethovens Leben zu schauen", sagte Andrew C. Todd der Zeitung.

Der Fund von erhöhten Bleiwerten in Haaren und einem winzigen Fragment von Beethovens Schädel hatte andere Forscher zu der Annahme geführt, dass der Meister seiner Vorliebe für Wein zum Opfer gefallen sein könnte. Preisgünstiger Wein wurde im 19. Jahrhundert mit Blei versetzt, um ihm den bitteren Geschmack zu nehmen, sagen Beethoven-Biografen. Mit der Bleibelastung ließen sich auch Veränderungen im Verhalten des Musikers zu seinem Lebensende erklären. Er wurde als aufbrausend und vergesslich beschrieben.

Die neue Testreihe, die unter anderem am berühmten Argonne National Laboratory in Illinois erfolgte, ergab einen Bleiwert von 13 Mikrogramm je Gramm Knochenmasse in dem großen, zuvor nicht untersuchten Schädelfragment. Der Bleiwert in dem kleineren Knochen, der bereits vor fünf Jahren analysiert worden war, betrug fast das Vierfache (48 Mikrogramm). Für die Differenz gab es zunächst keine Erklärung.

Beethovens Leiche war 1863 unter anderem für die Ermittlung der Todesursache von einem Friedhof in Wien geborgen worden.

Warum kamen alle Teilnehmer der Franklin-Expedition ums Leben?

In der Mitte des 19. Jhs. passierte eine Tragödie – das war der Untergang der Expedition des englischen Polarforschers Sir John Franklin, welche zeigte, wie eine Bleivergiftung den physischen Gesundheitszustand und die geistige Fähigkeit des Menschen zerstört.

Am 19. Mai 1845 stachen zwei Schiffe „Erebus" und „Terror" mit einer Mannschaft von 130 Seeleuten und Offizieren unter Leitung von Franklin an der Themsemündung in See. Der Kapitän selbst war inzwischen 59 Jahre alt geworden. Die Aufgabe der Expedition war die als bedeutender Seeweg angesehene Nordwestpassage vom Atlantischen Ozean in den Pazifik (von Europa nach Asien) zu durchsegeln und zu kartieren. Beide Schiffe wurden nach modernem Technikstand eingerichtet: die Rümpfe der Schiffe wurden mit Eisenblechen verkleidet, unter den Kabinen der Schiffe gab es eine Wasserheizung. Das waren die Dampfschiffe, die auch Segel hatten. Jedes Schiff hatte eine eigene Bibliothek mit insgesamt 1200 Büchern und eine Drehorgel mit 50 Melodien. Die Seeleute hatten Geschirr aus Porzellan und Silber.

Es wurde Lebensmittel für drei Jahre vorbereitet, inklusive einiger tausend Konservendosen. Anfang Juli fand ein Treffen der Expedition mit zwei Walfängern in der Baffin Bay statt. Danach waren alle Spuren der Expedition plötzlich verschwunden: als ob sich 130 Menschen unter Eis aufgelöst hatten. Keiner kehrte zurück.

Erst einige Jahre später beruhigte sich die Öffentlichkeit. Mehrere Dutzend der Rettungsexpeditionen ergaben keine positiven Ergebnisse. Erst im Jahr 1851 wurden auf der Beechey-Insel die Gräber von den drei Mannschaftsmitgliedern John Torrington, William Braine und John Hartnell gefunden. Noch nach drei Jahren erzählte ein Eskimo, dass er die englischen Seeleute gesehen habe, wie sie sich langsam und nur mit Mühe fortbewegten und ihre Schiffe vom Eis zerquetscht wurden.

Eine schreckliche Entdeckung war ein Beiboot mit zwei Leichen. Ihre Polarkleidung war komplett in Ordnung, und in den Händen hielten sie die Bockflinten. Recht merkwürdig anmutende Ausrüstungsgegenstände fanden sich im Boot. Sie entsprachen wenig der Extremsituation, in welche diese Leute geraten waren: Unter diesen Umständen waren Silberbesteck, parfümierte Seife, seidene Taschentücher, Kämme und Bürsten, sechs Bücher, fünf goldene Uhren, etwas Tee und 40 Pfund Schokolade und auch ein Schreibtisch seltsam anmutend. Eine Rekonstruktion der Geschehnisse erfolgte nicht sofort. Im Jahr 1981 – einhundert Jahre später - beschäftigte sich der kanadische Wissenschaftler Owen Beattie mit der Aufarbeitung des Geheimnisses um das Verderben der John Franklin-Expedition. Seine ersten Analyseergebnisse der Knochen waren schockierend: der Bleigehalt war viel höher, als er bei normalen Menschen sein sollte.

Es musste nun bewiesen werden, dass der größte Teil der Mitglieder der Polarexpedition wirklich mit Blei vergiftet wurde. Dafür wurden im Jahr 1986 die Knochenfunde von drei gut erhaltenen Leichen auf der Beechey-Insel und weiteren auf der King-William-Insel untersucht. Der Permafrost mumifizierte die Körper der Toten, deswegen waren sie in einem guten Zustand. Ein Körper hatte einen breiten langen Schnitt – wahrscheinlich hatte der Schiffsarzt eine patholog.-anatomische Untersuchung durchgeführt und versuchte noch damals die Todesursache festzustellen. Das Gewicht eines anderen Expeditionsmitgliedes war etwa vierzig Kilo. Eine Analyse der Haare, Knochen und Geweben lässt keine Zweifel: es war eine Bleivergiftung.

Die Mannschaft von John Franklin war ein Opfer... der normal aussehenden Konservendosen, welche mit Blei gelötet wurden. Dies löste sich in den Konserven ab und jede Mahlzeit verschlechterte die gesundheitliche Situation. Blei hat die schlechte Eigenschaft sich im menschlichen Organismus zu akkumulieren. Genauso passierte es den Mannschaftsmitgliedern der Insel Beechey Island. Vermutlich schwanden die Sinne der Seeleute, darum schleppten sie absolut unnötige Sachen mit sich herum.

Wenn man Blei nur aus Konservendosen über hundert Menschen zum Verderben gereichen kann, kann man sich vorstellen, was mit den Römern passierte, die einen systematischen Gebrauch von Wasser aus Bleileitungen und von Bleigeschirr zum Essen und Trinken hatten. Geringe Bleianteile sind heute in Zinngeschirr enthalten. Man sollte es deshalb nur zu Dekorationszwecken benutzen und nicht davon essen oder aus Zinnbechern trinken.

Im Mittelalter kam Blei zur Anwendung als Bedachungsmaterial für Paläste und Kirchen. Allerdings nicht nur dort. Beim Bau eines mittelalterlichen Gefängnisses für die staatlichen Kriminellen in Venedig verwandte man Blei. Eine Brücke – die Seufzerbrücke – verbindet dieses Gefängnis mit einem wunderschönen architektonischen Denkmal – dem Dogenpalast, einer Sehenswürdigkeit in Venedig. Die Besonderheit dieses Gebäudes waren die speziellen Gefängniszellen unter dem Dach aus Blei. Im Sommer vergingen die Häftlinge hier vor Hitze und im Winter erstarrten sie vor Kälte. Passanten auf der Seufzerbrücke konnten ihr Stöhnen und ihre inständigen Bitten hören…

Seufzerbrücke in Venedig.

Bleiweiß ist eines der ältesten, künstlich hergestellten Pigmente. Es besteht aus einem basischen Bleicarbonat mit der chemischen Formel $2PbCO_3$ x $Pb(OH)_2$. Die Ausgangsstoffe zur Herstellung der weißen Farbe waren anfangs Blei und Essig. In der Antike wurden Bleistücke oder Platten in eine Schale oder Topf mit Essig gelegt und unter einem Misthaufen (wie zum Beispiel Pferdemist) vergraben. Durch Fäulnisprozesse im Mist entstand Kohlenstoffdioxid, das zusammen mit den Essigdämpfen auf das Blei einwirkte. Nach sechs oder sieben Wochen nahm man das entstandene Bleiweiß aus den Töpfen heraus. Es wurde gemahlen, gesiebt und dann zwischen Granitsteinen unter Zugabe von Wasser fein zerrieben. Die Trocknung des feinen Pulvers erfolgte in Trockenräumen. Danach wurde das Bleiweiß in Töpfer verpackt und in die verschiedenen Länder ausgeliefert.

Schon der griechische Philosoph und Naturforscher Theophrast (371 - 287 v. Chr.) beschrieb die Herstellung und Verwendung des Bleiweißes. Der römische Gelehrte Plinius der Älteste nannte es cerussa. Nach diesem lateinischen Wort ist das Bleimineral Cerussit benannt. Er gab an: „Man legt Blei nämlich in Essigtöpfe, die 10 Tage zugedeckt stehen bleiben; dann schabt man ab und wiederholt das Verfahren, bis das Blei verschwunden ist. Was abgekratzt wurde, wird zerrieben, gesiebt und in flachen Schüsseln erhitzt und mit Holzstäbchen umgerührt, bis es rot wird. Dann wird es mit süßem Wasser gewaschen bis alles Trübe ausgewaschen ist, dann ähnlich getrocknet und in Brote geteilt".

Die Araber führten Bleiweiß nach der Eroberung Persiens aus Isfahan ein. In den mittelalterlichen Sammlungen des Lucca-Manuskriptes wird ein Herstellungsverfahren beschrieben, das bereits der Herstellung nach dem holländischen Verfahren in Rotterdam um 1650 ähnlich war. Später stellte man in der kleinen österreichischen Stadt Krems und ab 1765 auch in Klagenfurt Kremserweiß her. Dieses Bleiweiß war von besserer Qualität und wurde wegen seiner brillanten, weißen Farbe von Kunstmalern sehr geschätzt. Kremserweiß wurde oft auch mit Mohnöl angerieben.

Das Pigment besitzt eine hohe Deckkraft, das Aufhellungsvermögen ist ausgesprochen gut. Es trocknet sehr schnell, seine Härte ist im Gegensatz zum Titanweiß gering. Bleiweiß besitzt einen kaum sichtbaren Gelbstich, daher ergeben Mischungen mit bunten Pigmenten warme Töne. Bleiweiß ist lichtbeständig, in Öl oder Casein neigt es zum Vergilben. Mit Schwefelverbindungen entsteht Bleisulfid, in manchen Gegenden führte der Einfluss von Abgasen zu Schwärzungen. In der Antike und auch im Mittelalter war Bleiweiß in der Schminke zur Aufhellung der Haut enthalten. Bis ins

19. Jahrhundert galt Bleiweiß als das wichtigste Weißpigment für wasserlösliche und ölhaltige Farben. Es war bei den Impressionisten beliebt, es lässt sich aber auch bei Gemälden von Leonardo da Vinci, Rubens, Rembrandt oder Vermeer nachweisen.

Von alten Gemälden, in denen das Pigment chemisch stabil und mit dem Bindemittel fest eingebunden ist, dürfte kaum eine Gefahr ausgehen. Problematisch ist es vor allem dann, wenn man beim Herstellen oder Verarbeiten Stäube einatmet oder wenn das Pigment in Anstrichfarben eingesetzt wird. Dann besteht die Gefahr, dass Blei im großen Umfang in die Umwelt und somit auch in den Blutkreislauf des Menschen gelangt.

Die griechischen Maler haben sich der gelben und roten Bleioxide und des Bleiweißes, besonders des Rhodischen bedient. Es gibt eine schöne Legende, welche erzählt, dass der Mensch die Erfindung der bleihaltigen Farbe einer zufälligen Feuersbrunst auf dem Schiff im pyrenäischen Hafen bei Athen verdanke.

Im pyrenäischen Hafen, wo ein Schiff mit der Last des Bleiweißes in den Tontöpfen strandete, entstand ein Brand und breitete sich aus. In diesem Moment befand sich ein griechischer Maler in der Nähe. Da er wusste, dass sich auf dem Schiff Farbe befand, kletterte er auf das brennende Schiff in der Hoffnung, nur einen Topf zu retten; Farben waren damals sehr teuer und schwierig zu beschaffen. Der Maler und der Besitzer waren sehr verwundert, als sie in den angebrannten Tontöpfen statt der weißen Farbe des Bleiweißes eine dichtere Masse grellroter Farbe entdeckten. Der Maler nahm einen der Töpfe, verließ das Schiff und begab sich in seine Werkstatt. Der Inhalt des Topfes war eine wunderbare Farbe. Später wurde diese als Mennige benannt und wurde durch Rösten des Bleiweißes hergestellt.

In der Munition benutzte Blei viel früher als Entwicklung der Feuerwaffen. Die legendäre Steinschleuder kennt man aus der biblischen Geschichte, in der David den riesigen Philister Goliath mit

Schleudergeschoss aus Blei mit einem geflügelten Blitz auf der einen und der Inschrift „Nimm das!" auf der anderen. 4. Jh. v. Chr., Griechenland (Das Bild stammt mit freundlicher Genehmigung von Frau Ma rie-Lan).

seiner Schleuder besiegte. Im 1. Samuel 17:49 heißt es: „Dann fuhr David mit seiner Hand in seine Tasche und nahm daraus einen Stein und schleuderte ihn, so dass er den Philister an der Stirn traf, und der Stein drang in seine Stirn ein, und er fiel auf sein Angesicht zur Erde".

Archäologische Ausgrabungen im Nahen Osten förderten große Mengen Schleudersteine zutage. Geschickte Krieger schwangen ihre Schleudern zum Teil mit solcher Kraft, dass die Steine eine Geschwindigkeit von bis zu 240 Kilometern pro Stunde erreichten.

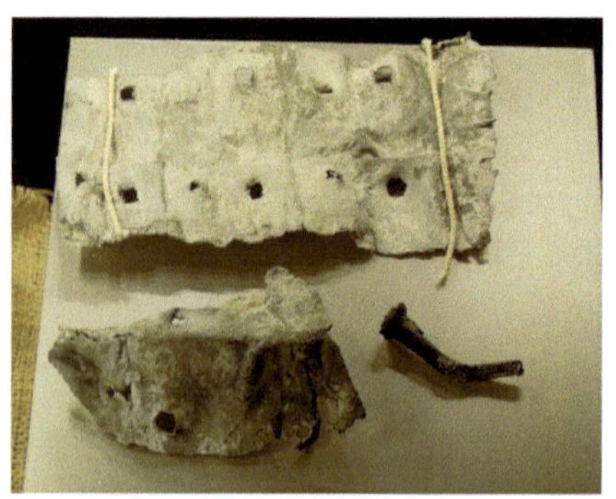

Fragmente der Bleiverkleidung des Rumpfes. Das Wrack von Kirenia sank um 300 v. Chr. Schiffsmuseum, Kirenia.

Man ist sich zwar nicht einig, ob die Schleuder so weit reichte wie ein Bogen, doch sie konnte auf jeden Fall genauso tödlich sein. Das war eine einzigartige Fernwaffe, die sich aufgrund ihrer einfachen Bauweise und der Vielfältigkeit ihrer anwendbaren Techniken von der Antike bis ins Hochmittelalter weit verbreitete. Nicht alle aber wissen, dass außer Stein- auch Schleuderbleie verwendet wurden. Schleuderbleie waren Wurfgeschosse aus Blei, welche mittels einer

Schleuder verschossen wurden, sie stellten eine militärische Weiterentwicklung formgleicher Geschosse aus gebranntem Ton oder Stein dar. Im 6. Jh. v. Chr. wurden zum ersten Mal aus Blei gegossene Schleudergeschosse erwähnt. Seit Anfang des 4. Jhs. v. Chr. scheinen die Krieger von griechischen Inseln mit bleiernen Schleudergeschossen ausgerüstet gewesen zu sein. Da diese Geschosse eine Eichelform hatten, wurden sie in römischer Zeit als glans („Eichel") auch glans plumbea („Bleieichel") bezeichnet.

Seitdem die Feuerwaffe entwickelt wurde und aus Blei die tödlichen Geschosse für Gewehre und Pistolen gegossen wurden, ist Blei eins der stärksten „Argumente" in einem Streit zwischen Gegnern. Nicht nur einmal löste Blei den Ausgang grandioser Schlachten und kleiner Streitereien unter Ganoven. Um ein Geschoss hart zu machen, wird zum Blei noch circa ein Prozent Arsen zugegeben. Die Geschichte kennt viele Beispiele in denen die Völker „gerechte Kriege" für ihre Freiheit und Unabhängigkeit führten. Um in den eigenen Grenzen sicher zu sein, benötigt man nicht nur das Schießpulver, sondern auch Blei. Deswegen ist die militärische Bedeutung dieses Metalls sehr hoch.

In unserer Zeit vergrößerten Blei und seine Verbindungen die Anwendungsgebiete. Mit der Entwicklung der Autoindustrie, Herstellung der Unterwasserschiffe, Flugzeuge, Aufbauen der chemischen und elektrotechnischen Industrien machte die Bleiherstellung einen gewaltigen Sprung. Seitdem sind Akkumulatoren - und Batterie-Industrie eine der wichtigsten Branche des Bleiverbrauches. Im Jahr 1859 erfand der französische Physiker Gaston Planté eine chemische Stromquelle – Bleiakkumulator (erste wiederaufladbare Batterie). In den letzten mehr als hundert Jahren wurde eine gigantische Menge dieser einfachsten, aber sicheren Geräte für Akkumulieren der Energie im Umlauf gebracht. Circa ein Drittel der Weltgewinnung von Blei (in einigen Ländern bis 75%) wird für Herstellung von Bleiakkumulator verwendet.

Ein großer Verbraucher von Blei ist der Industriebrennstoff. In den Otto-Motoren wird die Verbrennungsmischung stark gedrückt. Je höher dieser Druck ist, desto höher die Effizienz des Motors. Leider explodiert eine Verbrennungsmischung in den meisten Fällen vor dieser angezündet ist. Da solche „Unabhängigkeit" absolut unzulässig ist, gilt als Hilfe das Tetraethylblei mit der Formel $Pb(C_2H_5)_4$. Dies wird als Antiklopfmittel dem Benzin (kleiner als ein Gramm pro Liter) zugesetzt, um eine vorzeitige Explosion des Kraftstoffes im Verbrennungsmotor zu verhindern. Es zwingt, den Sprit gleichmäßig zu verbrennen und – was besonders wichtig ist – erst in dem Moment, in dem das nötig ist. Deswegen steigt seine Herstellung bis zum Ende der sechzigern Jahre des 20. Jahrhunderts steil an. Da Tetraethylblei sehr giftig ist, wird verbleites Benzin in rosa, grüne, orange-rot und die andere Farben (in Abhängig von der Marke) eingefärbt, um es von dem normalen Benzin zu unterscheiden. Leider stoßen die Motoren große Mengen der giftigen Stoffe zusammen mit den Abgasen aus.

Wissenschaftler des Kalifornischen Technologischen Institutes (USA) berechneten, dass Bleiwolken über die großen Megastädte schweben (wie man sieht, kann ein literarisches Epitheton "Bleiwolken" auch einen eigentlichen Sinn haben): Pro Jahr fallen nur über Ozean und die Meer der Nordhalbkugel circa 50 Tonnen dieses Metalls, das sich grundsätzlich aus verbleitem Benzin bildet. Obwohl der bleihaltige Sprit nur etwa ein Gramm Blei pro Liter hat, wurde Blei auch im Schnee der Arktis gefunden. Die Fachleute suchen seit langem einen Ersatz des Tetraethylbleis, sie haben einigen Erfolg.

20. Jahrhundert verlässt dem Blei viele interessanten und wichtigen Sachen. Es stellte ihm eine ganze Reihe höherer Forderungen. In der Elektrotechnik dient dieses Metall als sicherer und ziemlich elastischer Kabelmantel. Für diese Ziele wird in der Welt eine bis zu 20% höhere Bleiproduktion gebraucht. Die großen Mengen von Blei werden für die Herstellung des Lötzinns verwendet. Die chemischen und metallurgischen Betriebe decken mit einer dünnen

Bleischicht die inneren Oberflächen der Kameras und der Reservoire bei der Herstellung von Schwefelsäure, der Rohre und der Wannen für die Beizen und Elektrolyse ab. In verschiedenen Maschinen und Mechanismen kann man die unterschiedlichen Bleilegierungen antreffen.

Über eine Bleilegierung muss man ausführlich erzählen. Zusammen mit Antimon und Zinn ist Blei schon seit einigen Jahrhunderten eine Hauptkomponente der Hartblei- oder Antimonbleilegierungen, aus welchen die Lettern und andere Elemente des Satzes für Bücher, Zeitschriften und Zeitungen hergestellt werden. Wobei diese Legierungen in der Druckerei seit dem Mittelalter bis heute praktisch ohne Veränderung verwendet werden. Sehr bildlich schilderte diese Rolle von Blei ein deutscher Mathematiker und Naturforscher des 18. Jahrhunderts Georg Christoph Lichtenberg. Er schrieb: „Die Welt wurde mehr von Blei als von Gold verändert; wobei von keinem Blei aus Mündung einer Waffe, sondern von Blei im Winkelhaken". Man muss sich merken, dass Blei eine direkte Beziehung zur Schrift viel früher hatte als es der größte deutsche Erfinder Johannes Gutenberg dieses Metall für einen Guss der Lettern verwendete. Im Jahr 1972 fanden sowjetische Archäologe bei Ausgrabungen auf dem Schewachov-Berg bei Odessa (Ukraine) einen altgriechischen „Brief" vom 4. Jh. v. Chr. Dieser Brief wurde auf einem dünnen Bleiplättchen geschrieben und war an Aristokraten mit Namen Protarog aus der antiken griechischen Stadt Olbia adressiert. Wie aus dem Text klar hervorgeht, wartete er das Ende der politischen Unordnungen ab, die in der Hauptstadt herrschten. Dieses Verfahren des Schriftverkehrs war im alten Griechenland weit verbreitet, den Wissenschaftlern sind einige ähnliche Botschaften bekannt. So erzählte Blei zweieinhalb tausend Jahre später den Historikern einziges über das Leben und die sozialen Beziehungen der antiken griechischen Siedler am Schwarzen Meer. Warum sind diese Metallbriefe so eine Seltenheit? Aus dem Grund, der Empfänger solcher Briefe nach dem Lesen das mögliche Interesse der neugierigen Nachfahren total ignorierte und eventuell das Metall für

die Herstellung der Lasten, Senkbleie, die Reparatur des Daches
oder andere praktische Dinge verwandte.

Schon seit einigen Jahrhunderten ist Bleikristall in der Welt bekannt. Seiner Entstehung ist ... einem Zufall und dem Blei geschul-
det. Im Anfang des 17. Jhs. gehen die englischen Glasmacher von
der Holzheizung auf Kohle über. Die Rußpartikel, die in die Glas-
schmelzmasse kamen, machten das Glas dunkel und trübe. Um das
zu vermeiden, wurde das Glas in abgedeckten Gefäßen gekocht.
Da die Masse sehr oft nicht durchgekocht wurde, entschieden dann
genau 1635 die Glasmacher das Blei in den Schmelz zu geben, um
die Schmelztemperatur des Glases zu senken. Und dann geschah
ein Wunder: Der Pokal aus dem neuen Glas glitzerte wie ein Dia-
mant und erzeugte einen bezaubernden Klang. Wegen der Ähnlichkeit mit wunderschönen natürlichen Bergkristallen nannte man
das Bleiglas auch Bergglas. So bekamen die Leute - dank Blei - ein
schönes Material, aus welchem wahrhaftig bewundernwerte Gegenstände hergestellt wurden.

Einem „Amateur-Hersteller" des Bleiglases brachte Blei großen
Verdruss. Sein Haus brannte total ab. Zum Glück war das ganze
Vermögen – unter anderem auch eine wurde versichert und er eine
große Schadensumme bekommen sollte. Nach der Wörter des Besitzers war im Haus unter anderen Wertsachen noch eine wertvolle
Sammlung wertvolle Sammlung Bergglas, die im Feuer zu formlo-
ser Glasmasse verschmolz, versichert. Der Hausbesitzer erwartete
eine große Schadenssumme. Bei der Untersuchung der Brandursa-
che hatten die Kriminalisten Zweifel, dass es sich bei der Glasmasse um Reste von Bergglas handelte. Eine Fluoreszenzanalyse zeigte, dass der Bleigehalt viel geringer als bei Bergglas war. Das bedeutete, dass es sich hier um einfaches Glas und um Brandstiftung
handelte. Der Hausbesitzer wollte nur eine hohe Versicherungs-
summe kassieren. Das Blei machte die Hoffnung zunichte.

Heute verzichtet man bei Glasuren und Gläsern („Bleikristall") im
Allgemeinen auf Blei. Bleipigmente, außer Mennige, werden fast

nur für spezielle Zwecke, wie zum Beispiel Restaurationen von Kunstwerken, benutzt.

Obwohl bereits früh bekannt war, dass Blei ein toxisches Metall ist und den menschlichen Organismus vergiften kann, kann es in der Medizin nützlich sein. Die medizinische Anwendung beschränkte sich daher weitgehend auf den äußerlichen Gebrauch. Blei war häufig Bestandteil von Salben gegen Geschwüre und Gewebewucherungen aller Art sowie gegen schlecht heilende, schmierig belegte Wunden, außerdem wurde es bei triefenden und eitrigen Augen eingesetzt. Bleiweiß (Cerussa) diente zur Bereitung der „Weißen Salbe" (auch als Kosmetikum bzw. Schminke verwendet), von trockenen Pflastern und von Augenpulvern. Auch aus Silberglätte (Bleiglätte, Lithargyrum), die adstringierend wirkt, und Öl bereitete man Pflaster. Ferner verarbeitete man Silberglätte zu Bleiessig, Bleiwasser (Aq. Plumbum) und Bleizucker. Abu Ali Ibn Sina (Avicenna) schrieb in seinem „Kanon der Medizin" über die Anwendungen von Blei und seine Verbindungen bei Heilung von Tumoren und Pickeln, Wunden, Geschwüren, Entzündung der Augen sowie Krankheiten der Geschlechtsorgane. Die bleihaltigen Präparate werden außen als bindende, schmerzstillende und antiseptische Mittel verwendet. Das Bleiacetat wird zum Beispiel als „Bleiwasser" bei entzündeten Hautkrankheiten und Schleimhäuten sowie auch bei Quetschungen und Abschürfungen verwendet. Wegen des süßen Geschmacks wird es manchmal auch Bleizucker genannt. Man muss aber immer bedenken, dass dieser „Zucker" zu einer starken Vergiftung des Organismus führen kann. Es ist kein Zufall, dass in den Betrieben und Laboren, wo die Leute mit dem Blei arbeiten, spezielle Sicherheitsmaßnahmen beachtetet werden. Hygieniker und Arbeitssicherheits-Leute achten permanent darauf, dass die Bleikonzentration in der Luft nicht 0,00001 Milligramm pro Liter übersteigt. Wenn in der Vergangenheit die Bleivergiftungen eine Berufskrankheit der Arbeiter der Bleischmelzwerke und Druckereien waren, so vergisst man heutzutage praktisch diese

Krankheiten wegen der Modernisierung der Produktion und der Maßnahmen für bessere Belüftung.

Im 17. - 18. Jh., als Metallzubereitungen in Arzneibüchern stark zunahmen, übernahm man viel von der alchemistischen Nomenklatur. So sind als Signaturen (Aufschriften) für Standgefäße und in Rezepten vielfach die alchemistischen Symbole für die Metalle verwandt worden, die bei den klassischen Metallen gleichzeitig die Planetensymbole darstellen.

Die Menschen schützen sich gegen Vergiftungen durch Blei oder Bleiverbindungen – doch Blei schützt auch die Menschen. Blei schluckt alle Arten der Gamma- und Röntgenstrahlen, deswegen findet es Anwendung als Material für Strahlenschutzausrüstungen in Röntgenologie, Atomwirtschaft und Forschung. Nimmt man eine Schürze oder Handschuhe eines Röntgenologen in die Hand, überrascht deren Gewicht: Röntgenschutzkleidung wird überwiegend aus Blei oder Bleiverbindungen hergestellt. In den Cobalt-Kanonen, welche für die Behandlung der bösen Tumore verwendet werden, versteckt sich ein Teilchen des radioaktiven Cobalts in einem Bleimantel.

Die Bleischirme verwendet man in der Kernenergetik und in der Kerntechnik. Vor den Röntgenstrahlen schützt auch ein Glas, welches Bleioxide enthält. Ein solches Glas in einem Durchsichtfenster erlaubt es, die Arbeit eines Roboters mit den radioaktiven Materialien zu beobachten.

Eine gleiche, manchmal die höhere Bedeutung haben die Bleiverbindungen, die ein Metall vor der aggressiven Atmosphäre schützen. Diese Verbindungen werden in der Zusammensetzung der Lacke, wie zum Beispiel das Bleiweiß, eingesetzt. Sie besitzen eine Reihe nützlicher Eigenschaften: Eine Stabilität gegen Licht- und Lufteinflüsse und einen dauerhaften Film auf der geschützten Oberfläche.

Es gibt aber und Nachteile, die in einigen Fällen zur minimalen Anwendung des Bleiweißes führen. Das sind seine höhere Toxizität und Aufnahmefähigkeit zum Schwefelwasserstoff. Es ist bekannt, dass die Bilder und Ikonen, die mit Bleifarben gemalt sind, mit der Zeit dunkler werden: Unter der Einwirkung der Mikromenge des Schwefelwasserstoffes, der sich permanent in der Luft befindet, bildet sich auf der Oberfläche ein dunkleres Bleisulfid. Wenn man dieses Bild mit einer verdünnten Lösung von Wasserstoffperoxid oder Essigsäure abwischt, werden die Farben wieder heller und grell. Die Seeleute, die in der Nähe der Pazifikküste der Lateinamerikas fahren (wie zum Beispiel an der Küste von Peru, wo Wasser mit Schwefelwasserstoff angereichert ist), kennen die Arbeit der „peruanischen Maler" gut. So heißt im Scherz eine Erscheinung, die uneingeweihte Schiffsgäste verwundert und befremdet: Das Schiff, das gestern Abend noch schneeweiß war, ist am Morgen völlig schwarz. Und die Schuld trägt, wie man schon weiß, Blei.

Die Zusammensetzung der Ölfarben enthält auch andere Bleiverbindungen. Als ein gelbes Pigment wurde gelbes (Massicot) Bleioxid, welches statt das Bleichromat (auch Chromgelb, Parisergelb oder Königsgelb) verwendet. Es gibt auch eine andere Modifikation des Bleioxids – rotes (Lithargyrum). Die Anwendung des Bleioxids als ein Beschleuniger (Sikkativ) für Öltrocknen läuft bis heute.

In alter Zeit erfüllte Blei noch eine Aufgabe unter Wasser: Noch den Alten Griechen war bekannt, dass giftige Bleioxide nicht dem Geschmack der Krebs-, Weichtiere und anderer Bewohner in Poseidons Reich, die am Boden der Schiffe festkleben, entsprach. Aufgrund dessen benutzten die Schiffsbauer in der Antike gerne Blei für eine Verkleidung des Schiffsrumpfes, um es vor den „Schiffshaltern" das Schiff zu schützen. Außerdem wurden eiserne Teile des Schiffes, wie z.B. Nagel, die sich unter Wasser befanden, durch Blei geschützt. Dank archäologischer Funde war es bekannt, dass die hölzernen Rümpfe der Schiffe mit dünnen Bleiplatten verkleidet wurden.

Bereits im ersten Jahrhundert hatte Kaiser Claudius einen neuen Hafen anlegen lassen, um die Schiffe mit Waren näher an Rom heranholen zu können. Zu Beginn des zweiten Jahrhunderts gab Kaiser Trajan den Baubefehl für ein weiteres Hafenbecken, ein 39 Hektar großes Fünfeck. Der neue Hafen - Portus Romae - war über Kanäle sowohl mit dem Hafenbecken des Claudius als auch direkt mit dem Tiber verbunden. Im trajanischen Becken und in den Verbindungskanälen entnahmen die Forscher ihre Bodenproben. Portus Romae wurde als Militärhafen konzipiert, und seine Form erinnert stark an den Militärhafen von Karthago. Der natürliche Hafen Ostia liegt rund 30 Kilometer entfernt, viel zu weit weg für die hungrige Großstadt. Ostia selbst war die längste Zeit nicht der Hafen von Rom. Erst unter Claudius und dann unter Trajan wurde Ostia soweit ausgebaut, dass größere Schiffe dort anlanden konnten. Davor war Puteoli nahe Neapel der Haupthafen Roms, wo unter anderem auch die Getreideschiffe aus Ägypten anlandeten, und die Waren dann auf dem Landweg nach Rom gelangten.

Die Schiffe in römischer Zeit waren voller Bleiwerkzeug und Ausrüstung. Ihre Rümpfe waren komplett mit Blei verkleidet, um das Holz zu schützen. Diese Bleiverkleidung wurde von den Seeleuten regelmäßig im Hafenbecken repariert und geschrubbt. Es ist denkbar, dass allein die Schiffe (die auch den Tiber hinauf und hinab fuhren) das Wasser in römischen Häfen enorm mit Blei belastet hätten. Somit ist die Herkunft des Bleis im Wasser nicht durch das altrömische Wasserleitungssystem, sondern die Schiffsverkleidungen zu erklären. In den Jahren 1953 – 1954 wurde auf dem Boden des Mittelmeers in der Nähe der Stadt Marseille (Grand Congloué, Frankreich) eine Unterwasserspedition von Frédéric Dumas und Jacques-Yves Cousteau gefunden und untersucht ein griechisches Schiff mit dem bleiverkleideten Rumpf von 3. Jh. v. Chr. Und das war kein einzelner Fund. Heute sind die Bleiplattenbeläge des Schiffskörpers bei den gehobenen Schiffswracks von Phönikern und Kretern durch weitere Funde festgestellt.

Die Gewohnheit ein Schiff mit Blei zu verkleiden, kam überall vor und war in der Antike bekannt. Leider wurde es im frühen Mittelalter total vergessen und erst im 16. Jh. in Spanien wieder entdeckt. Danach wurde diese Technik in der ganzen Welt verbreitet. Bis heute ist Bleimennige (rote Anstrichmittel, Pb_3O_4) ein sehr populäres Pigment auf Bleibasis, welches, um das Fouling zu behindern, zum Streichen der Unterwasserrümpfe der Schiffe verwendet wird.

Die Zusammenstellung und die Befestigung der einzelnen geschnittenen Gläser wurden im Mittelalter durch das Einfügen der bleiernen Rinnen zwischen Glasstücken ermöglicht. Die einzelnen Glasstücke bekamen durch die Verbleiung einer sicheren Halt und ergaben schließlich einen Bildzusammenhang.

Viel Blei wird in der chemischen Industrie bei der Herstellung der chemisch-beständigen Geräte, Anlagen, Vorrichtungen gebraucht. Aus Blei werden die Rohre, Rinnen, Teile der Pumpen, Reservoire hergestellt.

Blei verwendet man in Form des Bleitrinitroresorcinates (Bleitrizinat) als Initialsprengstoff in Sprengkapseln und Anzündhütchen.

Bleiarsenat $Pb_3(AsO_4)_2$ und Bleiarsenit $Pb_3(AsO_3)_2$ verwendet man für die Herstellung der Insektiziden zur Abtötung, Vertreibung oder Hemmung von Insekten.

Das die Römer sehr viel Blei aufgenommen haben, und zwar in Mengen, die auch zu klinischen Symptomen hätten führen können, ist keine Frage. Nur war die Quelle kaum das Trinkwasser, sondern Bleizucker, mit dem sie ihren Wein leckerer und haltbarer machten. Es ist wahrscheinlich, dass die Aussage, die Römer seien wegen einer schleichenden Bleivergiftung untergegangen falsch ist und wirklich ins Reich der Fantasie gehört. Das Römische Reich ist untergegangen, weil die Zeit gekommen war. Andere Reiche vor und nach dem römischen Imperium sind auch untergegangen.

Plinius mag gewusst haben, dass Blei giftig ist. Ob er aber auch wusste, dass die zuckrigen Bleiacetat-Kristalle giftig sind, kann ich nicht beantworten. Sie sehen jedenfalls nicht wie Blei, eher wie Zucker aus.

Aber selbstredend. Marcus Porcius Cato Censorius (gen. der Ältere) schreibt in „De re agricultura" ausführlich über dieses Thema (und andere). So auch Lucius Iunius Moderatus Columella in „De rerustica". Bis ins 19. Jahrhundert wurde Wein mit Bleizucker und Bleiweiß gesüßt. Man wusste schon, dass das nicht gesund ist. Aber das ist die Trinkerei sowieso nicht, sie ist vielleicht vergleichbar mit dem Rauchen.

Erwartet uns das Schicksal der Römer?

Anfang der neunziger Jahre des 20. Jhs. untersuchte Kevin J. R. Rosman (Australien) das grönländische Eis aus Bohrlöchern. Und hier folgte eine unerwartete Entdeckung: Die von ihm genommenen Gestaltmuster aus dem Zeitraum von 150 v. Chr. bis 50 n. Chr. zeigten eine Überschreitung der zulässigen Bleikonzentration um viermal. Die zylindrische Eisprobe, die aus der grönländischen 2-meilen-tiefen Eiskappe gewonnen wurde, brachte Beweise, dass karthagische und römische Bergleute, die im Süden Spanien arbeiteten, die globale Atmosphäre mit Blei füllten. Wissenschaftler in Australien und Frankreich bestimmt, dass die meisten der künstlichen Bleiverschmutzungen der Atmosphäre in alten Zeiten von den spanischen Provinzen Huelva, Sevilla, Almeria und Murcia kamen. Es ist logisch, dass man die Schuld am Untergang der Römer dieser Tatsache zuschreibt. An Südwest der heutigen Spanien wurden von Römern die Bleierze gewonnen. Dr. Rosman konzentrierte sich auf das Verhältnis von zwei stabilen Isotopen von Blei: Blei-206 und Blei-207. Die Isotopenanalyse zeigte deutlich als Hauptverursacher der Bleiverschmutzung den reichen Silber-Bergbau und die Schmelzbetriebe von der Bergbauregion Rio Tinto in der Nähe der modernen Stadt Nerva auf dem iberischen Pyritengürtel (Spanien). Diese Bergbauregion ist Archäologen bekannt als eine der reichsten Silberquellen der Antike. Etwa 6,6 Millionen Tonnen Schlacke blieben dort aus römischer Zeit noch übrig.

Die globale Nachfrage nach Silber stieg dramatisch nach der Einführung der Münze in Griechenland um 650 v. Chr. Aber Silber war nur einer der Schätze, das aus dem Erz gewonnen wurde. Die geschmolzenen sulfidischen Erze gaben den Römern auch eine enorme Ernte von Blei. Von Bleiminen ausgehende Gesundheitsgefahr war in der Antike bekannt. Vitruv und Plinius der Ältere warnten vor den Dämpfen, die bei der Verhüttung von Blei auftraten. Blei im menschlichen Organismus wird durch eine Analyse des Blutes bestimmt. Die Konzentration im Blut sollte nicht um 15 µg Blei/100 ml und bei schwangeren Frauen und Kindern nicht um 7 µg Blei/100 ml überschritten werden. Bereits bei einer Bleikonzentration im Blut von 50 bis 60 µg/100 ml gibt es Anzeichen von Depressionen, Aggressivität sowie Verschlechterung des allgemeinen Wohlbefindens im Verhalten einer Person. Es ist heute bekannt, dass Krankheitszeichen bereits bei Bleikonzentrationen von 0,1 µg/ml im Urin auftreten. Diese Blutkonzentration wird erreicht, wenn man acht Stunden lang einer Konzentration von 0,1 mg/m^3 (das ist die moderne Maximale Arbeitsplatz-Konzentration, s.g. MAK-Wert von Blei) in der Atemluft ausgesetzt war.

Die Muster, die zur Mitte des 18. Jahrhundert gehören (Anfang der industriellen Revolution), enthalten schon 25 Mal mehr Blei. Danach fand eine richtige „Invasion" dieses Elementes in Grönland statt: Seine Konzentration in den Mustern des Firnschnees, welche aus oberen Horizonten genommen wurden, bedeutet, dass sie unserer Zeit entsprechen, 500 Mal überschreitet sie das Niveau der natürlichen Blei-Grundbelastung. Noch reicher an Blei ist Schnee der europäischen Gebirge. So ist die Konzentration im Firnschnee aus den Gletschern der Hohen Tatra in den letzten 100 Jahren um circa 15 Mal gestiegen. Wenn man von einem Niveau der natürlichen Blei-Grundbelastung ausgeht, erweist es sich, dass in der Hohen Tatra, die sich in der Nähe der industriellen Regionen befindet, dieses Niveau um praktisch 200 tausendmal überschritten ist!

Bis heute sind die metallurgischen Betriebe, die Blei und Bleilegierungen herstellen, die Zentren der ökologischen Katastrophen der Regionen. Die Stadt Ust-Kamenogorsk ist das größte industrielle Zentrum der Republik Kasachstan. Als im Jahr 1952 das Bleiwerk in Betrieb genommen wurde, wurden die Stadtkliniken mit den Werksmitarbeitern, die unter akuten oder chronischen Bleivergiftungen litten, voll belegt. Im Anfang des 21. Jahrhunderts gelangten über 80 Tonnen der toxischen Stoffe pro Jahr mit einem großen Bleianteil in die Atmosphäre. Die Abfälle der Bleiproduktion von „Kazzink" werden ins unterirdische Wasser abgeleitet und kontaminieren dies mit Blei und den anderen toxischen Komponenten.

Wegen einer globalen Umweltverschmutzung ist Blei eine allgemeine Komponente von jeder Pflanze und Futter geworden. Pflanzenprodukte enthalten in der Regel mehr Blei als Tiere. Die Ursache eines Laubfalles liegt in einem höheren Bleigehalt in der Luft. Bei der Bleiabsorption durch die Bäume wird die Luft gereinigt. Während der Vegetationsperiode absorbiert ein Baum die Bleiverbindungen, die sich in 130 Litern Benzin befinden. Wenn Ahorn am wenigsten absorptionsfällig ist, sind Hasel und Fichte die anfälligsten. Die Baumseite, die den Autobahnen zugewandt ist, enthält um 30 bis 60% mehr Blei als die andere Seite. Die Nadeln von Fichte und Kiefer haben in Bezug auf Blei die Eigenschaften eines guten Filters. Sie sammeln es und tauschen es nicht mit der Umwelt aus.

Pilze, Moose und Flechten haben eine besondere höhere Bleianreicherung bis auf 64,8 Teile pro Million. Der uns bekannte Hafer und Klee beginnen bei einer Bleikonzentration von 50 Teilen pro Million das Wachstum zu verlangsamen, und ihre Ernte wird gesenkt.

Die Wissenschaftler untersuchten Boden und Vegetation in den Bereichen der metallurgischen Blei-Zink-Betriebe und Batterienhersteller. Ihre Messungen zeigten, dass im Boden die Bleikonzentration durchschnittlich über vierzig- bis fünfzigmal überschritten wurde. Mit diesem „Beifutter" steigt der Bleianteil in den Pflanzen sehr stark an.

Ein interessantes Merkmal ist bei den Pflanzen bekannt: Verschiedene Teile der Pflanzen reichern sich mit Blei anders an. Zum Beispiel enthalten die Blätter vom Salat und Sellerie deutlich mehr Blei als die Wurzeln, das Gegenteil ist bei Karotten und Löwenzahn der Fall.

Es ist eine höhere Absorption von Blei in Kohl und Wurzelkulturen bekannt und genau in denjenigen, die weit verbreitet für Lebensmittel verwendet werden. Zum Beispiel wurde ein hoher Gehalt an Blei in Kartoffeln beobachtet.

Wissenschaftler entdeckten ein interessantes Merkmal bei Zwiebeln. Es wurde festgestellt, dass mit einem Anstieg der Bleikonzentration im Boden oder in der Luft der Gehalt in der Zwiebel zunächst steil ansteigt. Also ist bei Zwiebeln ein „Bleifilter" nicht ganz zuverlässig. Was besonders merkwürdig ist: Die grüne Zwiebel und das gewöhnliche Knäuelgras erweisen sich am beständigsten gegen Bleiabsorption von allen untersuchten Pflanzen. Sie weisen den Bleigehalt nicht mehr als 4 Teile pro Million aus.

Die Wasserpflanze Eichornia, die überwiegend in Amerika wächst, überrascht die Wissenschaftler mit ihrer Fähigkeit, alle Chemiearten, insbesondere Blei zu absorbieren. Eichornia erweist sich als ein ausgezeichneter Arbeiter bei der Reinigung des Gewässers von chemischen Verbindungen. Dabei arbeitet sie sehr schnell. Dies erklärt sich aus der Tatsache, dass das Eichhorn lange, verzweigte Wurzeln hat. Es stellte sich heraus, dass nach der Sättigung von Metallen Eichornia nützlich sein kann. Nach ihrer Verbrennung kann man aus der Asche Metalle wie Blei, Quecksilber, Cadmium gewinnen.

Hier kann man die Geschichte über Blei beenden, obwohl wir noch kein Wort über den Namen dieses Elements sagten. Der Name „Blei" (latain plumbum, von plumbeus oder griechisch mólybdos: bleiern, stumpf, bleischwer) geht wahrscheinlich auf das Wort „bliwa" (mündlich „bli", „blio") um 800 n. Chr. zurück. Einer anderen Deutung zufolge ist das Wort eine Ableitung zu indogerma-nischem Ursprung bhlĕi, bhli an die Wurzel bhel – glänzend, schimmernd oder glänzend, und dann wäre das Metall nach seiner (bläulich) glänzenden Farbe benannt.

Es gibt viele Vermutungen über die Herkunft des Namens dieses Metalls. Einige Wissenschaftler behaupten, dass der griechische Name des Bleies mit einer bestimmten Region, in der es gewonnen wurde, verbunden ist. Andere verbinden den Namen mit Lateinwurzeln. Man kann zuverlässig sagen, dass Blei sehr oft mit Zinn verwechselt wurde. Im 17. Jahrhundert unterschied man zwischen plumbum album (weißes Blei, entspricht Zinn) und plumbum negro (schwarzes Blei – entspricht Blei). Man kann vermuten, dass für diese Verwirrung die mittelalterlichen Alchemisten verantwortlich sind, die „giftiges Blei" wegen der großen Anzahl der verschiedenen Namen ersetzten. „Familienfesseln" verbinden Blei mit noch einem Metall – Molybdän. In der Übersetzung der griechischen Sprache bedeutet „Molybdän" Blei. Erst als viele Jahrhunderte später aus dem Molybdänit ein neues Element Molybdän gewonnen wurde, nahm es dem Blei seinen altgriechischen Name weg.

Etwas Unerwartetes über das Goldene Vlies

„Der Widder, der das goldene
Vlies trug, war nicht reich".

Stanisław Jerzy Lec (polnischer Lyriker und Aphoristiker)

Der Feldzug der Argonauten nach Kolchis regt bis heute die Fantasie von Reisenden und Schriftstellern an. Er ist Objekt wissenschaftlicher Untersuchungen. Seit Jahrhunderten versuchen Forscher Einzelheiten über die Gestalt des Goldenen Vlies und die Gründe für den Feldzug der Argonauten herauszufinden. Einige meinten, dass dieser Feldzug „auf Handelsbeziehungen der alten Griechen mit den Ländern, wo Gold gewonnen wird" hinweisen, andere erklären das Goldene Vlies als „Regenwolken" und wieder andere glauben, dass das Goldene Vlies ein sonniges Licht sei. Die Flucht der Fürstenkinder Phrixos und Hella und ihr Tod wurden als Sonnenuntergang gedeutet und die Rückkehr des Goldenen Vlieses als Sonnenaufgang. Sicher verschwammen meist die Grenzen zwischen echtem Wissen und fantastischem Märchen über das Kolchis.

Je mehr man in die Geschichte des antiken Griechenlands eintaucht, desto realistischer erscheinen die in der Argonautensage erzählten Ereignisse.

Die Kolche kamen vom zentralen und westlichen Teil des kleinen Kaukasus. Das Königreich Kolchis entstand etwa im 12. Jh. v. Chr. und breitete sich in West-Georgien im Tal des Flusses Rioni und entlang der Küste des Schwarzen Meers im Gebiet der heutigen Städte Dablagomi und Wani aus.

In den Quellen von Urartus nannte man dieses Land „Kulcha". Es ist denkbar, dass Kolchis im 12 Jh. vor Chr. ein wirtschaftlich

*Michele Cortazzo: **Jason und das Goldene Vlies.*** National Archäologisches Museum, Neapel.

starkes Land war. In den alten Quellen wurde eine Stadt Kalchedon, welche im 5. Jh. vor Chr. an der Küste des Bosporus stand, erwähnt. Archäologische Ausgrabungen zeigten, dass auf den Territorien Kolchis ein solch reiches Reich existierte.

Der griechische Geograf Strabon (63 v. Chr. – 23 n. Chr.) schrieb: „Der Reichtum der Kolchis von Gold, Silber und Eisen war ehrliche Ursache des Feldzuges der Argonauten". Er vermutete auch einen realen Prototyp des Goldenen Vlieses und erwähnte goldhaltige Flüsse von Kolchis und einem Verfahren der Goldgewinnung „mittels zottigen Fells".

War es möglich mit dem bei antiken Autoren beschriebenen Verfahren Gold zu gewinnen? Die Reihe der Verfahrensschritte soll im Weiteren analysiert werden.

Zuerst wurde ein Schaffell genommen und in den Fluss eingetaucht. Danach wurde dies zwei Tage in klares Wasser gelegt.

Einem Fachmann, der früher Technologien der komplexen Gold- und Silbergewinnung aus Erzen und Konzentraten entwickelte und oft die Goldlagerstätten der ehemaligen Sowjetunion besuchte, fiel in dem mythologischen Text die sehr kurze Zeitspanne von nur bis zu zwei Tage auf.

Da eine Absetzung der Goldpartikel auf dem Haar des Fells ein rein mechanischer Prozess ist, wäre es denkbar, dass, je länger sich ein Fell im Wasser befindet, desto mehr Gold abgesetzt wird. Warum wurde dann die Zeit auf zwei Tage begrenzt?

In der modernen Praxis der Bearbeitung von goldhaltigen Erzen haben Windelschleusen (Plüsch und Cord) eine breite Verwendung. Sie werden für das Auffangen von feinen Goldpartikeln eingesetzt. Eine Windelschleuse besteht aus einer schiefen Oberfläche, welche mit einem Windel- und gerippten Gewebe abgedeckt ist und auf welcher die Erzpulpe mit einer dünnen Schicht durchgelassen wird. Dazu bewegen sich die schweren Goldpartikel in den unteren Teil der Pulpe und setzen sich auf dem Haar oder auf dem Gerippe des Gewebes ab. Dieser Prozess wird durch die Unterschiede der Wassergeschwindigkeit begünstigt, weil die Geschwindigkeit unten viel niedriger ist als auf der Oberfläche. Deswegen werden die größeren Gesteinspartikel, welche in Zonen der höheren Wassergeschwindigkeit kommen, von der Schleuse abgespült. Gleichzeitig werden die feinen Goldpartikel auf der Schleusenoberfläche abgesetzt.

Der Vorteil der Windelschleusen besteht in der Qualität des Goldkonzentrats, da sich die Goldpartikel auf den Windelschleusen absetzen, unabhängig von dem Zustand der Oberfläche. Die Konzentratausbeute beträgt ca. 0,5% mit einem höheren Goldgehalt.

Für eine effektive Arbeit der Windelschleusen ist es notwendig ganz bestimmte Arbeitsparameter wie die Strömungsgeschwindigkeit, die Tiefe der Strömung und die entsprechende Last (die Menge des abgegebenen Materials) einzustellen. Die Belastung auf eine Schleuse (q) wird in t/m^2 pro Tag angegeben und ist ein Gegenwert der spezifischen Fläche der Schleusen (q = 1/f). Wenn die Windelschleusen nur zum Ausbringen des feinen Goldes dienen, darf die Belastung auf die Schleusen bis zum 20 t/m^2 sein.

Eine erlaubte Belastung hängt von der Spülungsfrequenz der Schleuse, dem Material des Gewebes und anderen Parametern ab. Auf Basis experimenteller Daten kann man folgende Werte annehmen:

Erlaubte spezifische Belastung, (t/m^2 pro Tag)	Konzentratausbeute, %	
	Gewebe	
	kurzhaariges	langhaariges
<0,25	10,0 – 20,0	15,0 – 30,0
0,25 - 1,0	8,0 – 15,0	10,0 – 20,0
1,0 – 5,0	5,0 – 10,0	7,0 – 14,0
5,0 – 10,0	3,0 – 6,0	4,0 – 8,0
10,0 – 20,0	2,0 – 4,0	3,0 – 6,0

Bei einer höheren Belastung bildet sich auf der Schleuse eine dickere Erzpulpeschicht, was bei einer höheren Strömungsgeschwindigkeit zur Verschlechterung der Goldgewinnung und besonders der goldhaltigen Sulfide führt. In diesem Fall muss man die Spülung der Schleuse öfter durchführen.

Das Gewebe, welches ein sehr wichtiges Element der Windelschleusen ist, soll kein langes Haar haben. Die Länge des Haares hängt von den Arbeitsbedingungen der Schleuse und der Größe der Goldpartikel ab. In der Regel verwendet man bei einem groben Gold mehr Windelgewebe als bei feinem, weil in diesem Fall die Tiefe der Strömung die kleinste sein sollte. Wenn die Schleusen als Konzentrationsgeräte arbeiten, werden mehr glatte Gewebe verwendet, weil die groben Gewebe bei kleinen Belastungen, welche in diesem Fall benutzt werden, stark verschlammen.

Auf langhaarigen Geweben bekommt man eine höhere Goldgewinnung. Gleichzeitig wird das Konzentrat mit den groben Partikeln des tauben Gesteines stark verdünnt. Je kürze das Haar ist desto reicher ist das Konzentrat bei einer gleichzeitig niedrigeren Goldgewinnung. Ein anderer Nachteil der glatten Gewebe ist die Notwendigkeit sie oft zu spülen.

Ein wolliges Gewebe kann durch die Konzentratmenge pro $1\ m^2$ Gewebefläche zwischen zwei Spülgängen charakterisiert werden:

$$q = kg/m^2.$$

Wie man aus der Tabelle entnehmen kann, geben die verschiedenen Gewebe die folgenden Werte des Konzentrats von $1\ m^2$ des Gewebes zwischen zwei Spülvorgängen an:

Material	Konzentratmenge, kg/m^2
Plan	0,4 - 0,6
Cord (Corduroy)	0,8 - 1,8
Plüsch	1,6 - 2,0
Grobe Wollstoffe	2,0 - 2,5
Vlies	2,5 - 3,0

Eine große Bedeutung hat auch die Festigkeit des Gewebes, besonders bei einem grobkörnigen Material. Eine Abnutzung des Gewebes hängt von den Spülverfahren und von deren Frequenz ab. Ein Mittelwert der Abnutzungszeit ist für Cord bei den normalen Bedingungen (die Größe des Materials ist minus 0,5 mm, Spülungen seltener als in 8 Stunden) etwa bei 100 – 150 Tagen. Je feiner das Material ist, desto öfter soll das Gewebe gespült werden, desto höher ist das Ausbringen des feinen Goldes auf die Windelschleuse. Im anderen Fall findet eine Füllung des Haars mit taubem Gestein statt.

Es gibt auch moderne Verfahren, in welchen sich die sekundären Edelmetalle auf den, mit Polyelektrolyten imprägnierten Fließtextilgeweben, absetzen.

Illustration eines Schiffes aus Marmorrelief vom 2. Jh. v. Chr. Schiffsmuseum, Kirenia.

Gemäß der Mythologie lebten die Argonauten in der Mündung von Phasis (der altgriechische Name des Flusses Rioni) und fuhren mit der Flussströmung den Fluss entlang, wo sie im sumpfigen Dickicht eine ruhige Stelle fanden, um ihr Schiff zu verstecken.

Die Flüsse haben in West Georgien ihre Quellen in den Gletschern des Großen Kaukasus. Danach fließen sie durch die Schluchten, anschließend erweitern sie sich im kolchischen Flachland. Zuflüsse des Rioni sind Chanchachi und Qwirila. Die beiden fließen im Flachland sowie im Mittelgebirgsgebiet. Außerdem erstreckt sich der Fluss Inguri durch das Territorium des kolchischen Flachlandes.

Der Widder. Bronze, 520. v. Chr. Archäologisches Museum, Siracusa, Italien.

Erzvorkommen, zum Beispiel Goldvorkommen, bildeten sich in alluvialen Lagerstätten wegen des mit Wasser weggeschwemmten Berggesteines. Wenn Wasser durch die Berge fliest, greift dies den goldhaltigen Sand an und trägt diesen zuerst durch das Gebirge ins Flachland.

So wird klar, dass die in der Mythologie beschriebene Technologie der Goldgewinnung auf ein Widderfell eine realistische Basis hat, sowie eine periodische Herausnahme eines Fells aus dem Wasser, um eine Verschlammung und Verstopfung des Fells von taubem Gestein zu verhindern.

Der römische Geograf Pomponius Mela (15. – 66. n. Chr.) schrieb um ca. 44 n. Chr. „.... Im Meer mündet der Fluss Phasis, wo sich auch die gleichnamige Stadt befindet. Dort leben die Kolche. In der Stadt steht der Phrixos-Tempel. Es gibt einen Hain, welcher in der Legende über das Goldene Vlies berühmt wurde".

Strabon vermutete in seiner Geografie, dass der Hintergrund der Argonautensage das Begehren der Griechen nach den Bodenschätzen des Schwarzen Meeres war. In Griechenland war zu wenig der Gold- und Silberbergwerke und sehr wenig eigenes Metall. Die Goldgegenstände waren im antiken Griechenland ein Luxus. Nur Attika, besonders im Laurion-Gebirge, auf der Insel Phasos und in Kleinasien befanden sich die Silberlagerstätten. Im 6. - 5. Jh. v. Chr. wurden die Gold- und Silber-Bergwerke in der thasitischen Peraia (neben die Stadt Amphipolis) bekannt, welche erst in der Periode des Anstieges des Einflusses von Athen in Thrakien, von Athen übernommen und kontrolliert wurden. Im 2. Jahrhundert n. Chr. schrieb Appian im Mithridatischen Krieg, dass die Flüsse des Kaukasus reichlich Goldstaub führten: „Die einheimischen Bewohner halten dichtwollige Schafsfelle ins Wasser, in denen sich der Goldsand verfängt".

G. Agricola schrieb auch: „Kolchis ist wegen des Goldenen Vlieses in den Annalen bekannt, weil in dieser Region des Großen Kaukasus die kleinen und die großen Flüsse den Goldsand tragen. Da die Swanen, die einheimischen Bewohner von Kolchis, das Gold aus den in die Flüsse gelegten gelochten Holzplättchen mit Schaffellen gewonnen haben, erschienen Legenden über das Goldene Vlies".

Dieses Verfahren der Goldgewinnung blieb in den Bergregionen von Kolchis (in heutigen Swanetien) bis in die heutige Zeit erhalten. Die Ethnografen aus der ehemaligen Sowjetunion beschrieben in den 40er Jahren des 20. Jahrhunderts dieses Verfahren: „Ein Schaffell, welches auf einem Holz gespannt oder mittels eines anderen Verfahrens geglättet wurde, wurde danach in den Fluss getaucht und dort befestigt, sodass es nicht durch die Wasserströmung fortreißt und dass die Haare des Fells nach oben gehalten werden. Die Goldpartikel setzen sich auf dem nassen Fell ab. Nach einer bestimmten Zeit wird das Fell aus dem Wasser herausgenommen und auf dem Boden ausgebreitet, um zu trocknen. Das trockene Fell wird ausgeklopft, um die Goldpartikel aus diesem zu schütteln".

Obwohl das Widderfell als Werkzeug für die Goldgewinnung diente, konnte es mit dem verbliebenen Edelmetall nicht teurer als Gold sein. Gemäß der Legende hatte das Widderfell, welches in den Fluss getaucht wurde, einen sehr höheren Wert und war viel teurer als Gold.

Was kann das Goldene Vlies sein? Welches funktionale Äquivalent hatte es?

Zweifel sind angebracht, dass die Hellenen ein Schiff ausgerüstet haben, und die Helden von Hellas geheim auf eine schwierige und gefährliche Reise gingen, nur um in Kolchis ein Widderfell zu klauen. Für mich war klar, dass das kein Ziel des Feldzuges der Argonauten unter der Leitung von Jason sein konnte. Warum machten sie dann diese Schifffahrt? Plötzlich kam mir ein glänzender Gedanke in den Kopf.

Alle kleinen Stadt-Staaten, aus denen die Bewohner an dem Feldzug teilnahmen, hatten gleichzeitig ein eigenes Interesse am Goldenen Vlies. Für mich war es Neugier, warum der Königssohn Jason aus ganz Griechenland die einzelnen berühmten Helden allein rekrutierte. Das kann man nur so erklären, dass das Argo-Team geheim angestellt wurde und dies eine Truppe der besten erfahrensten Kämpfer von Hellas war. In der Legende zeigte dieses Team in den Kriegen eine hohe Kampfkunst. Viele Feinde wurden getötet, kein Argonaut wurde verletzt.

War Jason ursprünglich der Reisende und zurückkehrende „Heilmacher", welcher diese Reise durchführen sollte, um etwas sehr Wichtiges zum Heil des Landes heimzuholen? In allen Vorhaben bekamen Argonauten Hilfe von Hera. Hera rettet das Schiff vor der tödlichen Gefahr, wies den Argonauten „ein glückverheißendes Zeichen" nämlich einen Kometen, die Richtung, in die sie fahren sollten und führt es ans Ziel. Aber warum beschützt die Bewahrerin des Heimes sie? Logischerweise sollten die Argonauten Hermes, der der Helfer für die Reisenden war, als Schutzpatron nehmen. Das bedeutet, dass diese Schifffahrt eine sehr bedeutende staatliche Aufgabe hatte, dass das ganze Griechenland sich wie eine Familie fühlt und die besten Söhne von Griechenland an diesem Feldzug teilnahmen. Dann ist klar, warum die Göttin Hera als Schutzpatronin genommen wurde.

Dazu kommt noch die Frage, warum die Griechen, in der Legende über die Helden von Hellas, große Aufmerksamkeit auf die fremdländische Medea richteten, welche nach ihrem Verständnis eine Barbarin war. Warum verdiente sie so hohe Aufmerksamkeit? War Jason bis zur Raserei in Medea verliebt um die Tochter des dortigen Herrschers zur Frau zu nehmen? Oder war Medea also von Jason „auf griechische Art" überwältigt und zum Beischlaf genötigt worden?

Medea ist die Tochter des Königs von Kolchis. In Kolchis folgten die Argonauten jedem Schritt von Medea, als ob man Wild verfolgt: „Arg ordnete seinen Kämpfer an, dass sie am Platz bleiben sollten und verfolgen sollten, was die Jungfrau denkt und macht".

Und wahrscheinlich nicht ohne Grund. Weil die Zahl der Dienerinnen, die Medea bei ihren Ausflügen aus dem Palais begleiteten, mehr nach einer Schutzeskorte aussah. Die Frage ist, ob die Königstochter eine repräsentierende Hohepriesterin des Tempels der Hekate war, welche ihr dann sehr half?

Wie bekannt ist, wurden in der Antike alle Technologien, wie die Herstellung der Metalllegierungen und deren Bearbeitung sowie die Juwelenproduktion, die ein Staatsgeheimnis waren, nur in den Tempeln durchgeführt und die Rezepturen waren ein Geheimnis der Priester. Ein griechischer Tempel war keineswegs nur wie ein heutiges Kirchengebäude der Ort des Kontaktes mit einem Gott. Eher entspricht er einem mittelalterlichen Klosterbetrieb, der weit über seine religiöse Komponente hinaus auch wirtschaftlich bedeutsam war. Ein Tempelbau hatte funktionale Anlagen wie beispielsweise das Goldhaus zur Herstellung von Schmuck, eine Metallwerkstatt und eine Gerberei. Entsprechend gibt es elaborierte administrative Strukturen, welche die verschiedenen Spezialisten sowohl für religiöse Rituale als auch für praktische Belange zusammenbringen. Ein Beispiel der Nähe zwischen Kult und Metallurgie können wir im Königreich Kition auf Zypern beobachten. Dort existierte im 12. Jahrhundert vor Christus ein mehrere Tempel umfassendes Areal, zu dem auch ein Komplex von Bronzegießereien gehörte in welchem Öfen, Kupferschlacken und Tiegel gefunden wurden. Diese Metallwerkstätten standen wohl unter direkter Verwaltung des Tempels und konnten durch einen Durchgang betreten werden.

In diesem Sinn war der oft von Medea besuchte Tempel der Hekate keine Ausnahme. Besonders, weil man in der Legende davon sprach, dass die Göttinnen Hera und Athene Hekate besuchten mit der Bitte Jason zu helfen das Herz von Medea zu erobern.

Das zeigt, noch bevor die Argonauten nach Kolchis kamen, wusste Jason genau, mit wem er Kontakt aufbauen sollte, um seine Aufgabe zu erfüllen. Das war Medea.

Athena Parthenos of Varvakeion.
Kopie aus Puschkin-Museum, Moskau.
Original 447 - 438 v. Chr. im
Archäologischen Museum in Athen.

Hier gibt es keinen Platz für die Liebe von Jason zu Medea. Kein Zweifel, dass die Entführung von Medea das Hauptziel des Feldzuges der Argonauten nach Kolchis war.

Eugène Delacroix: Medea (Médée
furieuse). 1838, Louvre, Paris.
(Wikimedia Commons)

Dies erklärt die geheimnisvolle Vorbereitung der Schifffahrt, da die Aufgabe die Entführung der Bewahrerin der Geheimnisse der metallurgischen und Juwelenproduktion war; mit anderen Worten der Bewahrerin der Staatsgeheimnisse. Medeas Rolle wird schließlich eine metallurgische Produktion in Griechenland aufzubauen. Trotzt, dass Jason seine Aufgabe gewissenhaft erledigte, brachte diese ihm kein Glück, keinen Ruhm oder Reichtum. Er wurde von allen vergaßen, und trieb sich herum, bis er zufällig auf das verlassene und schon halbverfallene Schiff „Argo" stieß. Unter seinem Schatten schläft und stirbt Jason, als, natürlich gemäß dem Götterwillen, die Reste des legendären Schiffes auf ihn stürzen.

Wo liegt die Ursache des tragischen Endes der Legende?

Man kann vermuten, dass Medea, welche die Technologien der Gewinnung und Bearbeitung der Edelmetalle, Geheimnisse der Juwelenproduktion und des Goldenen Vlieses kannte, den Griechen nicht helfen konnte. Wegen der geologischen Unterschiede hatte Griechenland keine Kupfer-, Eisen- oder Goldvorkommen. Medea konnte nicht helfen, aber der Feldzug der Argonauten war nicht nutzlos, weil man die Entstehung dieser Legende so erklären kann, dass Jason und die Argonauten einen Weg in das Schwarze Meer gefunden haben und ins frühere Märchenland Kolchis eindrangen. Seit dem 2. Jahrtausend v. Chr. zog dieses heißersehnte Land die Bewohner von Mykene an. Sie gingen ein gefährliches Abenteuer im Schwarzen Meer ein, um die Metalle sowie Rüstung und die Arbeitswerkzeuge, die in dem fernen Land hergestellt wurden, zu bekommen.

Seit etwa dem 15. Jh. v. Chr. konnten die Schiffe aus der Ägäis sporadisch in das Schwarze Meer fahren. Diese Abenteuer erlebten mutige, nur weniger von Glück begünstigte, kühne Seefahrer oder Piraten. Die kurzen Erwähnungen darüber kann man bei den antiken Autoren wie Fukidid und Strabon finden. Als etwa 1200 v. Chr. die mykenische Zivilisation zerstört wurde, wurden die fernen Schifffahrten beendet. Die Geschichten über diese heldenhaf-

ten Feldzüge lebten über die Jahrhunderte hinweg weiter, genauso
wie über das reiche Land Kolchis.

Spätestens zu Beginn der griechischen Kolonisation entlang der
Südküste des Schwarzen Meeres im 8. – 7. Jahrhundert v. Chr. gab
es eine mündliche Überlieferung, welche den Kern der Argonautensage enthielt und sich auf die Region im Osten des Schwarzen
Meeres bezogen haben muss. Im 8. Jahrhundert vor Christi wird in
der griechischen Literatur das Land Kolchis erstmals erwähnt, dessen Blütezeit wohl in dieser Zeit lag.

Die Stämme, die die Kolchis Kultur trugen, kannten Eisen wahrscheinlich ziemlich früh. In früheren Ausgrabungen fand man selten Arbeitswerkzeuge aus Eisen, die identisch zu denen aus Bronze
aussahen und eine praktisch moderne Form hatten. Das hohe Niveau der Bronzeindustrie in Kolchis störte die Ausbreitung von Eisen. Seit der ersten Jahrhunderte des 1. Jahrtausends v. Chr. fand
langsam eine Zunahme von Eisenanwendungen statt. Innerhalb
der ganzen ca. 4000 Jahre der Metallgeschichte des Kolchis haben
wir zufällig über die eisenzeitliche Bronze- und die Eisenmetallurgie, welche in Kolchis ziemlich lange Zeit nebeneinander existierten, die besten Kenntnisse. Im frühen Stadium der Eisenherstellung
wurde Eisen meistens für die Rüstungsproduktion verwendet. In
der Wirtschaft wurden meistens Hauswerkzeuge aus Bronze benutzt. Seit Mitte der ersten Hälfte des 1. Jahrtausends v. Chr. erreichte die Eisenherstellung in den Flachland- und Mittelgebirgsge-
bieten von Kolchis langsam ein höheres Entwicklungsniveau. In
heutiger Zeit sind die Reste der eisenschmelzenden Werkstätten
dieser Periode gut bekannt.

Entstehung und weitere Entwicklung der Kultur von Kolchis
begünstigte möglicherweise die Anwesenheit von reichen Metallvorkommen, wie zum Beispiel die Kupfervorkommen in der Was-
serscheide von Tschorochi. Genau in diesem Teil West Georgiens
sind die Bronzegegenstände der früheren Etappe der späten Bronzezeit begraben. In dieser Periode stand die Metallbearbeitung auf

ziemlich hohem Niveau. In Südwest Kolchis wurden viele vergrabene Gegenstände, sogenannten "Gießervergrabungen", die meistens aus stillgelegten landwirtschaftlichen Werkzeugen und Metallbarren bestanden, gefunden. Zur gleichen Zeit waren neben dem metallurgischen Zentrum in Tschorochi in Süd Kolchis auch kleine metallurgische Produktionen, wo die metallischen Werkzeuge überwiegend aus arsenhaltigem Kupfer hergestellt wurden.

Im Oberlauf des Rioni stand die Metallurgie in dieser Periode auf einem hohen Niveau. In der Umgebung der Dörfer Ghebi und Uravi wurden mehrere Spuren der antiken Erzgruben, wo Kupfer, Antimon und Arsen gewonnen wurden, gefunden. Es wurden die verschiedensten Arbeitswerkzeuge, wie große Steinhammer, Mörser, Holztroge für das Erz entdeckt. In der Nähe der Erzgruben fand der Prozess der weiteren Erzbearbeitung statt. Es wurden Reste eines antiken Ofens und die Fragmente der Gießformen gefunden.

In Georgien fanden Wissenschaftler ca. 50 Kilometer südöstlich von Tiflis, in dem Bergbaugebiet Sakdrisi-Kachagiani, Gruben, die bis zu 30 Meter tief in die Erde gingen, Arbeitswerkzeuge der alten Bergleute, keramische Gefäße, Reste von Holzkohle, mit welchem das Erz geröstet wurde und Steine für die Erzzerkleinerung. Eine Expertise zeigte, dass hier die Goldgewinnung aus den hydrothermalen Quarzadern 3400 - 3000 v. Chr., dies bedeutet vor über 5000 Jahren, durchgeführt wurde. Das heißt, dass die Golderzgrube Sakdrisi die älteste Goldgrube der Welt ist.

Dies könnte zu metallurgischen Überlegungen angeregt haben. Vielleicht stand am Anfang metallurgischer Erkenntnisse ein zufälliger Fund, sei es von gediegenem (reinem) Metall wie das glänzende Flussgold aus Gebirgswasser oder sei es ein metallreiches Erz, das wegen seiner Farbe Interesse weckte. Kenntnisse, Gold zu schmelzen und zu bearbeiten, lassen sich auf 3000 v. Chr. zurückführen und liegen auch wegen der fast gleichen Schmelzpunkte von Gold (1063°C) und Kupfer (1083°C) nahe. Die Kolche stellten

Gold von Kolchis, Tiger. Gold, um 2600-2300 v. Chr. (klein als ein Streichholzbriefchen). Georgian National Museum, Tbilisi.

Gold von Kolchis, Anhänger. Gold, um 3. Jt. v. Chr. Georgian National Museum, Tbilisi.

bereits sehr kunstfertigen Goldschmuck her, wie archäologische Funde zeigten.

Um 3000 v. Chr., zu Beginn der frühen Bronzezeit, gelangte Wissen aus dem Kaukasus nach Griechenland (Beginn des Frühhelladikums), wo bereits Goldschmiedekunstwerke in die Alltagswelt Einzug fanden.

Wahrscheinlich waren die lokalen Metallvorkommen nicht ausreichend, sodass die Minoer gezwungen waren, sich Gold und auch Kupfer aus anderen Gebieten zu beschaffen.

Bei systematischer Suche wurden im Territorium des ehemaligen Kolchis hunderte Goldgegenstände und Schmuck gefunden, sodass zusammen mit der historischen Überlieferung und archäologischen Funden, wie zum Beispiel Schmelzöfen, Gussformen, und Schlacken das Vorhandensein ausreichender lokaler Goldschmieden angenommen werden kann. Für eine entwickelte lokale Metallurgie sprechen auch zahlreiche und beweiskräftige Indizien für die Verarbeitung von eingeführtem Metall aus der Kaukasus-Region: Schmelzöfen in der Gegend von Wani.

Die archäologischen Grabungen, die in der letzten Zeit durchgeführt wurden, zeigen eindeutig, dass die Kontakte zwischen den Bewohnern der ägäischen Region und dem Kaukasus noch in der antiken Zeit gewesen waren. Die zahlreichen Funde auf dem Territorium von Troja zeigen, dass die Goldgegenstände, welche zur frühen Bronzezeit gehören, eine kaukasische Herkunft haben. Sie bestätigen, dass noch 2500 – 2200 v. Chr. zwischen den zwei Regionen, Kaukasus und Troja, enge Beziehungen herrschten.

1961 wurden in der Nähe der kolchischen Stadt Wani bei einer Ausgrabung über tausend Goldgegenstände gefunden. Nach diesen Funden, zusammen mit anderen, die gleichzeitig gemacht wurden, wurden die Streitigkeiten über die Realität des Landes des Goldenen Vlieses aus den antiken Mythologien und Legenden beendet. Man hat keinen Zweifel daran, dass dieses reiche Land mit Städten, höherer Kultur und stark entwickelter Metallherstellung existierte.

Bei der Legende über das Goldene Vlies kann man, wie bei anderen Mythologien, keine reinen wissenschaftlichen Kriterien anwenden, die die Wahrheit bestätigen oder widerlegen, da der Inhalt dieser Legende teilweise Produkt der Fantasie ist. Man kann hier die Meinung von Sir Edward Burnett Tylor teilen, „jeder von uns könnte sich gemäß seiner Fantasie in der Kunst der allegorischen Erklärung der Mythologie üben".

Die Entwicklung der Goldindustrie in Russland
Gewinnung und Verarbeitung

„Gold wird durch Feuer geprüft"

Amerikanisches Sprichwort

Erst seit 4000 - 5000 Jahren v. Chr. haben wir zuverlässige Informationen über die Goldgewinnung.

Lange Zeit kannte man zwei Formen von Gold: Gold aus Erz und Seifengold. In der Natur kommt Gold fast immer metallisch vor, nicht selten mit Silber oder Kupfer legiert, manchmal auch mit Palladium. Seit prähistorischer Zeit wurden in der Welt mehr als 100000 Tonnen Gold gewonnen, inklusive ca. 12000 Tonnen allein in Russland. Russland gehört zu den Weltführern der Gewinnung und Förderung, ebenso stellt die Metallurgie einen Grundpfeiler der russischen Ökonomie dar.

Die Gewinnung und Verarbeitung der Goldindustrie in Russland war geprägt von tiefen Einschnitten im Machtgefüge und den Herrschaftsverhältnissen.

Sicherlich entscheidend für die tragende Rolle von Russland in der Weltgeschichte sind die Rohstoffvorkommen, mitunter die große Fläche und der technologische Fortschritt, der von verschiedenen Interessen geleitet wurde. Im Gegensatz zu anderen Förderländern wurde in Russland zuerst die Berggoldgewinnung erschlossen und erst allmählich das Seifengold resp. Waschgold.

Erst mit dem engeren Kontakt zum Westen, auch geprägt durch Kriegswirren, kam der Wissenstransfer. Eine Ausweitung der Schürfzonen Richtung Osten erfolgte in der jüngeren Vergangenheit.

Die Entwicklung der Goldindustrie im Alten Russland und im Großfürstentum Moskau

Schaut man den Kremlschmuck an, kann man nicht sagen, Russland verfüge über wenig Gold. Die Frage ist, ob es sich um das wahre Gold handelt. Leider gibt es aber keine Überlieferungen über die Lagerstätten oder Goldgewinnung in alter Zeit. Der Historiker Herodot und der Geograf Strabon berichteten im 5. Jh. v. Chr. bzw. im 1. Jh. v. Chr. über große Vorkommnisse von Gold, Silber und Kupfer östlich des Urals.

Handblasbalge und Fundgegenstände *aus einer alten Mine nahe der Stadt Minusinsk. Holzschippe und Bronzepickel.*

1. *Irtysch* **2.** *Altai chudische Minen Ridderskoe (Leninogorsk)* **3.** *Minusinsk, Jenissey* **4.** *Transbaikalien* **5.** *Nertschinsk* **6.** *Schilka Fluss* **7.** *Fluss Arguni* **8.** *Omsk* **9.** *Semipalatinsk* **1.** *Ust-Kamenogorsk* **2.** *Barnaul* **3.** *Yakutsk* **4.** *Krasnojarsk* **5.** *Alatau* **6.** *Kolyvan* **7.** *Salairski-Gebirge* **8.** *Steinige Tunguska.*

Spuren der uralten Produktionslagerstätten wurden in vielen Bergregionen, u.a. des Ural und Altai, gefunden. Gold wurde auch in der Region Asow gewonnen. Im 9. Jh. n. Chr. wurden die Slawen von den asiatischen Nomaden aus der Asow-Schwarzmeer-Region vertrieben und verloren dadurch die Rohstoffhauptquellen. Die wichtigen Metalle bekamen sie zuerst aus Byzanz und danach aus Westeuropa.

Wladimir den Heiligen (978 - 1015) begann die Suche nach Edelmetallen. Aber eigenes Gold wurde in Russland erst im 18. Jh. entdeckt und gewonnen.

Die Überlieferungen über die Goldgewinnung und Ausarbeitung entstanden erst Anfang des 15. Jhs. Die Suche wurde mit besonderen Tastern aus Gerten, die Gewinnung mit Schippen und Pickeln durchgeführt. Ein Mensch konnte ca. 750 kg Erz am Tag gewinnen. Dennoch konnte die Tiefe des Bergbaus nicht unterhalb des Grundwasserspiegels sinken. Zur Erzforderung wurden Ledertaschen, Weidenkörbe und Holztröge verwendet, ausgemeißelte und behauene Stufen wurden als Leitern in den Minen eingesetzt. In sibirischen Archiven finden sich Jahrhunderte alte Informationen über die sogenannten Chudischen Minen, die als Grundlage für die im 18. - 19. Jh. gegründeten Syrjanowskoe, Ridderskoe und viele andere polymetallische Lagerstätten dienten.

Die chudischen Bergmänner gewannen die reichen, niedrigschmelzenden Erze aus den oberen Sohlen der Lagerstätten, Das Gestein und die Erzreste wurden nahe den Förderstellen weggeworfen und bildeten weit herum sichtbar große Dämme. Bei einer Schnitttiefe von 8 - 10 Metern wurde die Arbeit Untertage fortgesetzt. Die Stollen folgten dem Verlauf des Erzkörpers mit einer Höhe zwischen 30 cm bis drei Meter. Nur ein bis zwei Menschen konnten gleichzeitig in den schmalen Sohlen arbeiten. Die Spuren der altertümlichen Arbeiten gehen bis in eine Tiefe von 30 - 35 Metern. Eine künstliche Belüftung existierte zu dieser Zeit nicht, was die Arbeitsbedingungen weiter erschwerte. Die oberflächliche Förderung profitierte vom Tageslicht, während in den tieferen Stollen zur Beleuchtung Dochte und Holzspäne Verwendung fanden.

Das zerkleinerte Erz wurde direkt in den Gruben geröstet und zu den Siedlungen transportiert, wo es in Feuerstellen mit Handblasbalgen geschmolzen wurde. Bergleute und Forschungsreisende des 18. Jhs. fanden Reste eines altertümlichen Schmelzofens.

Karte des Moskauer Fürstentums aus dem Jahre 1600.

Zahlreiche altertümliche Funde wie Tontöpfe, Schmelztiegel, Gussformen, Reste von Metallen und Schlacken zeigen eine Verbreitung der Metallurgie in Russland. Im Rudny Altai Gebiet, das südwestlich vom alten Minusinskiy Talkessel liegt, wurden fast alle bekannten Erzlagerstätten gefunden.

Goldnugget „Großes Dreieck".

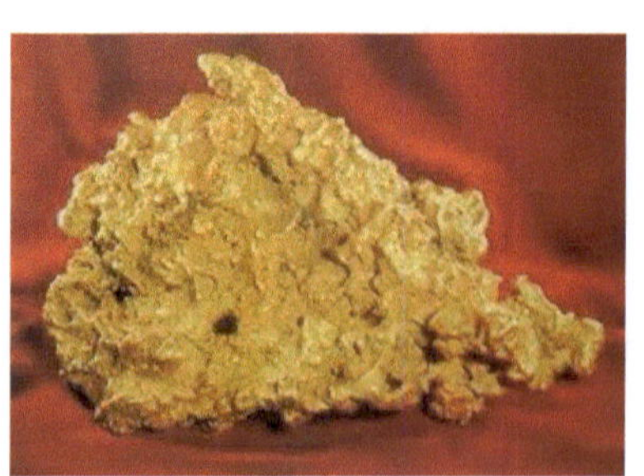

Im Smejnogorsk Bergwerk wurde ein Ledersack mit den reichen Erzen, Kupfer-, Bronzepickeln und Steinhammer entdeckt. Im Fluss Schulba in der Nähe der Mündung in den Fluss Irtysch wurden fünf Schmelzöfen mit Schlackenresten gefunden. Es wird vermutet, dass hier früher die weichen, lockeren goldhaltigen Erze ausgegraben wurden. Der Wendepunkt in der Entwicklung der Bergindustrie der Buntmetalle in Russland fängt mit der Gründung des Großfürstentums Moskau Ende des 15. Jhs. an. Unter Zar Iwan III. wurde der Ural, das Gebiet Perm und die Uralgebirge von Russland annektiert. Es wurde dort weder Gold noch Silber gefunden. Im Jahr 1488 fragte Iwan III. den ungarischen König Matthias l. und im Jahr 1489 den deutschen Kaiser Friedrich III. nach Bergleuten, die im gleichen Gebiet auch keine Erzlagerstätten fanden.

Im Jahr 1491 bereitete Zar Iwan III. eine Expedition in den Unterlauf des Flusses Petschora vor, wo schlussendlich Lagerstätten mit Kupfer und Silber im Zilmabecken entdeckt wurden.

Die Initiative von Iwan III. wurde von Iwan IV. (1530 - 1584), auch Iwan der Schreckliche genannt, fortgeführt. Der Auftrag umfasste zahlreiche Expeditionen und die Suche nach Lagerstätten. In seinen Schreiben forderte er permanent die Suche nach Eisen-, Silber-, Zinn-, Kupfer- und Bleierzen. Außerdem wurden Bergmänner aus Italien zur Unterstützung herbeigerufen.

Die polnische Intervention im Jahr 1612 trug wesentlich zum Rückstand in der Technik und technologischen Entwicklung bei. Nachdem sich Russland von den Kriegswirren mit Schweden und Polen erholt hatte, investierte die Regierung erneut in die Erzsuche.

In den Archiven aus damaliger Zeit finden sich Berichte über die Erz- und Goldsuche. 1643 veranlasste Zar Michail Fjodorowitsch eine Expedition zum Fluss Schilka mit dem Ziel Silbererze zu suchen. Während des 17. Jahrhunderts organisierte der Staat etwa zwanzig solcher speziellen Expeditionen.

In der Bucht Kandalakscha am Weißen Meer wurden große Mengen an Silber gefunden.

Das 1637 gegründete Sibirienamt spielte eine wichtige Rolle bei der Suche nach Silber- und Golderzen.

Die Mineralressourcen lockten Staatsmänner in den Ural sowie nach Sibirien, Zar Alexei Michailowitsch machte sich Sorge über die neuen sowie die alten Lagerstätten.

Im Jahr 1648 wurden Silbererzvorkommen in Transbaikalien gefunden. Dabei entwickelte sich in Nertschinsk zum Ende des 17. Jhs. ein bergindustrielles Zentrum mit Blei-Silber-Produktionslagerstätten.

Suchmethoden zur Schürfung der Erze im 16 - 17. Jh.

Dabei wurde die Landschaft anhand der Angaben zur Aufdeckung der Bodenschätze durch Einheimische untersucht. Expeditionsmitglieder nutzten gleichermaßen diverse Anzeichen für Auffindung der Erze oder Flözen: nach der Art der Vegetation, Salzgehalt der bergbaulichen Arten, Geruch in der Luft, Aussehen der Flussufer, Aussehen des Schnees. Vorkommen von Eidechsen und Schlangen wurden als ein positives Zeichen zur Auffindung der Erze gewertet. Bei bestimmten Anzeichen, z.B. Weidenrinde, wurden Schürfproben genommen. Die Weide wurde als Hinweis auf unterirdische Erze und Gewässer betrachtet.

Die Erzproben wurden anschließend nach Moskau in das Sibirienamt gesandt, wo die Schmelzversuche durchgeführt wurden. Das Erz wurde anschließend nach dem Verhältnis der Gewichte der Muster und Produkte bewertet. Bis zum Ende des 17. Jhs. gab es in Russland kein eigenständiges Hauptzentrum der Bergindustrie. Die Leitung des Bergwesens wurde von diversen Ämtern und Behörden angeführt.

Die Analyse der zugänglichen Dokumente erlaubt die Annahme, dass in der zweiten Hälfte des 17. Jhs. die Kompetenz des Bergwesens, sowie der Einkauf von Kupfer zuerst in Händen des

Geheimdienstes, einer Botschaft, eines Amtes des Staatsschatzes, des Sibirienamtes, der Waffenkammer und seit 1660 auch des Amtes des Großen Palais gewesen sein muss. Jedes dieser Ämter hatte seine eigenen Pflichten und Zuständigkeiten.

Der chaotische Zustand der Verwaltung im Bergwesen entpuppte sich als ein sehr ernstes Hindernis für die Ausbreitung des bergbaulichen Gewerbes. Die Leitung des Bergwesens und der Bergwerke wurde an die zuständigen Bezirke abgegeben, in denen die Erze gefunden wurden. In den anderen Fällen wurden die Betriebe von privaten Personen geleitet. Es dauerte ein ganzes Jahrhundert, bis die Staatspolitik Ende des 17. Jhs. eine einheitliche Leitung der Bergbauarbeiten einführte.

Die Erzsuche in Russland intensivierte sich im 16. - 17. Jh. und Anfang des 18. Jhs. während der Herrschaft Peter der Große (1689 - 1725), bis schließlich eigenes Gold gewonnen werden konnte, jedoch in kleinen Mengen und als Nebenprodukte aus der Bearbeitung der Polymetall- und Silbererze. In Russland wurde Gold zuerst aus silberhaltigen Erzen als Nebenmetall gewonnen. Allmählich wurden goldhaltige Erze und Sande verarbeitet.

Peter der Große gründete im Jahr 1700 zuerst ein Bergbauamt und 1719 das Bergkomitee (seit 1722 genannt Bergkollegium, seit 1807 Bergdepartement). Außerdem erlaubte er „allen und jedem, ohne Titel, gleich wo, auf dem eigenen oder fremden Boden das Suchen, Graben, Schmelzen und Raffinieren aller Metalle und Minerale".

Im Falle eines positiven Probenergebnisses wurde eine Belohnung versprochen. Falls jedoch jemand ein Erz fand und dies verschwieg, wurde er bestraft.

1. *Nertschinsk; 2. Aldan;*
3. Anadyr.

Kaufmann Langusov aus der Stadt Nertschinsk informierte 1697 den Zaren über goldhaltigen Sand in China. Am Fluss Arguni hinter dem Baikalsee, nahe der chinesischen Grenze, wurde im 1676 - 1678 ein silberhaltiges Bleierz entdeckt.

Goldwaschmaschine in Nertschinsk.

Goldwäsche im Ural. Von einem Floss wird der goldhaltigen Fluss sand ausgeschöpft und sofort an Land gesiebt und verarbeitet.

Ab 1698 begann die Silbergewinnung in der Nertschinsk Produktionsstätte und im Schilkabecken.

Im Altai-Gebirge wurden die Silbererze später als in Transbaikalien entdeckt. Darüber hinaus wurde eine Angliederung an Russland, ausgehend von der Entdeckung der Silbererze, vorangetrie-
ben. Peter der Große entsandte eine Expedition zum Fluss Irtysch.
Hier entstanden später die Siedlungen Omsk, Semipalatinsk und
Ust-Kamenogorsk. Mit dieser Expedition begann die Erschließung
des Altai-Gebiets.

Nach der Friedensschließung von Nystad mit Schweden ordnete Peter der Große die Beschriftung auf den Gold- und Silberme-
daillen „aus Hausgold und Haussilber" prägen zu lassen. Im Jahr
1773 wurde in St. Petersburg eine Bergschule eröffnet, die später in
das Bergbauinstitut umbenannt wurde.

Die Gründung der Russischen Akademie der Wissenschaften im
Jahr 1724 förderte maßgeblich die schnelle Entwicklung der Berg-
bauindustrie.

Im 18. Jh. wurde Gold aus Silber- und Bleierzen nur als Nebenprodukt in Transbaikalien im Nertschinsk Bergbau gewonnen. Pro
Jahr wurden drei bis 6 Tonnen von goldhaltigem Silber in der Nertschinsk Produktionsstätte gewonnen, die nach der Verarbeitung
0,45 – 0,9 kg Gold entsprachen. Gleichzeitig wurde Gold aus den
polymetallischen Erzen in Altai in den Silberbergwerken gewonnen.

Kupfer-Blei-Zink-Erze aus dem Altai-Gebirge, die mehr Silber
enthielten als die transbaikalischen Erze, wurden seit 1726 von
Akinfii Demidow verarbeitet. Demidow baute in Altai Kolyvanskiy
(1729) und Barnaulskiy (1744) Produktionsstätten, die den Beginn
der Kolyvano-Voskresenskiy-Bergregion machten.

Kolyvano-Voskresenskiy-Produktionsstätten gewannen über
viele Jahre mehr als 16 Tonnen jährlich vom goldhaltigen Silber,
während die Ausbeute seit 1726 ca. 330 kg Gold im Jahr betrug.

Trotz eines Erlasses von Peter dem Großen aus dem Jahre 1700 über die Mitbenutzung der Goldbergwerke durch die Bürger, blieb die Goldgewinnung über einen langen Zeitraum Staatsmonopol. Erst seit 1812 ermöglichte ein Erlass die Suche und Verarbeitung von goldhaltigen Erzen durch Zar Alexander I. Nach dem Versuch von Akinfii Demidow Gold und Silber zu gewinnen, wurden seine Kolyvanskiy-Produktionsstätten beschlagnahmt und 1747 an den Staat übergeben. Andreas Bär wurde 1747 als Leiter der Kolyvano-Voskresenskiy-Produktionsstätten ernannt. Nach seinem Tod folgte ihm Johann Samuel Christiani. Altaischer Strom des goldhaltigen Silbers (Erzflötz) vereinigte sich damals mit dem Strom des goldhaltigen Silbers aus den Nertschinsk Produktionsstätten, die Mitte des 18. Jhs. tausende Kilogramm von goldhaltigem Silber herstellten. Das Altai-Berggebiet mit den reichen Edelmetalllagerstätten gehörte bis 1917 der Zarenfamilie.

Im Laufe der Zeit wurden in Russland jährlich bis 400 kg Gold aus den polymetallischen Erzen gewonnen.

1732 wurde das Silbererz auf der Bäreninsel in der Arktis gefunden, 1747 ging in Jekaterinburg die Meldung über Vorkommen von Silbererzen in Yakutsk ein. Jedoch wurde z.B. in Yakutsk das Erz nicht aktiv ausgebeutet. Heute stellt aber Yakutsk die Hauptregion dar. Die klimatischen Bedingungen erschwerten in dieser Region die Förderung.

Nach der Angliederung des Südural-Gebiets an Russland im auslaufenden 16. Jh. veranlasste Peter der Große die Gestaltung der ersten Berg-Produktionsregionen. Die Geschichte der Goldindustrie in allen Ländern fängt bei einer Erfindung und Entwicklung der Lagerstätten mit Seifengold an. Die russische Goldindustrie stellt dabei eine Ausnahme dar, da zuerst das Berggold entdeckt und gewonnen wurde und erst mehr als 50 Jahre später das Seifengold. Seine Suche wurde von Zar Peter dem Großen verlangte.

Goldwäscherei im Petropavlovsk Bergwerk, *eines der ersten im Ural (Anfang 20 Jh.).*

1. Kandalakscha 2. Weis ses Meer 3. Petschora Fluss 4. Perm 5. Jekaterinenburg 6. Miass 7. Bäreninsel 8. Olonezhügel 1. Kasan 2. Orenburg.

Wie später bekannt wurde, kamen die sekundären Seifengoldlagerstätten in verschiedenen Regionen des Urals vor. Man versuchte es wie das Berggold anzureichern, was jedoch misslang.

Das Seifengold wurde zerkleinert, was die Gewinnung unmöglich machte. Deswegen fing die russische Goldindustrie 1747 mit der Bearbeitung des Berggoldes an und begann erst 1814 mit der Gewinnung des Goldes aus den sekundären Seifengoldlagerstätten.

1745 ist das erste Datum für den Beginn einer Goldproduktion in Russland. Der Bauer Erofei Markov fand ein Stück des goldhaltigen Quarzes in der Nähe von Jekaterinburg im Ural. Zwei Jahre später wurde dort das erste Bergwerk gegründet. Allein im September 1747 wurden im Beresovskiy Bergwerk 132 Gramm Gold gewonnen, welches feierlich Zarin Elisabeth ausgehändigt wurde.

1754 - 1806 wurden am Berezovskiy Bergwerk mehr als 400000 Tonnen des Erzes verarbeitet, was mehr als 6000 kg Gold ergab. Im Jahr 1797 begann mit der Entdeckung der Miass-Goldlagerstätte die Geschichte der Goldbergwerke im Südural. Das Uralgebiet ist die Wiege der Goldindustrie in Russland. Fast gleichzeitig wurde Gold auch in der Olonezhügelkette gefunden.

Im Jahre 1785 wurde die Karte der Rohstoffe der Orenburg und Kasan Verwaltung veröffentlicht. Auf der Karte wurden die Goldlagerstätten in den Flussbecken Kamenka, Sanarka und Kabanka gezeigt.

Seit 1814 ist die Produktion von Gold und Silber in Russland registriert. Die erste Aufzeichnung nannte etwa 550 kg Gold. Zwei Drittel davon stammten aus den silberhaltigen Erzen des Uralgebiets.

Große Reformen sind im Gebiet des Bergwesens mit Zar Alexander l. verbunden. Bis zum Anfang des 19. Jhs. war die Goldgewinnung ein Monopol des Staates und der Zarenfamilie. 1802 gründete Zar Alexander l. acht Ministerien und die Bergindustrie wurde als eine Abteilung ins Finanzministerium eingegliedert. Am Ende des 19. Jhs. wurde die Bergindustrie an das Ministerium des staatlichen Vermögens übergeben und weiter am Anfang des 20. Jhs. dem neuen Ministerium für Handel und Industrie zugeordnet.

1812 erlaubt Alexander I. wieder jedermann Gold zu suchen. Dieses Gesetz hatte sich durch die Verarmung und aufgrund fehlender Staatsgelder geradezu aufgedrängt. Eine der ältesten Regionen von Russland ist das Uralgebiet. Im Jahr 1814 fand der Bergingenieur Lev Brusnizin zum ersten Mal goldhaltigen Sand im Uralgebiet und im gleichen Jahr förderte die erste Produktionsstätte Sandgold. Diese Arbeit von Brusnizin kurbelte die russische Goldindustrie entscheidend an. Er zeigte, dass man den goldhaltigen

Sand nur waschen und nicht zerkleinen darf. In zehn Jahren entstanden im Uralgebiet mehr als 200 goldverarbeitende Betriebe. Der goldhaltige Sand wurde später auch an vielen anderen Stellen geschürft. Nach dem Brusnizin-Verfahren kostete das Seifengold viermal weniger als Gold aus Erz.

1829 besuchte der deutsche Naturforscher und Geograph Alexander von Humboldt den Ural. Die Ähnlichkeit des Urals mit anderen Gebieten führte zur Prognose, dass z.B. in Kalifornien goldhaltiger Sand zu finden sein müsse.

Danach wurde das Seifengold in vielen Orten im Altai und in Sibirien gefunden. An nur einem Demidowskiy Bergwerk wurden in den Jahren 1823 - 1842 ca. 5405000 Tonnen des goldhaltigen Sandes gewaschen und ergaben mehr als 9500 kg Gold. 1823 wurden an den Beresovskiy Bergwerken die neuen gusseisernen Waschherde mit Gittern für die Bearbeitung von goldhaltigen Sanden getestet. Die neue Maschine hatte eine Kapazität von ca. 3250 bis 4100 kg Sand pro Arbeiter am Tag. Im Vergleich dazu brachte es im Arbeiter mit dem alten Waschherd nur auf 325 bis 410 kg des goldhaltigen Sandes.

Für die Aufbereitung der goldhaltigen Sande wurden Technologien und technische Mittel für ihre Verwirklichung geschaffen. Wasch- und Dampfmaschinen, Beförderungsmittel wurden realisiert.

1826 schuf der Bergmeister des Beresovskiy Bergwerkes, Koksharov die erste Maschine mit einem wellenartigen Waschherd. 1828 schuf Cherepanov eine Maschine zur Ausspülung des Goldes. 1840 arbeitete M. Karpinsky eine breite Klassierung aus, welche die große Anzahl der Baumuster der original russischen Goldwaschmaschinen erfasste. 1823 veröffentlichte Sokolov seine erste Arbeit, die dem Seifengold gewidmet ist: „Über metallhaltige Sande". Er veröffentlichte im Jahr 1825 in der „Bergbaulichen Zeitschrift" den Artikel „Über die Entdeckung des goldhaltigen Sandes im Umkreis der Kamsko-Votkinskogo Produktionsstätte". Kurz darauf, im Jahr

1826, wurden seine Arbeiten „Gedanken über goldhaltige sekundäre Lagerstätten im Ural" abgedruckt. In diesen Arbeiten gab Sokolov eine Beschreibung der goldhaltigen Sande an. Die Ausbreitung der sekundären Lagerstätten, ihre Eigenschaften, Vorräte und viele andere Aspekte der Seifengoldförderung und -Verarbeitung stellte er dar.

Chadov. Khvoschinskiy, Varvinskiy schufen die ersten Einrichtungen fürs Amalgamieren, welche 1836 als die Vollkommensten aus den zu jener Zeit bekannten in Jena bewertet wurden.

1843 untersuchte Pjotr Romanowitsch Bagration die Prozesse zum Auflösen von Gold, Silber und Kupfer in wässrigen cyanidhaltigen Lösungen. Im selben Jahr entwickelte P. Evreinov die Theorie der cyanidischen Goldverbindungen. Ideen von P. R. Bagration und P. Evreinov wurden 1887 von Mac Arthur und Forrest in der Produktion verwendet.

Seit den 30er Jahren des 19. Jhs. gewannen hauptsächlich Goldsucher das Edelmetall. 1845 wurde mit der Ausbeutung der Kotschkarskaja Seifengoldlagerstätte (Sekundärgoldlagerstätte) am Ural begonnen. Nach 50 Jahren arbeiteten schon 300 Bergwerke, in denen mehr als 1638 kg Gold gewonnen wurde.

Im Jahre 1868 wurden während der Ausbeutung der sekundären Lagerstätten primäre Goldlagerstätten entdeckt. Die Gewinnung des Berggoldes im Ural fing im letzten Viertel des 19. Jhs. an. In dieser Periode bildeten sich Arten der Mahlung des Erzes (kleine Mahlen Läufer) und Auszug des Goldes (Amalgamierung, Chlorination, Cyanierung) auf ein Niveau von 60 bis 70% aus. 1870 wurde der Mechanismus der Erzmahlung modifiziert. Dieser Mechanismus wurde als „Kotschkarskie Läufer" bekannt und wurde in der Goldindustrie von Russland bis Mitte des 20. Jhs. angewendet (Kotschkar, Uralgebiet).

1886 wurde die erste Fabrik in Russland und die zweite weltweit für Goldgewinnung mittels Chlorination und 1896 mittels des cyanidischen Verfahrens installiert, Dieses Verarbeitungsschema wird bis heute in Goldfabriken verwendet. In 1897 wurden in Russland die französische „Kotschkar Bergwerke AG" und die englische „Troizk Goldfields" gegründet.

Die „Kotschkar Bergwerke AG" war die erste, welche Schienentransport als Zubringer des Erzes an die Goldbergwerke verwendete.

1906 wurde ein neues Wärmeelektrizitätswerk gebaut, das die Produktionsabteilungen mit Elektrizität versorgte. Im August 1912 wurde in die Ausbeutung der Goldgewinnungsfabrik investiert. Nach den Bewertungen der Fachleute damaliger Zeit nahm die Fabrik aufgrund der verbesserten Ausrüstungen und angewandten Technologien die erste Stelle in Russland und die zweite in der Welt ein.

Im Jahr 1824 erlaubte die Brusnizinserfahrung das Finden der reichen sekundären Lagerstätten im Bassin des Flusses Miass. Die berühmtesten Lagerstätten im Südural wurden schon 1797 im Taschkutarganbecken, Nebenfluss des Flusses Iremel, entdeckt. Zu Beginn der Ausbeutung der sekundären Lagerstätten produzierte das Taschkutarganskiy Bergwerk aus 1600 kg des goldhaltigen Sandes bis 16 kg Gold, wofür die Besitzer jährlich bis zu 80% Zinsen bekamen. Im Laufe der 18-jährigen Betriebszeit wurden insgesamt 6400 kg Gold gewonnen.

Am 23. September 1824 besuchte Zar Alexander I. die Taschkutarganskoe Lagerstätte, wo er mit eigenen Händen ein Goldnugget mit dem Gewicht von drei Kilo „aufschwemmte". Für seine gute Arbeit wurde Alexander l. mit einem Pickel und einer Schaufel ausgezeichnet. Das größte Goldnugget „Großes Dreieck" mit einem Gewicht von 36 kg wurde in Russland 1842 von dem Goldsucher Nikiforom Sütkin im Uralbecken unweit der Stadt Miass gefunden.

Heute wird es im Diamantenfond von Russland im Kreml ausgestellt und gilt bis zum heutigen Zeitpunkt als das größte Goldnugget der Welt.

Die Bergbau Kommission erfasste alle bereits bekannten sekundären Lagerstätten, beschrieb die zusammengerechneten Vorräte und erstellte eine Karte der Goldlagerstätten des Urals. Eine Erschließung der Lagerstätten im Südural entstand auf Kosten des Staates und der einheimischen Fabrikbesitzer.

1824 betrug die Ausbeute von Gold in den sekundären Lagerstätten im Südural 4,1 kg, während sie in den 1840er Jahren auf 230 - 295 kg pro Jahr anstieg. 1824 bis 1900 wurden im Soymanovskoy Tal insgesamt ca. 13 Tonnen des Goldes gewonnen.

Eine aktive Erschließung der Goldlagerstätten im Mittleren Ural wurde weitergeführt.

Die Entdeckung und eine erfolgreiche Ausarbeitung des Seifengoldes im Ural regten zur Suche der sekundären Lagerstätten außerhalb des Urals, im gesamten Russland an. Die höchst intensive Goldgewinnung wurde im Altai, in Ostsibirien und Transbaikalien durchgeführt. Diese beinhalten die großen sekundären Lagerstätten wie Bodaybinskoye an Witim, Olekminskie, Aldanskie, in Bassin Seja, in Kusnezker Alatau. etc. In den Jahren 1830 - 1840 wurden die sekundären Lagerstätten in den Oberausläufen des Flusses Anadyr im Nord-Osten des Landes gefunden.

In den Jahren 1830 - 1836 wurden im Nordosten des Kolyvano-Voskresenskiy Bezirks (seit 1834 Altaiskiy) zahlreiche Goldbergwerke gebaut. Später fing die Erschließung der Goldlagerstätten der Salairrücken an. Am 17. April 1831, an Ostern, schenkte der Minister Kankrin dem Zaren Nikolaus I. einen Barren aus der Region des Altai-Gebirges mit einem Gewicht von 623.5 Gramm.

Von 1830 bis 1859 wurden im Alatai-Gebirge 40294 kg Gold gewonnen. 1834 arbeiteten in Altai 1592 Arbeiter und im Jahr 1856 waren 3092 Arbeiter beschäftigt.

In den Jahren 1831 - 1840 produzierte man im Altai insgesamt mehr Gold als in den Ländern USA, Peru und Bolivien. Nach Inkrafttreten des „Status über private Goldindustrie" im Süden des Kusnezkbeckens, wurden 1880/1881 zwei Goldbergbaugesellschaften „Altai Goldbergbau Angelegenheit" und „Süd-Altai Goldbergbau Angelegenheit" gegründet, die beim Zarenkabinett Grundstücke in Bergschorien von 2200 bzw. 628 Hektar pachteten. In den ersten 25 Jahren ist durch die „Altai Goldbergbau Angelegenheit" mehr als 5733 kg Gold gewonnen worden. Das genehmigte Kapital ergab 10% Jahreszinsen und wurde in Laufe der nächsten 25 Jahre verdoppelt.

Durch eine Erlaubnis in den meisten Regionen des russischen Reiches Gold zu fördern und der Beteiligung an der Goldgewinnung, wurden ausländische Schürfer angelockt. So wurde im Jahre 1892 die goldhaltige Fläche am Fluss Maliy Schaltir auf den Namen eines deutschen Adeligen Julius Schmedel registriert. Am Ende des 19. Jhs. drangen die deutschen Aussiedler bis nach Westsibirien vor. Die deutschen Bergingenieure und Fachleute bauten das zweitbedeutsamste Bergbauzentrum Russlands, Altai Bergbezirk, und hinterließen dabei ein positives Andenken. Einer der bekanntesten Bergingenieure und Forscher im Altai-Gebirge war Phillipp Ridder. Die Stadt, in der er arbeitete, hieß bis 1941 Stadt Ridder und wurde später in Leninogorsk umbenannt.

Während der lang andauernden Erschließung der Lagerstätten des Kusnezker Alatau, stießen Aufklärungspartien weiter nach Ostsibirien vor, wo neue Lagerstätten entdeckt wurden.

1830 wurden die sekundären Goldlagerstätten in den Becken der Flüsse Tabat und Botoy des Minusinskiy Bezirkes gefunden. In den Jahren 1832 - 1834 wurden auch die Lagerstätten in der Region Atschinsk (westlich von Krasnojarsk) eröffnet.

Seit den 1830er Jahren begann die Förderung des Seifengoldes im Jenisseyskiy Gouvernement, Transbaikalien und in anderen Orten Sibiriens. 1826 erteilte Nikolaus I. einigen Bürgern die Erlaubnis, aus goldhaltigen Erzen und Sand Gold zu gewinnen. Die Erlaubnis galt für die Wjatskoi- und Tobolskoi-Regionen und für andere sibirische Gouvernements, die der Zar an Privatpersonen verpachtete oder zur Goldgewinnung freigab. Die Entdeckung des Goldes im Bassin Jenissey löste 1838 - 1839 ein Goldfieber in Sibirien aus.

Die Blütezeit der Goldindustrie waren die Jahre 1830 – 1850. Atschinskiy, Minusinskiy und Jenisseyskiy Goldbergbau Bezirke wurden gegründet, die sich auf 192 Bergwerke mit 4835 Arbeitern ausdehnten.

Die Goldsuche im Bassin Jenissey zog etappenweise nordwärts von Angara zum Steinige Tunguska.

In der Goldindustrie wurden insgesamt rund 20000 - 30000 Arbeiter beschäftigt, 3/4 von ihnen waren Einwohner des Jenisseyskiy Gouvernement, jedoch zumeist Sträflinge und Zwangssiedler. Seit Anfang 1860 sank die Goldgewinnung in Russland, während im Jenisseyskiy Gouvernement 11 der 27 größten Firmen Sibiriens jährlich mehr als 82 kg Gold produzierten.

Der Übergang zur Goldgewinnung mit Baggerschiffen führte zum Anstieg der gesamten Gewinnspanne in der Goldgewinnung. 1914 wurde im Jenisseyskiy Gouvernement mit den Baggerschiffen 1942 kg Gold gewonnen (gesamt in Sibirien 2244 kg und in Russland 3655 kg). Bis 1876 war das Jenissey-Becken die grösste Goldgewinnungsregion im russischen Reich, in dem mehr als 20% des gesamten russischen Goldes gewonnen wurde.

2004 feierte der Nord-Jenisseyskiy Bezirk 170 Jahre Goldgewinnung. Heute umfasst die Jahresausbeute aller Olimpiadinskogo Produktionslagerstätten mehr als 20 Tonnen des Goldes. Die Goldvorräte der Krasnoyarskiy Region betragen mehr als 13% aller Vorräte Russlands.

In den Jahren 1841 bis 1850 umfasste die Ausbeute in Russland aufgrund des Anstieges der Sibiriengoldproduktion bis zu 40% der weltweiten Produktion.

Die Mehrheit aller Arbeiten wurde sowohl in den Goldbergwerken als auch in den Erzgruben manuell ausgeführt, nur beim Sandwaschen wurden die Waschmaschinen eingesetzt. In den Bergwerken wurden die Tätigkeiten, wie Sandgewinnung, Transport zu den Waschherden und das Waschen zwischen den Arbeitern aufgeteilt. Das einfachste Waschgerät war ein Handwaschherd, bestehend aus zwei Holzflächen mit hohem Rand.

Ein Arbeiter konnte im Waschherd zwischen 1000 bis 1500 kg Sand pro Schicht waschen.

Ab den 1880er Jahren förderte man in den primären Lagerstätten mehr. 1884 betrug der Anteil des Berggolds noch 4,2%, stieg jedoch bis zum Jahre 1913 auf 13,3% an, was zum Teil die Reduktion der Ausbeutevorräte der sekundären Lagerstätten kompensierte.

Trotz fortschreitender Entwicklung, u.a. in der Technik des Bergwesens, wurden die arbeitsintensiven Hauptprozesse wie Einkerbung, Abbau und Aufhäufung in der Sohle noch nicht mechanisiert und hauptsächlich manuell durchgeführt. Zwischen dem 19. und dem 20. Jh. wurde die Goldindustrie in die Hände von Aktionärsgesellschaften übergeben, was zur Verbesserung der technischen Ausrüstung der Bergwerke und zum Ansteigen ihrer Produktivität beitrug.

Sehr schnell drangen die Goldsucher bis zum Fluss Lena durch. In den 40er Jahren des 19. Jhs. wurden dort die sekundären Goldlagerstätten gefunden. Sie entwickelten sich im Laufe der Zeit zum wichtigsten Bereich der Goldindustrie in Russland, Das Finden der Goldlagerstätten bei den Flüssen Olekma und Witim in den Jahren 1860 - 1870, sowie die Entstehung der Goldproduktion mit der Gründung von Fabriken und Banken erwiesen sich als sehr wichtig für die Geschichte des Bezirkes.

In der Bergzeitschrift Nr. 8 von 1865 wurde ein Artikel „Reportage der privaten Goldwerke des olekminsken Bezirkes" veröffentlicht. Dort wurden zum ersten Mal die Goldsysteme der Lenskaja, Olekminskaja und Unteren-Witimskaja Regionen vorgestellt. Im Artikel wurden die Berggesteine der Region beschrieben.

Eine entscheidende Rolle spielte dabei der General-Gouverneur von Westsibirien, Nikolai Murawjow, der später aufgrund der Angliederung des Amur-Gebietes an das russische Imperium eine grosse Bedeutung in der russischen Geschichte einnahm. Ihm wurde später der Adelstitel Graf Murawjow-Amurskii verliehen.

In den 1860er Jahren wurden die Goldproduktionsstätten in der Nähe von Bodaibo gegründet.

1869 existierten 529 privaten Goldproduktionsstätten, in denen 23,3 Tonnen Gold gewonnen und mehr als 11 Millionen Tonnen Moderner russischer Eimerkettenbagger Sand gewaschen wurden, 1908 waren dort rund 30000 Arbeiter beschäftigt.

In den Jahren 1890 - 1891 wurden geologische Untersuchungen in verschiedenen Regionen von Sibirien vorgenommen. Nach Aufgabe des geologischen Komitees wurde 1900 in Lenskaja eine geologische Gruppe gegründet. Die Untersuchungen wurden bis 1909 durchgeführt und man erstellte geologische Karten im Maßstab 1 : 42'000 im Revier der Flüsse Bodaibo, Tachtiga, Watscha, Chomolcho und Groß Patom.

Bereits 1910 wurde Gold im Kolymabecken gefunden, aber die reichen Goldlagerstätten wurden erst unter Stalin verwertet. Als Kolyma war dieses Gebiet als die härteste Zone des GULags (Hauptverwaltung der Besserungsarbeitslager bestehend aus Zwangsarbeitslagern, Straflagern, Gefängnissen und Verbannungsorten) bekannt.

Langsam verlor Russland seine Position im weltweiten Vergleich in der Goldgewinnung. Um die wichtige Position in der weltweiten Goldindustrie beizubehalten, forderte und förderte Zar

Nikolaus l. die Suche nach den neuen goldhaltigen Lagerstätten,
Die neuen Expeditionen der Bergbehörde zu dieser Zeit sowie die
privaten Forschungsreisen drangen weiter in die wenig untersuchten Regionen Ostsibiriens vor.

1836 wurden die sekundären Goldlagerstätten am Birjussabe-
cken in Ostsibirien entdeckt, was erneut einen Goldrausch auslöste.
Tausende Goldsucher hasteten zum Fluss Birjussa und weiter nach
Osten. Das Gesetz betreffend die Goldsucher trat 1838 in Kraft.
Dieses erlaubte Privatpersonen aus Adelsfamilien, Ehrenbürgern
von Russland und Kaufleuten die Suche, die Schürfung und Nutzung der Lagerstätten auf dem staatlichen Land in West- und Ostsibirien.

In der Zeitschrift „Sohn des Vaterlandes" wurde der Artikel
„Wo gibt es kein Gold" veröffentlicht, in dem das Goldvorkommen
in ganz Sibirien aufgezeigt wurde.

1838 wurde eine Goldlagerstätte im Karebecken entdeckt. In
Transbaikalien wurden von 1839 bis 1861 insgesamt 33 sekundäre
Goldlagerstätten gefunden. Es erwies sich als besonders schwierig
dort Prospektoren (Suche und Erkundung von neuen, vorher unbekannten Lagerstätten nach geologischen, geophysikalischen, geo-
chemischen und bergmännischen Methoden) zu finden, jedoch befanden sich in Transbaikalien sehr viele Sträflinge.

Seit 1870 trug der „Status über private Goldindustrie" zur Verbreitung der Goldproduktion dazu bei, dass gleiche, uneinge-
schränkte Rechte für Privatpersonen auf allen Territorien des russischen Reiches zum Suchen und Fördern der sekundären Goldlagerstätten erteilt wurden. Die Bergvorschrift von 1893 sah die Teil-
nahme der ausländischen Firmen in der Bergindustrie vor.

Die im Jahre 1882 erreichte Goldausbeute von 4448 kg nahm bis
1891 auf 3243 kg ab. Der englische Bergingenieur Purington besuchte zwischen 1898 - 1899 die Goldlagerstätten in Sibirien, war

allerdings überrascht, dass niemand den goldhaltigen Sand mit Goldkosten unter 43 Cent pro Kubikmeter bearbeitete.

In Kalifornien wusch man zur gleichen Zeit den Sand, dessen Goldkosten nur 3 Cent pro Kubikmeter betrug. Ein Grund dafür war der Einsatz von Maschinen statt Muskelkraft.

Die industrielle Entwicklung der Äußeren Mandschurei im Amur-Gebiet ist sehr eng mit der Entwicklung des Kapitalismus in Russland verbunden. Zuerst wurde die Goldherstellung in der Äußeren Mandschurei in staatlichen Händen konzentriert. Aufgrund des Arbeitermangels sah sich die Regierung gezwungen, eine Erlaubnis für private Goldgewinnung zu erlassen. Neben Geologen kamen auch private Expeditionen in das Amurbecken. Den staatlichen und privaten Expeditionen folgten die „freien Prospektoren", die keiner Kontrolle unterstellt waren und in der Äußeren Mandschurei als „Hunhusen" bekannt wurden. Seit Mitte 1860 begann man auf den Territorien der Äußeren Mandschurei mit der Gründung der ersten privaten Goldfabriken.

1866 wurden die reichen sekundären Goldlagerstätten im Becken des Flusses Dzalinda gefunden.

In den folgenden zehn Jahren wurden drei Firmen für die Ausarbeitung des goldhaltigen Sandes gegründet, deren Goldgewinnung sich zwischen 1870 und 1875 auf 1700 kg pro Jahr belief. Anfang 1890 vereinten diese drei Firmen circa 60 % der Goldproduktion auf sich.

Der Arbeitstag dauerte 12 Stunden und wurde von drei einstündigen Pausen unterbrochen. In der ersten Hälfte des 19. Jhs. fand der Transport von Steinen in den Bergwerken noch manuell statt. Die Arbeiter, die man als „Hunde" bezeichnete, trugen die Säcke, Körbe, Kisten, Schubkarren und Holzwagen, die zum Transport benutzt wurden.

Ein Baggerschiff aus Holland wurde in Russland 1896 am Fluss Uruscha zum ersten Mal erfolgreich eingesetzt. In den russischen

Bergwerken wurden hauptsächlich ausländische Baggerschiffe der Firma „Werft-Konrad" und „Marshall & Sohn" verwendet. Anfang des 20. Jhs. stellten nur die Putilovskiy und Nevjanskiy Werke die Baggerschiffe her.

Anfang des 20. Jhs. entwickelte sich das Amur-Gebiet zum führenden Gebiet der Goldindustrie des russischen Reiches. In den 1890er Jahren begann ausländisches Kapital aus den USA, England, Deutschland, Belgien und Frankreich in die Goldindustrie der Region zu fließen. Weitere Untersuchungen des Fernostes wurden legal veranlasst, weil gemäß der internationalen Peking Konvention von 1860 sowohl die Äußere Mandschurei als auch die pazifische Küstenregion an Russland angegliedert worden waren.

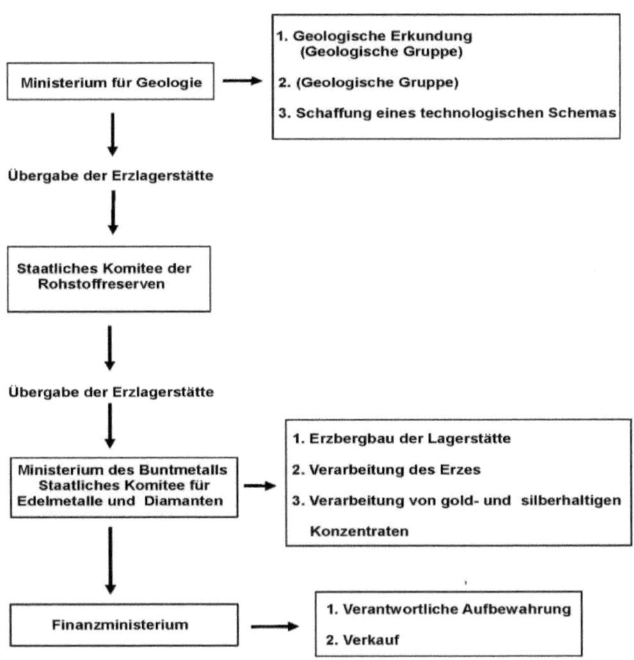

Struktur der Goldindustrie in der Sowjetunion.

Als Folge des Mangels an menschlichen Ressourcen zur Vergrößerung der Goldgewinnung, behielt die Zarenregierung viele goldhaltige Territorien im Altai und in Transbaikalien in ihren Händen. Diese Strategie sicherte Einnahmen aus Pacht und Verkauf der Landstücke. Stufenweise schränkte man die Ausschöpfung der privaten Bergwerke aller Regionen ein. 1865 wurde die private Goldgewinnung in der ganzen Äußeren Mandschurei genehmigt.

Die Goldfabrik „Artem" ist die älteste in dieser Region. Anfangs legte sich die Firma auf die Überarbeitung der alten bergbaulichen Streichbleche fest, da für den Abbau der Streichbleche keine Steuern erhoben wurden. Als die Firma sich vom Vorhandensein der Vorräte des kostbaren Metalls überzeugt hatte, fing sie an, Gelder in die Weiterentwicklung der Goldfabrik zu investieren, 1912 wurde der Bau der Goldproduktionslagerstätte beendet.

Die vom Franzosen Antuan Piter Balas geleitete Goldproduktionslagerstätte wurde „Antonov-Fabrik" benannt.

Nach Schätzungen der Fachleute der Zeit, nahm die „Antonov-Fabrik" Anfang des 20. Jhs. wegen der Ausrüstung und der angewandten Technologien die führende Position in der Goldindustrie des russischen Reiches ein.

1752 bis 1917 wurden in Russland insgesamt mehr als 2800 Tonnen Gold gewonnen, was mehr als 12% der gesamten Weltgoldgewinnung ausmachte.

Mit dem Anfang des ersten Weltkrieges wurde die Goldgewinnung stark reduziert, jedoch nie komplett unterbrochen. Zum Ende des russischen Bürgerkrieges betrug die Goldgewinnung nur noch 2,5 Tonnen. 1923 begann in Yakutia die erste Expedition der Goldsucher, wo anschließend 1924 der erste yakutisch-staatliche goldindustrielle Konzern gegründet wurde.

Die Wiederherstellung der Bergwerke erlaubte ziemlich schnell die vorrevolutionäre Ausbeute zu erreichen. Die erfolgreiche geologische Arbeit führte zur Ergänzung der bereits vorhandenen

Goldabbaugebiete der Sowjetunion durch Lagerstätten in Kolyma und Aldan. Mit der Entdeckung der aldanen Goldlagerstätten nahm Yakutia den führenden Platz in der Goldgewinnung in der Sowjetunion ein.

1927 und 1932, nach der Gründung der staatlichen Konzerne „Sojusgold" bzw. „Jenisseygold", wurden zwei Produktionsstätten gebaut und 7 Bergwerke in Betrieb genommen. 1933 wurde der erste elektrische 210-Liter Baggerschiff im Udereibecken eingesetzt und noch im selben Jahr wurde eine Amalgamierungsproduktionsstätte für Goldgewinnung aus Erzen gebaut. Seit längerer Zeit gab es in Russland die Goldproduktionsgenossenschaften. Das Prinzip lautete: „Je höher die Goldausbeute, desto mehr Geld", 1935 wurde die Ausbeute verboten, die Förderung nahm um 20% ab.

Zwischen 1936 und 1949 wurden die Goldproduktionsgenossenschaften von Stalin erneut ins Leben gerufen. Trotzdem sank die Goldgewinnung stark wahrend des zweiten Weltkrieges.

1949 - 1956 wurde die Goldindustrie der Sowjetunion dem Innenministerium übergeben. Bis im Jahr 1953 betrug die Goldgewinnung in der UdSSR 117 Tonnen jährlich, die Goldreserven stiegen auf das Zehnfache und umfassten 2049 t Gold.

Zum heutigen Zeitpunkt nimmt Russland bezüglich der mineralischen Reserven die 2. Stelle weltweit ein. In der Goldgewinnung steht Russland aber zurzeit nach Südafrika, USA, Australien Kanada, China nur an 6. Stelle.

Während des 20. Jahrhunderts wurden die Prozesse der Goldgewinnung fortgeführt. Im Vergleich zu den 1970er Jahren stieg die Produktivität der bergbaulichen Arbeiten zum Anfang der 1980er Jahre um 19% und die Produktivität der Aufbereitungsfabriken um 32%.

Mehr als 40% der Erze wurden mittels selbstantreibender Ausrüstung gewonnen. 1983 begann die Erschliessung der landesgrößten Olimpiadinskogo Goldlagerstätte. Die ökonomische Krise von

1990 stoppte den Produktionsanstieg. Die Produktion sank dramatisch auf die Hälfte. 1991 - 1997 nahm die Produktion in Yakutia
um zwei Drittel und in Tschukotka sowie in der Region „Tschitins-
kiy" um die Hälfte ab.

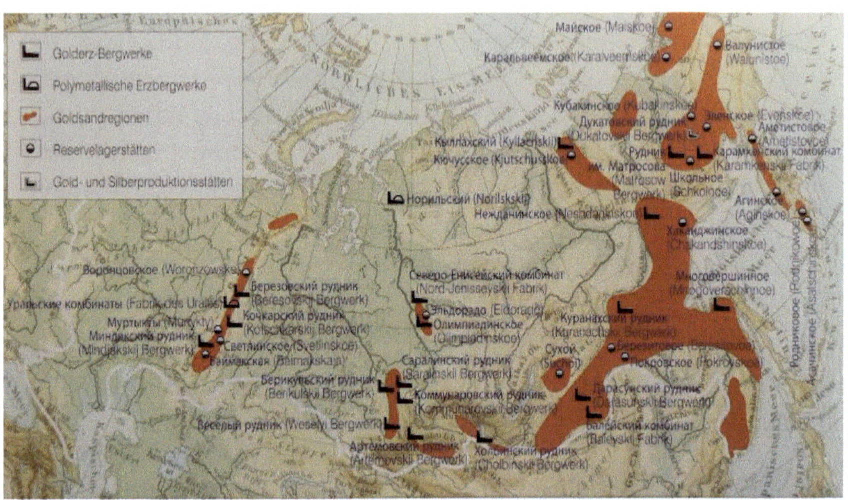

Die wichtigsten Goldgebiete Russlands.

Heute belaufen sich die nachgewiesenen Goldreserven in Russland auf 10000-12000 Tonnen, wobei die wahrscheinlichen Reserven ca. 50000 - 55000 Tonnen betragen. Die Mehrheit der funktio-
nierenden Goldminen befinden sich in den seit langem bekannten
Goldlagerstätten Uderee, Bodaibo und in Kolyma.

Als besonders große Reserve der alten Goldlagerstätte gilt
„Suchoy Log" in der Region Bodaibo, die als eine der größten
Goldlagerstätten der Welt bekannt ist.

Zurzeit gibt es in Russland einige Regionen, in denen Gold tra-
ditionell gewonnen wird: zum Beispiel das Uralgebiet. Dort wurden sowohl die alten Minen wie z.B. „Margarita", „Stenly",
„Arem", usw. wiederaufgebaut, als auch neue gebaut, u.a. „Kras-
naja", „Oktober", etc.

Die Produktionsstätte „Artem" bearbeitet das Erz aus Kotschkar
unter Verwendung eines getrennten Prozesses der Schluff- und
Sandfraktion, der auf Goldauflösung in den cyanidhaltigen Lösungen basiert. Die Produktionsstätte „Artem" ist eine der drei Produktionsstätten, die die Goldgewinnung auf der Cyanid-Technolo-
gie gründete und entwickelte. Diese Produktionsstätte ist die erste
in der UdSSR, die eine abwasserfreie Wasserversorgung und die
Adsorption des Goldes mittels Aktivkohle einführte.

Seit 2001 wird Schmelzen der Zinkniederschläge in Barren von
einem Goldgehalt bis zu 80% durchgeführt. Im Vergleich mit 1998,
stieg die Goldgewinnung 2006 um 101,4%, die Produktivität um
166,3%.

Leno-Angarskoe, Hochland Patomskoe. Die Becken von Witim,
Lena, Mama und Kare beinhalten 5 Goldgruben und 10 Produkti-
onsgenossenschaften. Die gesamte Ausbringung betrug im Jahr
2000 etwa 7,5 Tonnen Gold. Die Goldlagerstätte «Suchoy Log» (Bo-
dajbo Region) ist die größte in Russland. Eine komplexe Verarbeitung des Golderzes bringt etwa 40,0 t Gold pro Jahr.

Yakutia. Erzlagerstätten. Deputatskiy (Berkwerk), Sarilachskiy
(Bergwerk), Kurnachskaja (Bergwerk), Kütschus und Neshdanins-
koe. Die gesamte Ausbringung betrug im Jahr 2000 etwa 35,0 Tonnen Gold. Goldsand: Hochland Aldan- und Dshugdshurgold.

Krasnojarskiy Gebiet (Nord Jenisseysk). Erzlagerstätte: Olim-
piadinskoe (Bergwerk, ab 1996). Im Bergwerk wird etwa 1 Mio.
Tonnen Erz/Jahr verarbeitet. Die Goldreinheit beträgt 96,5 – 96,7%
und die Ausbeute ist etwa 3,0 t Gold/Jahr.

Im Jenisseyskiy Goldgebiet werden zurzeit von 11 gewerbliche
Genossenschaften von Prospektoren vier Goldminen und 21 Baggerschiffe mit Schöpfkellen von 80 bis 250 Liter betrieben.

In dieser Zeit wurde dort mehr als eins Prozent des Weltgoldes
gewonnen.

Chabarovskiy Gebiet. In den Flusstalen von Tass, Ulachan, Olenek, Sofron und im Hochland Aldan betrug die gesamte Ausbringung im Jahr 2000 etwa 15,0 t Gold.

Magadanskiy Gebiet und Kamtschatka. Erzlagerstätte: Dukat, Kubaka, Pirkakaj'skoe, Svetlinskoe und Aginskoe, gesamte Ausbringung betrug im Jahr 2000 etwa 25,0 t Gold. 1991 wurde im Magadanskiy Gebiet nur 1% der Goldreserven gewonnen.

Tschukotka. Erzlagerstätte: Krasnoarmejskiy, Komsomolskiy (Bergwerk) und Poljarninskiy (Bergwerk). Seit langer Zeit gibt es auf Tschukotka die Legende vom goldenen Hirsch.

Damals war eine Meerenge zwischen Asien und Amerika namens Beringija, in der dieser Goldhirsch lebte. Der Goldhirsch war wunderschön und böse Geister wollten ihn töten. Daraufhin versteckte sich der Hirsch im Boden. Sein Kopf war in Alaska, seine Beine in Kolyma, sein Körper befand sich im Tschukotka. Seit Anfang des 20. Jhs. suchten Menschen Gold im Tschukotka, das erst 1949 gefunden wurde. Seit 1958 gibt es eine Goldproduktion in Tschukotka.

Primorje, am Ufer des Laptewsee. Goldgrube „Kular" (Im Jahr 2000 etwa 10,0 t Gold/Jahr).

Sewernaja Semlja. Goldgrube (Insel „Bolschevik"). Die führende Firma in der Goldgewinnung ist die Firma „Polus", die ca. 20% des Marktanteils besitzt. Die maximale Goldmenge wird auf der Tschuktschen-Halbinsel in den Regionen Krasnojarsk und Amur gewonnen.

In der Sowjetunion gab es 12 große Goldproduktionsunternehmen, die durch ein regionales Prinzip aufgebaut waren. Etwa 500 Firmen übergaben 1998 das Goldkonzentrat an die Raffinerien.

Vom Erz zum Metall

Zurzeit wird in Russland etwa 70% Gold aus goldhaltigem Sand gewonnen. Dafür werden mit dem Bulldozer Bäume und Sträucher entfernt, sowie die obere Schicht des Bodens. Danach wird das tonhaltige Gestein mittels Wasserkanonen geschnitten und durch einen Hydrowaschherd ausgelassen, so dass das Gestein von Steinen befreit wird. Der Sand wird mit Hilfe von Pumpen auf die Schüttelplatte der Waschmaschine gespült.

Vom mineralischen Bestand des Sandes, der Tonnage, der Größe und Form des Goldes hängt es ab, welche Ausrüstung zum Einsatz kommt (Schleusen, Anreicherungsapparate und so weiter). Wenn der Goldanteil im Sand mindestens 0,4 - 0,6 g/t beträgt, ist eine Verarbeitung des Goldsands rentabel.

Ende des 19. Jahrhunderts kamen erstmals am Ufer des Flusses Amur die Baggerschiffe mit Dampfantrieb für goldhaltige Sandausarbeitung zum Einsatz.

Zurzeit werden in Russland etwa 150 elektrische Schwimmbagger fast immer zusammen mit Bulldozern eingesetzt. Die Goldschlacke wird zu Raffinerien transportiert.

Um das Gold komplett aus dem Erz herauslösen zu können, muss man es zerkleinern.

Es ist bekannt, dass nach zweimaliger Zerkleinerung die Mineralien nur zu 20% aufgedeckt werden. Die Zerkleinerung wird zuerst in einem Backenbrecher und danach in der Kugelmühle durchgeführt. Der Hauptaufwand bei der Goldgewinnung ist die Zerkleinerung. In den letzten Jahren wurden Selbstzerkleinerungsmühlen benutzt.

Danach wird die Pulpe (Mischung von Erz und Wasser) in aufbereitenden Geräten wie Flotationsmaschinen und Schwerkraftaufbereitungsgeräten hergestellt. Wenn durch die Gravitation und Flotation ein goldreiches Konzentrat entstanden ist, wird eine Schmelze durchgeführt. Im anderen Fall werden hydrometallurgi-

sche Prozesse eingesetzt. Fast immer wird für die Extraktion des
Goldes und Silbers aus dem Erz und den Konzentraten die cyanidi-
sche Laugung angewendet.

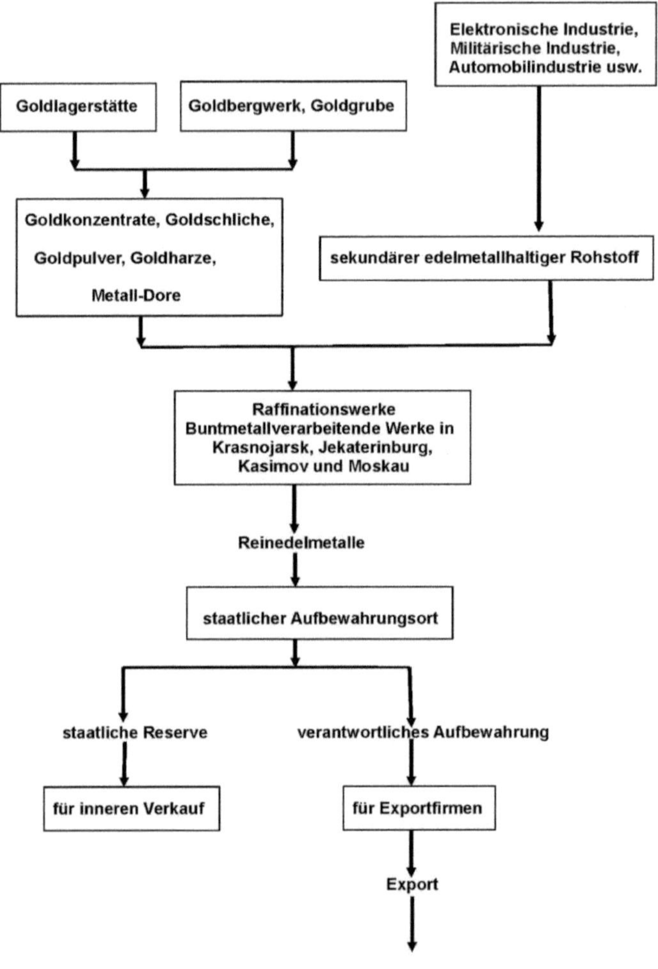

*Raffinationsschema der Verarbeitung des Goldrohstoffes in der
UdSSR.*

Der Prozess der cyanidischen Laugung Gold und Silber kann man mit der folgenden Gleichung beschreiben:

$$2Au + 4KCN + \tfrac{1}{2}O_2 + H_2O \rightarrow 2K[Au(CN)_2] + 2KOH$$

Die Laugung wird in unterschiedlich konstruierten Apparaten durchgeführt. Gold und Silber setzen sich aus den Lösungen zusammen mit Zinkstaub ab, oder sie werden auf der Aktivkohle oder dem Ionenaustauscherharz adsorbiert. Das reine Gold und Silber wird in die Raffinationsanlage abgeleitet.

Seit Anfang der 90er Jahre gibt es in Russland 11 Haufenlaugungsanlagen, Diese verarbeiten bis zu 2.5 Mio. Tonnen Golderz/Jahr. Der Hauptrohstoff für die Raffinationsanlage in Russland ist der Goldschlick. Außerdem werden dort verschiedene Legierungen, Münzen, sekundäre Rohstoffe und Schlämme verarbeitet.

Die erste Raffinationsanlage wurde in Russland an der Münzanstalt in Sankt-Petersburg in den Jahren 1909/1910 gebaut. Die elektrolytische Goldraffination (Wohlwill-Prozess) beruht darauf, dass sich Gold unter der Einwirkung von Gleichstrom in heißer, stark salzsaurer Lösung ablöst. Die löslichen Goldkomplexe $(AuCl_4)^-$ werden an einem Goldblech als Kathode praktisch rein abgeschieden. Das Konzept dieser Elektrolysezelle wurde nach Dr. E. Wohlwill entwickelt. Er wurde speziell für diese Arbeit aus Hamburg eingeladen. Die Anlage hatte eine Produktivität 220 kg reinen Goldes pro Tag, im Jahresdurchschnitt ca. 40 t reines Gold.

Das Silber kommt als Dore-Metall (97 - 99% die Summe des Goldes und des Silbers) aus den buntmetallischen Werken zur Raffination.

In der Raffinerie wird zuerst ein Empfangsschmelzen des Rohstoffes im Induktionsofen durchgeführt, danach ein technologischer Prozess mit der elektrolytischen Raffinierung. Die Anoden (über 85% Au) werden in salzsäurischer Lösung aufgelöst. Wenn das Ausgangsmaterial viele Beimischungen enthält, wird die chlo-

ridische Hochtemperaturraffination (Millerscher Prozess) durchgeführt.

Russland ist das einzige Land mit derart großer Goldgewinnung
in dem etwa 70% Gold aus sekundären Goldlagerstätten gewonnen
werden. Es gibt nur eine 10jährige Reserve des goldhaltigen Sandes.

Es gibt Tausende von kleinen Goldgruben, die sich vom Uralgebiet bis zu Kamtschatka erstrecken und sie sich sehr schlecht auf
die Wirtschaftlichkeit kleinerer Unternehmen auswirken. Das Erz
kann durchschnittlich mit 23% Goldanteil gewonnen werden. Es
gibt mehr als eine hundertjährige Reserve an Golderz.

Die meisten Bergwerke arbeiten schon lange Zeit und benötigen
technische und technologische Innovationen. Dreiviertel von Russlands Goldreserven befinden sich in Sibirien und den weiter östlichen Gebieten. Die Goldgewinnung erfordert große Investitionen.
Außerdem sind verschiedene soziale und ökologische Probleme zu
lösen. Die Nebengolderzeugung ist gleich 7% und abhängig von
der Produktion der Buntmetalle. Zurzeit gibt es keine Möglichkeit,
die Buntmetallproduktion zu erhöhen.

Die Geschichte des Blattgoldes in der menschlichen Zivilisation

„Meistens macht man eine Verzierung auf der Wand mit dem vergoldeten Zinn, weil es günstig ist. Trotzdem gebe ich Dir einen Rat. Du soll immer mit reinem Gold und mit guten Farben versuchen zu verzieren … Wenn Du widersprechen wolltest, dass das für die armen Leute zu teuer ist, dann antworte ich Dir: wenn Du gut arbeitest, Deiner Kunst die notwendige Zeit gibst und mit guten Farben arbeitest, dann erreichst Du einen solch guten Ruf, dass Du von Reichen anstelle von Armen bezahlt wirst. Und Dein Name wird in der Kunst so berühmt, dass Du zwei Dukaten verdienst, wo ein anderer nur einen bekommt."

Cennino Cennini „Das Buch von der Kunst oder Tractat der Malerei"

Niemand kann sich erinnern, wer und wann zum ersten Mal einen kleinen Goldbarren bis zu einer Dicke zehnmal dünner als das menschliche Haar schmiedete und damit das erste Blattgold herstellte, um einen heiligen Gegenstand zu verzieren.

Die Vergoldung ist ein altertümliches Handwerk in der menschlichen Geschichte. Dekorative Bearbeitung des Metalls wurde schon zu prähistorischer Zeit bekannt. Möglicherweise war es eine Figur oder ein Geschirr aus Kupfer, Bronze oder Silber oder eine Militärrüstung, die erstmals vergoldet wurde.

Gold war und ist ein Symbol des Reichtums, der Wohlhabenheit und der Macht. Im Altertum wurden oft Kriege mit dem Ziel geführt, Gold zu erobern. Die Religionen sind ebenfalls eng mit dem Gold verbunden. Sehr oft wurde das Gold der göttlichen Grundlage gleichgestellt. Man denke nur an vergoldete Buddhas. Dies wird umso klarer, wenn man bedenkt, dass früher selbst die Ärmsten alles Mögliche unternommen haben, um ihrem Gott ein Stück Gold

zu opfern. Das war vor allem für die Mönche ein sehr einträglicher
Nebeneffekt. Blattgold ist schon seit der Antike bekannt. Es wird
aus hochgoldhaltigen Legierungen hergestellt und zu einer extrem
dünnen Folie gewalzt und geschlagen. Das Goldschlagen nutzt die
extreme Dehnbarkeit des Goldes zur Herstellung von Blattgold
aus. Dabei geht man von einem Goldstab aus, der zum Goldblech
ausgehämmert wird. Die papierstarken Bleche werden dann in einer Folge von Arbeitsgängen bis zur Dicke von 1/10000 mm ausge-
dünnt.

Goldschläger nach einer Malerei in einem Grab des ägyptischen Würdenträges Rechmere, etwa 1450 v. Chr. Ein Mann schlägt mittels eines runden Hammers auf ein Paket der Goldblätter (Industrie &Archäologie 2010, Nr. 3).

Ägyptischer Goldschläger, Darstellung aus einem Grab von Sakkara, etwa 2500 v. Chr. (Industrie&Archäologie 2010, Nr. 3).

Die Stärke der Goldfolie entspricht zirka einem Fünftel der Wel-
lenlänge des sichtbaren Lichts, das sind etwa 0,1 Mikrometer oder
100 Nanometer. Es kann also bis auf zirka 100 – 1000 Atomlagen
dünn hergestellt werden. Ein Gramm Gold ergibt bei der üblichen
Dicke von 100 Nanometern eine Fläche von zirka einem halben
Quadratmeter. Im Auflicht glänzt es goldgelb, im Gegenlicht
scheint eine weiße Lichtquelle grünlich-blau durch.

Die Geschichte des Blattgoldes lässt sich bis vor etwa 5000 Jahren im alten Indien zurückverfolgen. Dort war es im Zeitalter Susrutas (1000 - 600 v. Chr.) üblich, Goldblätter siebenmal bis zum Glühen zu erhitzen und dann in Wein sowie in verschiedenen anderen Flüssigkeiten aufzulösen. Dem Elixier wurden besondere Eigenschaften zugeschrieben: Es sollte lebensverlängernd wirken und die krankheitsverursachenden Stoffe austreiben.

Es ist uns überliefert, dass das ägyptische Goldschlägerhandwerk etwa seit 2500 v. Christi Geburt existiert. Die Goldblätter aus der 12. und 13. Dynastie (um 2000…1800 v. Chr.) wurden auf nur 0,001 mm ausgeschlagen. Während der Bearbeitung wurde zwischen die Goldblätter Pergament gelegt.

Im Alten Ägypten wurden für die Demonstration der Macht die Sänften für den Pharao mit Blattgold vergoldet. Diese Sänften sind sehr leicht, aber sie sehen aus, als ob sie aus reinem Gold gemacht seien. Auch die Pharaogräber zeigen Gold in allen Variationen. Schauen Sie das wunderschöne innere Goldgrab von Tutanchamun an. Der Pharao wurde in einem Steinsarkophag begraben, in dem innen mehrere Schichten von Holzsärgen lagen. Die ersten zwei Särge wurden aus Holz gefertigt und mit Goldblättern plattiert. Die Goldmaske des Pharaos wurde ebenfalls mit Blattgold bedeckt.

Eine sehr weite Verbreitung erlangte das Blattgold bei Griechen und Römern. Das Römische Reich hatte sich nach dem Sieg über die Etrusker im 4. Jh. v. Chr., nach dem Sieg über Karthago und der Eroberung der hellenistischen Länder um 150 v. Chr. gebildet. Es hatte die Kultur der Etrusker übernommen, die zwar kriegerisch war, aber keine praktische Mentalität hatte. Im alten Rom gab es sogar schon besondere Innungen der Goldschläger. Die Griechen und Römer entwickelten die Feinheiten der Technik weiter und er

Mumienmasken. Aus Grabungen an der Qubbet el-Hawa bei Assuan. Zwischen 2300 und 1800 v. Chr. Ägyptisches Museum, Bonn.

reichten eine feinere Bearbeitung als ihre Vorbilder aus dem alten Ägypten.

Homer erwähnt die Kunst, feine Blätter aus Gold zu bearbeiten und literarische Hinweise auf Materialien zur Vergoldung finden sich auch bei dem römischen Schreiber Plinius d. Ä. in „Naturalis historia" (1. Jh. v. Chr.). Plinius schrieb, dass aus einer Goldunze mehr als 750 quadratische Goldblätter mit einer Breite von vier Fingern gefertigt wurden. Je nach Dicke unterschied man die verschiedenen Arten des Blattgoldes. Die feinsten Blätter hatten eine Dicke von 0,0003 mm (im Vergleich mit heutiger Dicke von ca. 0,00018 mm).

*Einzig erhaltene **Darstellung eines römischen Goldschlägers AURIFEX-BRATTIARIUS**. Vatikanisches Museum. Im rechten weggeschlagenen Relief dürfte eine zweite Person gestanden haben.*

Im Altertum wurde das liegende Feingold zwischen Leder oder Pergament ausgeschlagen. Die Goldoberfläche wird dadurch viel größer und Gold dünner sowie härter. Das so bearbeitete Feingold wurde in gleich große Stücke geschnitten und durch Glühen wieder erweicht.

Waren die aufeinandergeschichteten Goldblättchen schon sehr fein, legte man sie zwischen "Goldschlägerhäutchen" (das feine Oberhäutchen des Ochsendarms) und verwendete leichtere Hämmer. Die Prozedur wurde so lange fortgesetzt, bis das Blattgold die gewünschte Stärke aufwies.

Nach dem Fertig- oder Garmachen und exakt 6836 Schlägen (ein uralter Erfahrungswert) hatte das geschlagene Blattgold eine Dicke von 1/8000 bis 1/12000 mm.

Die Römer nahmen aus Griechenland nicht nur Kulturdenkmäler mit, sondern zwangen auch Maler und Handwerker, mit ihnen zu gehen. Es wurden keine neuen Formen der Möbel entwickelt. Die Römer aber, die sich eines Schönheitsgefühls erfreuten, strebten nach einem Handwerk, das eine präzisere und dekorativere Detailbearbeitung ermöglichte. Neben der Holzschnitzerei bestand die gesamte Produktionskette aus Gießen, Ziselieren, Bemalen, Vergolden, Sperrholzarbeiten und Intarsienarbeiten. Eine breite Anwendung fanden Zedern-, Lebensbaum-, Olivenbaum-, Eschenund Ahornholz. Für die Intarsien wurden auch Buchsbaum, Palme, Ebenholz, Horn, Schildkröte, Elfenbein, Marmor, Gold und Silber benutzt. Die Möbeltischler hatten bereits vollständige Tischlereiwerkzeuge.

Auch in den alten Kulturen in China und Japan war die Herstellung von Blattgold frühzeitig hoch entwickelt. Die Chinesen, deren Kultur sich zum größten Teil auf die Verwendung des Papiers gründet, haben anstatt der Pergamenthaut wahrscheinlich dünne Papierblätter benutzt. Chinesische Handwerker haben bereits rund 500 Jahre v. Chr. mit dünn ausgehämmertem Goldblättern Tempel, Pagoden und Statuen vergoldet. In Japan ist Blattgold seit der Nara-Zeit (710 - 794 n. Chr.) bekannt. Wichtigster Herstellungsort war Kanazawa an der Westküste der Insel Honshu. Das Blattgold wurde dort mit Zwischenlagen aus hakuuchishi, einem Gampi-Papier, das mit dem Zusatz von Tonerde hergestellt wurde, gehämmert.

Auch im Altertum wurde Gold bereits zu Heilzwecken benutzt. Persische und arabische Ärzte (Avicenna) verordneten Gold als Herzstärkungsmittel.

Das Byzantinische Reich verbindet den Balkan, Vorderasien, Syrien und Ägypten. Dort wurde zwar die Kultur auf römischer Basis entwickelt, allerdings mit einem starken Hang zum Luxus aus dem Osten. Wenn in früheren Epochen die Vergoldung für die Beleuchtung, für Sakral- und Gebrauchsgegenstände und für Möbel verwendet wurde, so wurde im Byzantinischen Reich das Blattgold für Symbole und Mosaike benutzt. Die Möbelformen wurden langsam vernachlässigt, die Prioritäten verschoben sich in Richtung der Verschönerung. In der Bearbeitung wurden immer öfter Blattgold und Edelsteine verwendet.

Langsam verbreitete sich dieses Handwerk auch in Deutschland. Zunächst wurde Blattgold nur in den Klöstern geschlagen, aber schon Ende des 14. Jahrhunderts übernahmen weltliche Handwerker die Herstellung. Das Monopol hatte bald die alte reiche Stadt Nürnberg.

Danach wurde die Blattgoldproduktion von Nürnberg nach Schwabach umgesiedelt. Im Jahr 1463 wurde in der Schwabacher Chronik zum ersten Mal ein Goldschläger erwähnt. Dieser Zeitpunkt deckt sich auch ziemlich genau mit dem Zeitpunkt der Restaurierung des bekannten Hochaltars der Schwabacher Stadtkirche. Das trockene Klima, bedingt durch den Sandboden in dieser Region, war der Hauptgrund dafür, dass die Blattgoldherstellung hier heimisch wurde. In Schwabach entstand 1572 die erste Blattgoldmanufaktur, sie wurde vom Meister Ratzert geleitet. In den Jahren 1655, 1673, 1700 und 1707 sind weitere Anfänge der Blattgoldherstellung in Schwabach zu verzeichnen. Wie aus verschiedenen Aufzeichnungen hervorgeht, hat die Goldschlägerei zu dieser Zeit schon eine beträchtliche Gesellschaft beschäftigt. Mitte des 19. Jahrhunderts entwickelte der Schwabacher Handwerker Schall mit einem Fürther Handwerker die Weißmetallschlägerei, die einen ungeahnten Aufschwung erleben durfte.

Im Mittelalter wurde die Technik der Blattgoldherstellung weiter verbreitet, verfeinert und durch eine Reihe von Erfindungen verbessert.

Aus dem Mittelalter sind die anonymen Rezeptsammlungen der Blattgoldfertigung - wie das sogenannte „Lucca-Manuskript" (9. Jh.) - bekannt. Die Fertigung des Blattgoldes und mehrere Arten von Blattvergoldungen, die unseren heutigen Verfahren schon sehr nahe kamen, wurden detailliert im „Praxis-Lehrbuch" des Benediktinermönchs Theophilus Presbyter (Pseudonym des Rogerus von Helmarshausen, Anfang 12. Jh. n. Chr.) beschrieben.

Das „Malerbuch vom Berge Athos" aus dem 13. Jahrhundert enthält eine detaillierte Anleitung zur Durchführung einer Polimentvergoldung mit einem Untergrund aus Kreidegrund und Tonerde. Dieses Verfahren weicht nur geringfügig von der heute üblichen Praxis ab. In den folgenden Jahrhunderten wurde die Technik der Polimentvergoldung stetig verfeinert und erweitert, bis sie in der Skulpturenfassung der Spätgotik ihren vielleicht bedeutsamsten Leistungshöhepunkt erreicht hatte. Seit diesem Zeitpunkt stellt sich die Polimentvergoldung als ein so kompaktes und ausgereiftes Verfahren dar, dass es handwerkstechnisch nicht mehr verbesserungsfähig war und bis in unsere Tage auch tatsächlich nicht mehr wesentlich verändert wurde.

Blattgold wurde bereits in der Antike als Träger von radierten Darstellungen auf Glas verwendet. Die im 4. und 5. Jh. n. Chr. entstandenen fondi-doro besitzen ebenfalls Vorläufercharakter. Dabei handelt es sich um kleine medaillonförmige Arbeiten aus in der Technik der Hinterglas-Metallradierung aus verziertem Glas, das überzogen wurde. Die Technik der Hinterglasmalerei wurde zur

Imitation von Edel- und Schmucksteinen, etwa Lapislazuli, genutzt. Als Blattmetalle hinter Glas kommen neben Blattgold, Blattsilber und Schlagmetall auch Kupfer-, Zinn- und Bleifolie zur Anwendung. Historische Anlegemittel für Blattmetalle sind: Eiklar, Gluteinleime, Gummi, Leinöl und Harze. Die Metallpulver werden entweder auf eine mit Anlegemittel, meist Anlegeöl, bestrichene Fläche aufgestreut oder mit dem Bindemittel vermischt. Diese Teile wurden in die Bodenzone von Schalen und Bechern integriert. Im Mittelalter erfuhr die Technik in Italien insofern eine Veränderung, als nun lediglich die Glasrückseite mit radierter und farbig hinterlegter Metallfolie belegt wurde. Gleichzeitig wurde mit lichtundurchlässigen Farben auf dem Glas gemalt. Die im 13. Jh. gefertigten Stücke wurden schmückende Bestandteile von Plastiken, Reliquien oder Kruzifixen.

Vergoldene Mosaikausstattung vom 12. Jh. **Kathedrale Santa Maria Nuova in Monreale**, *Sizilien.*

Vergoldene Mosaikausstattung (1880-1911) im **Aacher Dom.**

Im 9/10. Jh. n. Chr. war Gold nicht nur bei Juweliersarbeiten und Hausrat, sondern auch für die Vergoldung von Architekturelementen sehr verbreitet.

Der Doge Petro Orceolo (976 - 978) bestellte einen vergoldeten Altar bei Handwerkern in Konstantinopel. Im Jahr 1105 wurde der Altar mit Emaille und Blattgold verziert. Dieser Schmuck wurde während des vierten Kreuzzuges als Beutestück erobert und im Pantokratorkloster in Konstantinopel aufbewahrt. Im Jahr 1345 wurde der Altar praktisch vollständig umgearbeitet.

Als in der Renaissance Adel und Klerus die Künstler mit Aufträgen überhäuften, blühte der Vergolderberuf auf. Bilder- und Spiegelrahmen wurden eigenständige Kunstwerke. Ganze Vergolderfamilien ließen sich nahe der Kirchenzentren und Höfe nieder, vererbten Berufsgeheimnisse von einer Generation zur anderen.

Außer der Kirche und dem Adel gehörte im 18. Jahrhundert auch das zu Wohlstand gekommene Bürgertum zu den potentiellen Auftraggebern des Vergolders. Die weitere Ausdehnung des Anwendungsbereiches in bürgerlichen Wohnstuben dokumentiert sich im 19. Jahrhundert vor allem die Herstellung von Bilderrahmen, die durch berufsspezifische Verzierungstechniken eine eigenständige Gestaltungsform zeigten.

Ein weiteres wichtiges Anwendungsgebiet für Blattgold war die im Mittelalter entwickelte.

Kunst des Buchdrucks. Dabei wurde Gold sowohl für die Betonung einzelner Textstellen als auch für die Verzierung der Einbände benutzt. Einbände besonders geschätzter handgeschriebener Bücher wurden reich verziert. In der staatlichen bayrischen Bibliothek in München befindet sich der sogenannte „Gold Codex" (Codex aureus). Es ist das Evangeliar, das ca. 870 n. Chr. in Reims geschrieben wurde. Der Text wurde mit vergoldeten Buchstaben hergestellt. Die Einbandbasis besteht aus den Holzplättchen mit einem Lederbezug, in den Edelsteine eingelassen sind. Auf der oberen Platte wurden Goldblätter mit dem Relief von Christus, der vier Evangelisten und Szenen aus dem Neuen Testament angebracht.

Im 16 Jh. erscheinen erste gedruckte Bücher mit vergoldeten Einbänden. Einer der bedeutendsten Buchbinder Deutschlands zur Zeit der Renaissance war Jakob Krause (1531 - 1581), der beim sächsischen Kurfürsten August in Dresden als Hofbuchbinder arbeitete. Seine Einbände kann man ohne weiteres als bibliophile Kostbarkeiten bezeichnen.

Die älteste Abbildung der Buchbinderei finden wir auf dem Holzschnitt aus Jost Amman`s „Ständebuch", mit einem Vers von Hans Sachs. Wir sehen, wie ein Handwerker am Tisch beim Fenster sitzt und einen Buchblock mit der Hilfe eines Handwerksbandes zusammennäht. Im Vordergrund schneidet der Meister einen im Schraubstock zusammengepressten Buchblock.

Unter dem Holzschnitt befindet sich ein Vers von Hans Sachs:

„Ich binde allerlei Bücher ein

Geistlich und Weltlich /Groß und Klein/

In Pergament oder Bretter nur

und beschlage mit guter Claufur

Und Spangen /und stempele die zur Zier/

Ich die auch im Anfang plane/

Endlich vergolde ich auf dem Schnitt

Da verdiene ich viel Geld mit".

Die Anwendung der Blattgoldtechnik verbreitete sich auch in anderen Ländern. Von Griechenland kam sie über den Balkan nach Süd- und Osteuropa. Als eines der bekanntesten Beispiele gilt die St. Simeon Kirche in Budapest. Diese Kirche mit einer Barockfassade aus dem 17. Jh. wurde auf dem Standort einer frühchristlichen Basilika aus dem 5. Jh. erbaut und 1570 dem heiligen Simeon geweiht, als dessen Reliquienschrein dorthin überführt wurde. Der beeindruckende Sarkophag wurde 1377 von Elisabeth von Bosnien, Königin von Ungarn und Kroatien, in Auftrag gegeben. Der damals in Zadar ansässige mailändische Goldschmied Francesco benötigte für die Fertigung dieses Kunstwerkes und den Überzug des Zedernholzes innen und außen 250 kg Silber und viel Blattgold.

Die Vergoldung mit Blattgold erlebte seit dem 10 - 11. Jh. n. Chr. auch in Russland eine breite Anwendung. Sie wurde von einigen Goldschlägern sowie in kleinen Werkstätten ausgeführt. Das größte Zentrum der Produktion von Blattgold und Mischgold (von einer Seite Gold und von der anderen - Silber) war seit langem in Poschechonje im Jaroslawler Gebiet. Eine Kirche oder ein Heiligenbild ohne eine Vergoldung war undenkbar. In historischen Aufzeichnungen sind überall die vergoldeten Helme, Kirchenkuppeln, Dächer und die Turmspitzen der Paläste erwähnt. In den Chroniken im 12. Jh. wurde oft erwähnt, dass unter dem Großfürsten Andrey Bogolyubsky viele Kirchenkuppeln vergoldet wurden. Noch früher wurde in der Lawrentjewsky Chronik geschrieben, dass in Kiew nach der Anweisung von Fürst Swjatopolk I. die Kirche des Heiligen Michails vergoldet wurde, die als „die goldhäuptige Kirche" bekannt wurde.

Eine außerordentlich große Rolle spielte Blattgold in der Ikonenmalerei. Dazu sei ein Zitat vorangestellt: „In unserer alten Ikonenmalerei gibt es fantastische Heiligengesichter mit den fantastischen Gesichtsausdrücken". (N. V. Gogol, 1809 – 1852. Russ. Schriftsteller).

Die Ikone (auf griechisch „eikon" - „Heiligenbild") ist ca. im 4 - 5. Jh. n. Chr. im Byzantinischen Reich erschienen. Die Ikonenmalerei geht auf die ägyptische und altgriechische Malerei zurück, unter anderem auf das sogenannte Fajumporträt (auch Mumienporträt genannt) aus dem 1 - 3. Jh. n. Chr. Die Ikonenmalerei im Byzantinischen Reich verwandelte langsam die traditionellen malerischen Gesichtszüge in harte und kanonische Heiligenbilder, die der Moral der byzantinischen Kirche angepasst waren. Dieser Stil wurde später von der orthodoxen Kirche übernommen.

Der byzantinische Kult des Lichtes wurde durch Gold oder auch durch die Ockerfarbe in der Ikonenmalerei realisiert. Der goldfarbene Hintergrund symbolisiert den Himmel bzw. das „göttliche" Licht. Der abstrakte vergoldete Grund wechselte in einen dreidimensionalen Raum und erhebt sich in eine idealistische Welt. Die Sachen und Figuren, die mit einem feinen Goldnetz bedeckt wurden, schienen keine Materie und kein Volumen zu besitzen.

Die russische Ikonenmalerei übernahm den Geist und den Sinn des byzantinischen Christentums. Waren die Heiligenbilder in Russland bis ca. 10 - 12. Jh. n. Chr. praktisch noch Kopien der byzantinischen Ikonen, so sind im 13. Jh. n. Chr. schon eigene Ikonenmalereischulen vorhanden. In der Verlängerung der byzantinischen Tradition wurde bei den russischen Ikonen das Blattgold verwendet. Dieses konnte die verschiedenen Farben von grün bis rot (in Abhängigkeit von einem Silber- oder Kupferanteil) annehmen. Mit diesen Blättern wurden der Ikonenhintergrund, die Heiligenscheine, manchmal auch andere Elemente (Engelsflügel, Kleidung, Architektursachen) vergoldet.

Es gab zwei Vergoldungstypen – mit und ohne ockerhaltigem Malgrund. In dem ersten Fall wurde die Grundierung mit der hellen Ockerschicht abgedeckt. Nach einem Trockenvorgang wurden einige bestimmte Stellen geschliffen und mit einem Fettgewebe- oder Fischleim bestrichen. Blattgold wurde daraufhin auf den Malgrund unter Beachtung der Umrisse der Malerei aufgetragen. Wenn die Arbeit fertig war, wurde die Metalloberfläche mit einem polierten Stein, Bären- oder Wildschweinzahn behandelt.

Seit dem 16. Jh. wurde das Vergoldungsverfahren auf einer Ockerschicht weiterentwickelt. Die ockerhaltige Paste wurde aus einem roten Ocker mit Hühnereiweiß und Bienenwachs gemischt. Sie wurde auf den Grund mit mehreren Schichten mit dem Pinsel oder mit einem Spachtel aufgetragen und dann gewöhnlich geglättet. Wenn die Schicht getrocknet war, wurde sie mit Wodka befeuchtet und auf die nasse Oberfläche wurde das Blattgold geklebt. Ein solches Verfahren verlieh der vergoldeten Oberfläche einen effektvollen metallischen Glanz.

Oft wurden auf die Kleidung, die Engelsflügel und das Interieur mit einem Kleber Striche aus Blattgold aufgetragen. Nach dem

Trocknen wurde der Metallrest entfernt und die Striche geglättet. Manchmal wurden solche Striche auf die Ikone auch mit einer Goldpaste aufgetragen.

Die Goldpaste wurde in der russischen Ikonenmalerei erst im 14. Jh. eingeführt. Sie wurde per Hand aus Blattgold und Honig hergestellt. Das Blattgold wurde viele Stunden im Honig gerieben, bis sich eine homogene Masse bildete. Danach wurde sie für die Entfernung der Metallreste gewaschen und getrocknet, der Masse wurde Mastix (ein Harz der Pistazienbäume) beigefügt. Die so entstehende Masse wurde erneut gemischt und die Goldpaste für die weitere Verarbeitung fertiggestellt. Die Paste wurde in feinen Strichen parallel („in Feder") oder als ein Netz („die Bastmatte") aufgetragen. Da die Flächen mit der Goldpaste nach dem Trockenvorgang keinen Glanz hatten, wurden sie nachträglich poliert und geglättet.

Um ca. 1511 schrieb der Abt Iosif Wolotzky in einer von seinen Botschaften: „Von dem Mönch Feodosy bekam ich die Ikonen von Andrei Rubljow, welche zwanzig Rubel kostet". In dieser Zeit kostete ein Dorf mit Grundstück und Häusern 20 Rubel. So hoch war der Preis der Arbeiten des weltberühmten Ikonenmalers Andrei Rubljow, die Feodosy dem Wolotzky Kloster geschenkt hatte.

Die Vergoldung mit Blattgold wurde auch für die Grundierung mit einem modellierten Relief verwendet, manchmal wurde die vergoldete Oberfläche mit ziselierten Ornamenten verziert. Im 17. Jahrhundert wurden die Ikonen in einem „italienischen Stil" gemalt, welcher traditionelle Technik der Temperamalerei mit Ölmalerei verband. Normalerweise wurden der Hintergrund und die Kanten der Ikonen, Kanten der Kleidung und Kronen oder Nimbus auf der Ockerschicht vergoldet und dann ziseliert. Auf den Kanten und Kronen des ziselierten Ornaments wurde ein mehrfarbiger Anstrich aufgetragen, der einen Effekt wie Drahtemaille hervorbrachte. Die Hauptfarben wurden auf die gesamte Ikonenoberfläche aufgetragen und die vergoldete Oberfläche wurde mit einer sehr dünnen durchscheinenden Farbschicht (grüne, rote, braune Farben) bedeckt. In dieser Schicht wurde mittels eines Nagels ein Muster hergestellt, indem die Farbe bis zur Goldschicht weggekratzt wurde. In der gleichen Zeit wurde in Russland das Malen mit schwarzer Farbe auf Gold angewandt.

Zur Herstellung von 1500 Blatt Blattgold benötigt man ca. 100 Gramm Schmelzmaterial. Die Zusätze müssen genauestens abgewogen werden. Nach dem Wiegen wird die Legierung in einem Tonschmelztiegel bei einer Temperatur von 1200 bis 1500 Grad Celsius geschmolzen. Früher wurde für diese Ziele ein Koksofen verwendet, später benutzte man Gasöfen mit einem Luftgebläse. Heute wird in einer modernen Fertigung ein computergesteuerter Schmelzofen verwendet, in dem das Schmelzgut schrittweise erhitzt wird und auch die Ausgusstemperatur genau gesteuert werden kann. Der Schmelzvorgang dauert ca. 1,5 Stunden. Nach dem Schmelzen wird das flüssige Schmelzgut zu einem Barren, genannt „Zain", ausgegossen; der wiegt jetzt 70 - 140 g. Der erkaltete Zain wird anschließend in einem Edelstahlwalzwerk in drei Arbeitsgängen bis auf eine Stärke von ca. 1,5 bis 2/100 mm gewalzt. Da jeder Walzvorgang Gold hart und spröde macht, muss nach jedem Walzvorgang das Goldband geglüht werden, um es wieder weich und geschmeidig zu machen. Würde man es nicht glühen, würde das Goldband beim weiteren Walzen reißen.

So gibt es um 1500 von Leonardo da Vinci verschiedene Walz- und Hammerwerke zur Herstellung von Blattmetallen. Im Museum für Wissenschaft und Industrie in Chicago wurde ein Modell des automatischen Hammerwerkes von Leonardo da Vinci vorgestellt.

Erhalten sind die „Isloshenie" der Musterhersteller in der Moskauer Ausstellung des Kunsthandwerkes von 1882, der Brüder A. und I. Knjasev, die eigentlich die detaillierte Beschreibung der Technologie der Blattgoldherstellung darstellen. Diese Technologie hat sich grundsätzlich bis heute erhalten. Es gibt einige Details, die über die besonderen Seiten der Handproduktion von Blattgold erzählen.

Goldschläger mussten dieses Handwerk seit ihrer Kindheit erlernen – ein Goldschläger-Meister nahm für eine Lehre 13 Jährige Jungen, die bei ihm vier bis fünf Jahre lebten und lernten. Danach wurden sie als Mitarbeiter angestellt. In den oben genannten „Isloshenie" wurde besondere betont, dass die Goldschlägerfähigkeiten unterschiedlich sind: „aus dem selben Metall macht ein Goldschläger viel besser und rentabel als ein anderer…".

Am Ende des Arbeitsvorganges wird das Goldband ein letztes Mal luftdicht (damit keine Oxidation einsetzt) geglüht, um es noch weicher zu machen. Früher wurde das aufgewickelte Goldband in glühender Holzkohle bei einer Temperatur von ca. 800 Grad geglüht. Heute übernimmt diese Aufgabe ein Gasofen. Je nach Menge des Schmelzgutes erhält man nach dem Walzen ein Goldband mit einer Länge von ca. 50 Metern. Früher wurden dann gleich schwere „Längen" abgewogen und jeweils hälftig zusammengelegt. Eine Länge ergab somit 64 Quartiere, welchen dann in die sogenannte „Quetsche" per Hand eingefüllt wurden. Heute übernimmt diese Arbeit eine Maschine. Die Quetsche ist eine Schlagform aus Montgolfier-Papier. Dieses Papier ist ziemlich fest, denn es muss ja das verhältnismäßig dicke Gold von ca. 2/100 mm beim Schlagvorgang aushalten. Vor dem „Einfüllen" muss die Quetsche gebräunt werden. Braun ist eine Art Fasergips, welcher auch unter den Namen „Marineblau" oder „Wiener Kalk" bekannt ist. Der Braun hat die Aufgabe zu verhindern, dass Gold beim Schlagvorgang an den „Häutchen" festklebt. Gleichzeitig werden beim Bräunen der Schlagformen die Häutchen von alten Gold und Braunresten gereinigt. Nach dem Bräunen müssen die Schlagformen getrocknet werden. Dies geschieht durch Wärme und Druck in Spezialpressen. Durch das Pressen löst sich die Feuchtigkeit aus den Häutchen und verbindet sich mit einem Teil des Braunen. Nun wird mittels eines Gebläses der feuchte Braun aus der Form geblasen, der nötige trockene bleibt in der Form zurück. Die eingefüllte Quetsche (ca. 500

Blatt) wird in ein Kreuzband aus Leder gesteckt und unter einem elektrischen Federhammer in ca. zehnmal für 20 Minuten zu einer Größe von ca. 120 x 120 mm geschlagen. Die Dicke beträgt nun ca. 1/3000 mm. Die Goldblätter werden nun von der Goldzurichterin mit der Handzange aus Ebenholz zu je 30 Blatt aufeinander gelegt. Diese „Risse" werden dann geviertelt und in die „Lotform" für den zweiten Schlagvorgang wieder eingefüllt. Die Lotform besteht aus Pergamentpapier, das ist ein sehr reißfester Pergamentersatz. Die Lotform enthält ca. 1600 bis 1800 Blätter und wird ebenfalls in ein Kreuzband aus Leder gesteckt. Mit Hilfe eines elektrischen Federhammers wird das Gold in zwanzigmal für 45 Minuten zu einer Größe von ca. 140 x 140 mm geschlagen. Die Dicke beträgt nun ca. 1/8000 mm. Nun wird das geschlagene Gold wieder von der Goldzurichterin ausgelegt. Diesmal allerdings je 80 Blatt pro Riss. Diese Risse werden dann geviertelt. Je nach Gewicht des Goldes und nach dem geforderten Endergebnis (z. B. Doppelgold oder normale Stärke) werden die Goldrisse zwischen 5 cm^2 große Holzbrettchen gelegt und überstehendes Material abgekratzt. So wird das Gold bearbeitet, bis man es in eine Form für das Feinschmieden unterbringen kann. Heute wird diese Form aus Kunststoff gefertigt. Früher wurde sie aus Tierhaut (Wildleder) gemacht. Noch bis zur Mitte des 20. Jhs. wurde Wildleder aus dem Blinddarm des Viehs gemacht. Für eine höhere Formqualität brauchte man ca. 2800 Därme. Ein Nachteil der Formen aus dem Blinddarm war bei der Herstellung die starke unangenehme Geruchsbelastung.

Wenn die Form mit dem Gold befüllt ist, wird Gold geschlagen. Früher wurde diese Arbeit von vielen Goldschlägern gemacht. Heute haben computergesteuerte Schlagautomaten diese Arbeit übernommen.

Um eine Vorstellung über diesen Prozess zu bekommen, werden im folgenden noch einmal die Prozessschritte aufgezeigt, die früher ein Goldschläger nach der alten Methode ausführen musste. Das Arbeitsgerät eines Goldschlägers ist zum einen der Amboss

(Goldschlägerstein) und zum anderen eine Auswahl verschiedener Schlaghämmer.

Der Amboss ist ein hüfthoher in Sand eingelagerter Stein mit polierter Platte. Die Sandeinlagerung soll bewirken, dass der Amboss in der Lage ist die Schlagenergie zu absorbieren. Wäre der Stein fest eingemauert, so würde er leicht abbrechen. Beginnt der Goldschläger mit seiner Arbeit, so benutzt er als erstes den Anschlaghammer. Dieser hat ein Gewicht von ca. 7,5 kg und hat eine flache Platte, um Gold „aufzutreiben".

Nürnberger Goldschläger vom Jahr 1689. (Original aus Feldhaus & Neuburger. Zwölfbruderbücher. Stadtbibliothek Nürnberg).

Entwickelt sich Gold nun während dieses Schlagvorganges nicht wie gewünscht, so benutzt er das Spitzchen. Dieser Hammer hat ein Gewicht von ca. 1,5 kg und hat eine stark gerundete Schlagfläche. Mit diesem Hammer kann er punktuell auf Gold mit größerer Genauigkeit einwirken. Man spricht hier vom Antreiben. Nachdem das Blattgold nun eine gewisse Größe erreicht hat, beginnt der zweite Abschnitt des Goldschlagens, das Ausschlagen. Der Ausschlaghammer hat ein Gewicht von ca. 5,5 bis 9 kg. Nach dem Ausschlagen folgt das Fertigmachen. Der nun verwendete Hammer - der so genannte Fertigmacher - hat ein Gewicht von ca. 12,5 kg. Nun hat das Blattgold seine endgültige Größe und eine Stärke von etwa 1/10000 mm erreicht. Nach dem Fertigmachen schlägt der Goldschläger noch ein paar Schläge mit dem Ausschlaghammer. Dieser hat ein Gewicht von ca. 5,5 kg. Das soll bewirken, dass das Blattgold von der Beschneiderin leichter aus der Form genommen werden kann.

Der letzte Arbeitsgang ist das Beschneiden. Die Goldbeschneiderin nimmt die Blättchen mit einer Holzzange (Schwarzbaum oder Ebenholz) aus den Formen und bläst sie auf ihr Beschneiderkissen. Dann schneidet sie es mit einem beweglichen Messer (verstellbares Doppelmesser - Beschneidekarren) in die bestellte Blattgröße. Das Beschneiderkissen ist ein Holzbrett, welches mit Ziegenleder bespannt und mit Watte ausgestopft ist. Auf Wunsch des Kunden kann es individuell gefertigt werden. Meist wird eine Größe von 80 x 80 mm hergestellt. Aber andere Formen und Größen sind ebenso möglich. Zuletzt wird das Blattgold in Seidenbücher verpackt. Um ein Kilo des Blattgoldes zu bekommen, müssen mehr als zwei Kilo Gold geschmolzen werden. Die Ausbeute des reinen Produkts beträgt ca. 45%.

Auf dem heutigen technischen Niveau ist es möglich, Goldblätter um ein Mehrfaches dünner als von Plinius erwähnt herzustellen. Der Fertigungsprozess des Blattgoldes ist sehr kompliziert und braucht eine große Meisterschaft. Mittels der Computertechnik wird das außerordentlich erleichtert. Die moderne Blattgoldherstellung findet größtenteils am PC statt. Um das Blattgold immer in der gleichen Färbung herstellen zu können, müssen genaueste Wägungen der Legierungskomponenten vorausgegangen sein um die Rezepturen nicht zu verändern.

Nach dem Wiegen wird die Legierung in einem Tonschmelztiegel bei einer Temperatur von 1200 - 1500°C im Schmelzofen durch Verbrennung von Koks oder einem Gas-Luft-Gemisch geschmolzen, was bis zu einer Stunde dauern kann. Das Schmelzgut wird in einen Barren (1 cm x 4 cm) gegossen und kühlt ab. Der erkaltete Barren wird nun auf 70 mm Höhe vorgewalzt. Der Barren ist jetzt 20 cm lang und wird nach erneutem Erhitzen und Walzvorgängen auf eine Länge von bis zu 35 cm gebracht. Nach dem Weichglühen wird der Barren auf 7 mm Dicke und eine Länge von ca. 150 cm gebracht. Anschließend wird er ein zweites Mal weich geglüht und in Quadraten mit der Seitenlänge von 4 cm zwischen Pergamentblätter gelegt. Jeweils 2000 Blätter kommen in den Schlagautomat und werden dann ca. fünfzehnmal für 20 Minuten geschlagen. Als Nächstes kommen die feinen Blätter auf ein mit Kreide beschichtetes Stückpapier, damit sie nicht ankleben. Sie sind mittlerweile nur noch 1/7000 mm stark und werden in diesem Zustand in Büchlein gepackt, die die Kunden in der ganzen Welt dann erreichen. Die Tagesproduktion einer modern eingerichteten Firma beträgt ungefähr fünf Barren pro Kilo.

Das Verpacken in die Seidenbücher gestaltet sich allerdings äußerst schwierig, da die hauchfeinen Goldfolien gern durch den leichtesten Luftzug zusammenkleben oder sogar reißen.

Ein Vorteil der handwerklichen Herstellung von Blattgold ist die variable Größe, die die Goldblättchen haben. Bei der maschinellen Produktion kann im allgemeinen nur eine Einheitsbreite von 95 mm Seitenlänge erreicht werden - von Hand sind diese Maße leicht zu verändern, sodass auch Seitenlängen von bis zu 120 mm möglich sind. Außerdem ist das Blattgold durch die Handbearbeitung viel weicher als es Maschinen jemals machen können.

Den Produkten der Blattgoldfabriken ist mittlerweile keine Grenze mehr gesetzt. So werden Lacke, Pinsel, Klebebänder und natürlich Blattgold, dass in 24 verschiedenen Farbvarianten vorhanden ist, hergestellt.

Auch in der Neuzeit liegt die bedeutendste Goldschlägerstadt Europas in Schwabach in Deutschland in der Nähe von Nürnberg. Dort wird seit Jahrhunderten die Tradition unterstützt und hauchdünnes Blattgold wird in die ganze Welt verschickt. Momentan gibt es noch acht Goldschlägerwerkstätten in Schwabach, doch nur in zwei Betrieben wird das hochkarätige Metall noch von Hand geschlagen. 1861 wurden 7 Meister mit 51 Gesellen in den Büchern als Beschäftigte im Goldschlägerhandwerk geführt. In den Jahren danach nahm das Handwerk einen enormen Aufschwung. 1883 waren es bereits ca. 1000 Personen, die sich in diesem Gewerbe ihren Lebensunterhalt verdienten. So entstand in diesen Jahren ein breiter wohlhabender Mittelstand in dem kleinen Ort Schwabach. Der gesamte Wert des verarbeiteten Scheitgoldes betrug damals 172`000 Mark. Die Jahresproduktion der Schwabacher Manufakturen von ca. 50`000 Büchern bildete einen Wert von ungefähr 550`000 Mark.

1899 wurden einige Betriebe modernisiert, indem Federhämmer eingeführt wurden und dadurch Zeit und Geld gespart werden konnte. Die einzelnen Schlägereien regelten selbst die Ausfuhrgeschäfte nach England, Australien und in den Orient, ohne sich vom großen Nürnberg abhängig zu machen.

Nach dem Ersten Weltkrieg gelang den kleinen Firmen ein schnelles Aufleben, der Erfolg wurde größer denn je. So wurde nach der Inflation von 1923 im Jahre 1924 in ca. 127 Betrieben produziert, die insgesamt ca. 1200 Arbeiter beschäftigten und eine jährliche Rohstoffverarbeitung von 1000 kg Gold vorweisen konnten. 1925 wurde der Exportmarkt, der immerhin 85% der Produktionsmenge betrug, jedoch beträchtlich eingeschränkt. Konkurrenten aus den USA forderten höhere Einfuhrzölle, die daraufhin um 50% erhöht wurden. Außerdem hatte man billigere Ersatzmaterialien gefunden, die allerdings bei weitem nicht dem Aussehen des echten Goldes glichen. Fachleute erklärten die Krise außerdem mit der fehlenden Organisation und dem schlechten Geschäftssinn der Meister, die die Betriebe leiteten. So wurde im Jahr 1931 in 67 Werken der Betrieb eingestellt, 14 weitere konnten vor ihrer Schließung ihre laufenden Verträge noch beenden. Daraufhin waren im April des gleichen Jahres nur noch 88 Betriebe in den Akten vermerkt. In der NS-Zeit waren durch das völlige Ausfuhrverbot alle Betriebe vom Bankrott bedroht. 1951 wurde über eine Begrenzung der Exportquote auf monatlich 5 kg diskutiert, was wohl ebenfalls das Aus für die Produktionsstätten bedeutet hätte. Trotzdem existierten im Jahre 1970 noch 17 Betriebe, wobei ein Großbetrieb mit 70 Angestellten die Oberhand hatte.

Heute schließlich existieren nur noch 9 Firmen, die immerhin noch rund 400 Mitarbeiter beschäftigten. Bekannt sind die Firmen von Ernst Kurz und Wilhelm Wasner.

Im Jahr 1910 gründete Ernst Kurz in Schwabach das Werk für die Blattgoldproduktion. Es war ein erfolgreiches Unternehmen und trotzte der schwierigen Periode des Erste Weltkrieges und der Weltwirtschaftskrise. Ernst Kurz war in dieser Zeit der größte Produzent des Blattgoldes. Die Produktpalette reichte von Blattgold bis Emaille. Durch die Firma wurde sehr stark die Einteilung der Blattgoldsorten beeinflusst. Es wurden auch Werkzeuge für Goldschläger, Maler und Restaurateure hergestellt. Die Produktion wurde weitgehend modernisiert und automatisiert.

Im Jahr 1980 gründete Wilhelm Wasner eine Firma für den Blattgoldverkauf. Diese Firma wurde „Wilhelm Wasner Blattgold GmbH" genannt. Viele Jahre arbeitete diese Firma, als ein Hauptpartner der Firmen in Schwabach, bis Herr Wasner Anfang 1995 die Firma verließ.

Ein Grund für die große Ansiedlung von Goldschlägern in Schwabach und deren besonders gute Produkte dürfte neben der natürlich einmaligen Handfertigkeit der Arbeiter auch der natürliche Standortvorteil sein - eine relativ stabile Luftfeuchtigkeit von 75%, ohne die die Goldschläger viel mehr Ausschuss produzieren würden!

Heute sind nur noch wenige, dafür aber größere Betriebe in Deutschland übrig geblieben. Unter denen sind Noris East, Noris Blattgold sowie Eberhard Faber. Geblieben ist auch die Qualität des hier gefertigten Blattgoldes. Es ist weltweit gefragt, so dass ein großer Teil der Produktion exportiert wird. Der Absatzmarkt ist riesig groß, da Blattgold immer noch einen außerordentlich guten Ruf hat. Das Schwabacher Blattgold wird zum Beispiel nach Amerika, Kanada, Australien, Israel und in viele andere Staaten geliefert, insgesamt in 50 Länder auf der ganzen Welt. Natürlich wird heute mit modernen Maschinen gearbeitet. Am Prinzip der Blattgoldherstellung hat sich jedoch nichts geändert.

Auch in Österreich hat die Blattgoldherstellung Tradition. Hinter der Firma Wamprechtsamer Blattgold in der Wiener Kendlerstraße in Österreich steht eine lange, wechselhafte Geschichte. Der Betrieb wurde 1906 von dem gebürtigen Steirer Alois Wamprechtsamer gegründet. Der Sohn eines Tischlermeisters erlernte das Handwerk ursprünglich in Graz und vervollständigte sein Können als Geselle auf der Walz bei verschiedenen Blattgoldfirmen im In- und Ausland.

Der Erste Weltkrieg bedeutete für die Werkstätte den ersten wirtschaftlichen Einbruch. Während Wamprechtsamer an die Front musste, brachte seine Frau, so gut sie konnte, die Firma über die Runden.

In mühevoller Arbeit ging es nach seiner Rückkehr, unter Mithilfe seiner inzwischen erwachsenen drei Kinder, wieder bergauf. Der Betrieb war zu seiner Zufriedenheit aufgebaut, bis der Zweite Weltkrieg Wamprechtsamer fast alles nahm. Die Firma musste geschlossen werden, denn es wurde kein Feingold zur Verarbeitung freigegeben. Der einzige Sohn, der den Betrieb übernehmen sollte, fiel an der Front.

Um aber sein Lebenswerk nicht zugrunde gehen zu lassen, machte sich nach dem Krieg der damals siebzigjährige mit seiner Tochter Anna und zwei alten Gesellen daran, völlig von vorn anzufangen, denn das Blattgold - Schlägerhandwerk drohte in Österreich auszusterben.

Nach 2-jähriger Kriegsgefangenschaft kehrte der Schwiegersohn Josef Hofmann heim und erlernte das Handwerk der Blattgoldherstellung. Er und seine Frau Anna konnten den Betrieb durch viel Fleiß vergrößern, da nach dem Krieg vermehrt Blattgold für den Wiederaufbau in Österreich benötigt wurde (Staatsoper, Burgtheater, Kirchen, Grabdenkmäler).

Als nächster ist dessen Sohn Peter Hofmann, die dritte Generation, am Zug. In den frühen 60er Jahren, im Alter von 21 Jahren, schließt er die Meisterprüfung der Blattgold-Schlägerei mit ausgezeichnetem Erfolg ab. Von da an führt er das Unternehmen auf zukunftsträchtige Art und Weise. Er konnte die Firma mit viel Engagement und Tüchtigkeit modernisieren. Im Jahr 1989 wird der Blattgold-Schlägerei Wamprechtsamer das Recht zur Führung der österreichischen Staatswappen durch den damaligen Handelskammerpräsidenten Ing. Dittrich verliehen. In dieser Phase erfuhr die Firma die weitreichendste Entwicklung ihrer Geschichte. Bis 1997 unterstützte ihn dabei seine 85-jährige Mutter.

Den Platz als Geschäftsführer nimmt seit neuestem sein Sohn Philipp ein, der den Beruf von der Pike auf erlernt hat. Gemeinsam führen heute Vater und Sohn den Betrieb mit Hauptaugenmerk auf höchste Qualität, zufriedene Kunden und natürlich handwerkliche Tradition. Zum 100-jährigen Jubiläum steht mittlerweile die 4. Generation für das unumstößliche Fortbestehen der Firma Alois Wamprechtsamer Blattgold in Wien, Österreich.

Die Firma „Dove" in Frankreich (Dep. Hochsavoien) stellt Blattgold seit 1764 her. Sie produziert ca. 200`000 Goldblätter im Monat (ca. 35 kg/Jahr) und versorgt 30 bis 40% des französischen Marktes mit Blattgold. Beispiele der Vergoldungsarbeit sind der Versailler Palast, die Gitter des Jardin du Luxembourg und des Monso-Parks, die Kuppel des Invalidendoms in Paris, das Rathaus in Lion und die orthodoxe Kirche in Gent. Die Kuppel des Invalidendoms wurde in den Jahren 1807, 1869, 1937 und 1989 vergoldet. Im Jahr 1937 führte die Vergoldung wahrscheinlich ein nicht hochqualifizierter

Vergolder aus. Die Goldblätter wurden nicht präzise auf die Oberfläche der Kuppel aufgetragen, deswegen mussten sie zusätzlich mit einer Schutzschicht versehen werden.

Die Blattgoldmanufaktur in Florenz in Italien arbeitet seit 1820. Die Produkte sind nach heutiger Klassifizierung der Profiqualität zuzurechnen. Das Gewicht beträgt 24, 23.75, 23, 22 und 18 Karat. Blattgold 23.75 und 24 Karat sind für Arbeiten aller Art geeignet, unter anderem für die Gastronomie, für Vergoldungsarbeiten in Innenräumen und im Außenbereich. Blattgold 24 Karat ist reines edelstes Gold und sehr weich. Der sehr geringe Silber/Kupferanteil (0,25 Karat) im 23,75 Rosenoble - Gold, extra stark) macht das Metall etwas härter, es ist dadurch meist leichter zu verarbeiten.

Das „lose" Blattgold wird in Heftchen verpackt, wo es zur leichteren Entnahmen durch dünne Seidenpapierblätter getrennt ist. Das Blattgold wird auf ein Seidenpapierblättchen gepresst und mit diesem aus dem Heft entnommen, man nennt das Transfer-Blattgold. Die Entnahme erfolgt meist mit dem Pinsel oder dem Vergoldermesser.

In der Architektur blieben Vergoldungen fast ausschließlich repräsentativen sakralen und profanen Bauwerken vorbehalten. Ein besonders üppiger dekorativer Goldschmuck ist in den Räumen der Bauwerke des Barock, Rokoko und des frühen Klassizismus zu finden. Ausschlaggebend für die ständige Vergrößerung des Umfangs von Vergoldungen an Bauwerken und deren Ausstattung war auch die Weiterentwicklung der Blattgoldherstellung bzw. Goldschlägerei.

Im russischen staatlichen Archiv wurde in einer Urkunde von 1722 die Fabrik des flachgeschlagenen Goldes und des Silbers bei dem Barbarischen Tor in Moskau erwähnt. Besonders weite Verbreitung erfuhr das Blattgold bei der Verschönerung des Interieurs im 17. - 18. Jahrhundert sowie in der ersten Hälfte des 19. Jahrhunderts. Im 18. - 19. Jh. wurde das Blattgold für eine Prägung teurer Bücher und die Dekoration des Palastinterieurs verwendet, da es

Heiliger Georg auf Pferd tötet Drache mit Speer. Die staatliche Tretjakow Galerie, Moskau.

den Reichtum des Besitzers demonstrierte. In den Möbelstilen des Barock, des Rokoko und des Empire war die Ausstattung mit Blattgold das Hauptverfahren. Diese Ausstattung der Holz- und

Gipsoberflächen ergibt außer einer höheren Beständigkeit verschiedene dekorative Effekte von matt bis glänzend.

Die Restaurationsarbeiten an den Kirchenkuppeln des Katharinenpalastes in Zarskoje Selo fanden nach dem Zweiten Weltkrieg im Sommer 1956 statt. Die Kuppeln hatten ein feines Ornament aus Blumen und Kartuschen. Alles musste vergoldet werden. Die große glatte Oberfläche wurde direkt vom Heft und die Ornamente mit dem Pinsel vergoldet.

Katharinenpalast (Zarskoe Selo) bei St. Petersburg.

Für die Vergoldung der Kuppeln und Laternen wurden 356 Hefte oder 21`360 Goldblätter der Größen 70 x 120 mm gebraucht. Das gesamte Gewicht des Blattgoldes betrug 912 Gramm.

Es ist bekannt, dass bei den Bauarbeiten am Katharinenpalastes in Zarskoje Selo außerordentlich viel Blattgold benutzt wurde.

Der Brunnen „Samson" in Peterhof wurde im 20. Jahrhundert zwei Mal vergoldet. Zum ersten Mal wurde die Bronzefigur im Jahr 1934 vergoldet. Während des Zweiten Weltkrieges wurde die Samson-Figur abgebaut und erst im Jahr 1947 wiederaufgebaut und mit 5 Gramm Blattgold bedeckt.

Eine blattgoldbedeckte Kuppel hat auch die russische Nikolauskirche in Nizza. Es ist eine der schönsten orthodoxen Kirchen außerhalb Russlands. Sie wurde im Jahr 1912 im altrussischen Stil mit Kreuzen und farbigen Kacheln an den Wänden errichtet. Die Geschichte der Nikolauskirche ist eng mit der Familie Romanow verbunden.

In der modernen Zeit wurde mit dem Blattgold die 72 Meter Spitze der Admiralität in Sankt Petersburg beschichtet. Wenn man das gesamte Blattgold, das für die Spitze verwendet wurde, einschmilzt, bekommt man eine Kugel mit einem Radius von drei Zentimetern und einem Gewicht von zwei Kilogramm.

Mit Blattgold veredelt sind auch die Repräsentationsräume des Parlaments (ebenfalls 1896 erbaut), in dem 40 kg Blattgold verbaut wurden, die Kuppel der St. Simeon Kirche und der Innenraum der Stephans-Basilika mit der 96 Meter hohen Kuppel. Die Basilika aus dem 19. Jahrhundert erscheint nach einer Restauration in neuem Glanz.

In Russland wird heute das Blattgold in großen Serien in der Moskauer Fabrik für die Bearbeitung von Legierungen aus Nichteisenmetallen hergestellt, außerdem in den Firmen Rubljow, AG „Promspezsplav" und „RIK-S".

In der Ukraine produziert das Blattgold die Fabrik „Raritet" in der Stadt Charkov. Dort wird das Blattgold nach der alten traditionellen Technologie (Schmiede-Verfahren) hergestellt.

Ein Zentrum der Blattgoldherstellung in Asien ist Myanmar (Birma). Allein in der Stadt Mandalay sind es ca. dreißig Werkstätten, in denen die Goldschläger nach traditionellen Vorgaben arbeiten. Aus 24 Gramm Gold werden in ungefähr sechseinhalb Stunden 4800 Blättchen geschlagen. Gold liegt mit Schichten aus Papier versehen zwischen zwei sich kreuzenden Bändern aus Hirschleder. Die kleinen Mengen des goldenen Inhalts werden durch 750 feinste Reisstroh- oder Bambuspapiere getrennt, zwischen jedem Bogen liegt ein Hauch von Gold. Oben und unten wird der Stapel mit ein paar zusätzlichen Bogen aus Strohpapier geschützt. Um das richtige Zeitmaß für den Prozess des Schlagens einzuhalten, hilft eine im Wasser liegende halbe Kokosnussschale. Durch ein kleines Loch in der Schalenseite dringt Wasser ein, ist die Schale gefüllt, wird sie ausgekippt. Dies wird dreimal wiederholt, dann wird der Stapel mit beiden Händen durchgeknetet und im Uhrzeigersinn um 90 Grad gedreht. Das Kneten und Drücken optimiert die regelmäßige Ausdehnung des Goldes. Der Ablauf wiederholt sich kontinuierlich, bis die Schale neunzig Mal gefüllt respektive geleert wurde.

Während des Schlagens wird Gold in verschiedenen Prozessschritten zwischen unterschiedliche Papiersorten geschichtet: Zuerst zwischen feines Reisstrohpapier, dann zwischen Bambuspapier und mit Hirschleder umwickelt. Auf der letzten Etappe – zwischen neuen, feinsten, kostbarsten Bambuspapierlagen - wird Gold bis ca. 0,00025 mm Schichtdicke gehämmert.

Die Technik der Goldblattapplikation hängt in Asien eng mit der Verehrung Buddhas und der buddhistischen Gottheiten zusammen. Im Buddhismus wird Blattgold für rituelle Opferhandlungen benutzt. Die feinen Goldblätter wurden entweder von Künstlern in einem einzigen Arbeitsprozess auf Holz-, Stein- oder Tonstatuen angebracht oder von frommen Gläubigen über Jahrhunderte und Jahrzehnte stückweise im Sinne einer Ehrerbietung appliziert.

In Thailand und Myanmar sind auf jeder Buddha-Statue große Mengen an Blattgold verarbeitet. Myanmar bietet ein großes Angebot an Sehenswürdigkeiten. Die Shwedagon-Pagode in der früheren Hauptstadt Rangun ist die größte und vermutlich wertvollste Pagode der Welt. Sie ist vom Sockel bis zur Turmspitze mit Gold bedeckt. Der mit Blattgold überzogene Phra Sri Rattana Chedi des Wat Phra Kaeo (Bangkok, Thailand) ist ebenfalls ein Beispiel für die Blattgoldanwendung an Sakralbauten.

Myanmar befindet sich auf dem Kreuz der Handelsstrassen zwischen Indien und China und zeigt heute tausende vergoldete Sakralbauten. Die hohe Präsenz der Goldschläger in Mandalay hat ihre Wurzeln in der Zeit, als König Mindon Min in der zweiten Hälfte des 19. Jahrhunderts Mandalay zur Hauptstadt erkor. Papier übernimmt bei der Blattgoldproduktion eine sehr wichtige Rolle, deswegen ist die Papierherstellung in Myanmar noch stark verbreitet.

Wenn jemand das Wort „Vergoldung" hört, denkt er zuerst an echtes Gold. Aber nicht alles, was glänzt, ist auch wirklich Gold. Es gibt ebenso wie die Echtvergoldung auch die Vergoldung mit Goldersatz.

Blattgold wurde vor allem zur Vergoldung organischer Werkstoffe, wie Holz, Papier und Leder verwendet, wobei verschiedene Techniken des Auftragens des Goldes (Ölvergoldung, Wasservergoldung) unterschieden werden. Eine andere Vergoldungstechnik ist die Feuervergoldung, die vor allem zur Vergoldung von Metallen angewandt wurde, ehe galvanische Techniken aufkamen.

Die Ölvergoldung ist das einfachste und bequemste Vergoldungsverfahren. Dieses kann praktisch auf allen Oberflächen verwendet werden, z.B. auf Metall, Glas, Stein, Kunststoff usw.

Bei der Ölvergoldung gibt es keinen solchen Glanz, wie bei der Polimentvergoldung.

Die Ölvergoldung beginnt mit der Vorbereitung des Untergrundes. Zuerst wird das Metall entfettet und entrostet, dann mit einem Lack abgedeckt. Je glänzender der Untergrund, desto glänzender wird die Vergoldung. Deswegen muss der verwendete Lack stark poliert werden.

Danach wird die Oberfläche gleichmäßig mit einem Anlegeöl bestrichen. Die Vergoldungen müssen mit dem oben erwähnten Anlegeöl gemacht werden, dieses nennt sich Mixion und ist eine sehr alte Technik, die sich bis heute kaum geändert hat. Mixion ist ein Leim auf Leinölbasis oder auf Lackbasis. Mixion muss auf die Oberfläche in einer sehr dünnen Schicht aufgetragen werden. Die Trocknungszeit ist von der Schichtdicke, von den Eigenschaften des Untergrundes und dem Temperatur-Feuchte-Verhältnis abhängig.

Der Lack wird einige Zeit getrocknet. Die getrocknete Oberfläche bleibt klebrig, darauf wird das Blattgold aufgetragen und geglättet.

Die Ölvergoldung für Arbeiten in Innenräumen und in Außenbereichen darf ohne Schutzschicht gemacht werden.

Nur eine Vergoldung mit dem weißen Gold oder Blattsilber muss mit einem Schutzlack abgedeckt werden. Aber auch andere Vergoldungen können mit Lack wirkungsvoll geschützt werden.

Auf die glatt geschliffene Oberfläche wird der spezielle Lack aufgetragen. Es gibt die unterschiedlichsten Lacksorten. Der beste und der teuerste ist der auf Bernsteinbasis. Dieser wird aus den Abfällen der Bernsteinfertigung produziert. Die kleinen Stückchen des Bernsteins werden aussortiert, gemahlen, in Mull verpackt und in Terpentindampf gehängt. Die auf dem Mull gebildeten Tropfen werden gesammelt und mit Rizinusöl und Robbentran gemischt. Mit Bernsteinlack abgedeckte Kuppeln brauchen Jahrzehnte keine

Restaurationsarbeit. Zum Beispiel wurde die Spitze des zentralen Pavillons der Messe in Moskau auf solchem Lack mit Blattgold im Jahr 1952 vergoldet.

Polimentvergoldung ist eine Vergoldungstechnik auf Holz, bei der das Blattgold auf eine Grundierung aufgelegt wird. Sie wird nur für die Arbeiten in Innenräumen verwendet. Es gibt verschiedene Polimentarten, in denen Kreide oder Lehm als Hauptkomponente ist.

Die Technik dieser Vergoldung ist ein komplizierter und langwieriger Prozess. Zuerst wird die Oberfläche geschliffen und mit der Polierpaste bestrichen. Danach wird die Oberfläche mit mehreren Schichten eines speziellen Leims abgedeckt. Mit der Kleberimprägnierung und dem Kreidegrund wird die Holzoberfläche verdichtet und geglättet.

Die Kleberimprägnierung dient zur Verdichtung des Grundes. Es können alle tierischen Leime verwendet werden. Aber die besten Ergebnisse werden nur mit einem Knochenleim erzielt. Da der Knochenleim im Vergleich mit einem hochwertigen Leim aus Fettgewebe oder dem Beinleim des Kaninchens einen niedrigen Gefrierpunkt hat, kann er tief in den Grund eindringen. Ein derartiger Leim soll bei 60°C in mehreren Schichten auf die Oberfläche aufgetragen werden. Nach jeder Schicht wird die Oberfläche erneut geschliffen.

Ein mineralischer Untergrund besteht aus einer fein gepulverten Kreide. Kreide wurde als Verschnittmittel in wässrigen leimhaltigen Bindemitteln vereinzelt auch als Weißpigment eingesetzt. Die Kreide liefert eine harte raue Schicht, welche, dank ihrer kristallinen Struktur, den Untergrund stabilisiert und eine höhere Haftung mit einem weiteren Weißuntergrund hat. Ein mineralischer Untergrund soll nicht dick sein, weil die Kreideschicht eine Tendenz zur Rissbildung hat.

Für den mineralischen Untergrund werden üblicherweise drei Teile Kreide mit einem Teil Wasser gemischt. In diese Suspension wird unter ständigem Rühren ein Kleber aus Fettgewebe oder dem Beinleim des Kaninchens bei 60°C zugegeben.

Der Weißuntergrund, der Kreide und Leime erhält, beseitigt alle Defekte der Oberfläche und bildet die Basis für die weitere Vergoldung. Als Grundierungsmaterial ist sie in der bildenden Kunst weit verbreitet und wird vor allem für Holztafeln und geschnitzte Bildwerke verwendet. Cennino Cennini berichtet von einer ganz besonderen Sorte, dem „Bianco di San Giovanni". Hier handelt es sich nach den Herstellungsangaben um eine Mischung aus Calciumcarbonat und Löschkalk, die besonders in der Wandmalerei (Secco-Technik) Verwendung fand. Heute werden beispielsweise als Mischkomponenten ein Teil Löschkalk, zwei Teile Champagner-Kreide und ein Teil chinesische Kreide verwendet.

Vor einer Anwendung müssen alle Bestandteile des Untergrundes durchgesiebt werden.

Der Weißuntergrund wird auf die Oberfläche in mindestens vier bis 6 Schichten aufgetragen. Die Arbeitstemperatur des Grundes soll wegen die Blasenbildung nicht höher als 40°C sein.

Damit er leicht auf die Oberfläche aufgetragen werden kann, kann man ihn mit 5%igem Alkohol verdünnen. Wenn die letzte Schicht aufgetragen wird, muss der Untergrund auf einer nassen oder trockenen Basis geschliffen werden. Dafür wird ein Schleifpapier mit einer Korngröße 220 (beim Trockenverfahren) oder 360 (beim Nassverfahren) verwendet.

Lehmuntergrund ist eine besondere Form des Poliments. Nach der Herstellung des Untergrundes erfolgt das Auftragen des Poliments, auch Bolus genannt, mit einem feinen Haarpinsel. Die Hauptkomponente des Lehmuntergrundes ist ein spezieller Lehm. Dieser Lehm wird in Italien, Frankreich, Deutschland, USA und Kanada gefördert. Aber der beste Lehm, welcher eine wunderschöne rote Farbe hat und hart ist, wird in Armenien gefördert. Es gibt zwei Polimentarten auf Lehmbasis - leim- und eiweißhaltige. Das leimhaltige Poliment ist beständiger und kann leichter gefertigt werden.

Das Poliment soll gut durchgerührt und durch ein Polimentsieb passiert werden, damit selbst kleine Klumpen ausgefiltert werden. Sollte die Konsistenz noch zu dickflüssig sein, kann mit ein bis zwei Prozent destilliertem Wasser verdünnt werden, damit eine cremige Konsistenz entsteht.

Der erste Auftrag sollte mit einem Vergolderpinsel (oval oder breit) nicht zu dünn und gleichmäßig auf üblichen Kreidegrundleisten, Rahmen oder Figuren erfolgen. Dabei ist darauf zu achten, dass der Pinsel nicht zu schmal ist, damit keine Rillen und Ansätze entstehen. Der Anstrich muss zügig erledigt werden, wobei nur in eine Richtung zu streichen ist. Hin- und Herstreichen ist zu vermeiden.

Das Poliment trocknet normalerweise innerhalb von 60 bis 90 Minuten durch und ergibt dadurch eine matte und deckende Oberfläche. Vor dem zweiten Auftrag muss der vorherige Anstrich vollständig durchgetrocknet sein.

Die Vergoldung auf Poliment findet nach der Aktivierung der letzten Schicht statt. Die Vergoldung wird auf der nassen Oberfläche durchgeführt. Zuerst wird der Gegenstand mit einem Netzmittel aus Wasser und Alkohol (z. B. Branntwein) bestrichen. Nachdem die Grundierung angefeuchtet ist, wird darauf das Blattgold gelegt. Dabei darf man immer nur mit kleinen Flächen arbeiten, weil das Netzmittel schnell trocknet. Da die hauchdünnen Goldblättchen nicht mit der Hand angefasst werden können, erfolgt ihr Aufbringen mit dem sogenanntem Anschießer. Das Anschießen ist der Fachausdruck für das mit dem Anschießer vorgenommene Aufbringen des Blattgolds auf den mit dem Poliment versehenen Untergrund. Die Grundierung scheint durch die Folie und gibt dem Blattgold die verschiedenen Farbtöne.

Das Blattgold wird mit einem breiten Anschießer aus dem Heftchen genommen und faltenfrei auf dem Vergolderkissen ausgebreitet. Mit dem Vergoldermesser werden nun Stücke der benötigten
Größe vorsichtig abgeschnitten, wobei darauf zu achten ist, dass
das Blattgold danach faltenfrei auf dem Leder zu liegen kommt.
Nun hebt man die vorbereiteten Stücke mit einem Anschießer ge-
eigneter Größe vom Leder und bringt sie auf die zu vergoldenden
Stellen faltenfrei auf. Das geschieht, indem man den Anschießer
flach auf das Blattgold auflegt, das dann an den Haaren haften
bleibt. Die Haare des Anschießers dürfen beim Aufbringen des
Blattgolds nicht über das Goldblättchen hinausragen. Kommen sie
mit dem Netzmittel in Berührung, entstehen beim nachfolgenden
Goldblättchen Streifen, „Peitschenhiebe" genannt.

Haftet Gold einmal, kann es nicht mehr abgezogen und nochmals angelegt werden. Wenn ein Teilstück, oder bei kleinen Werk-
stücken die gesamte Fläche fertig ist, tupft man Gold vorsichtig mit
einem Vergolderpinsel an, bis die Konturen des Untergrundes gut
zu erkennen sind. Bei glatten Oberflächen ist faltenfreies Anlegen
unbedingte Voraussetzung, da sonst später Kanten zu sehen sind.
Danach wird die vergoldete Oberfläche mit Achat-Poliersteinen auf
Hochglanz poliert. Goldreste oder loses Gold sind mit dem Vergolderpinsel vom Werkstück abzuwischen. Abschließend drückt man
das Blattgold mit einem Wattebausch oder einem weichen Lappen
mit kräftigem Druck - aber trotzdem vorsichtig - an den Untergrund an. Nun muss die Vergoldung mindestens 24 Stunden gut
durchtrocknen.

Das auf Papier gepresste Transfer Blattgold muss aus dem Heftchen genommen und mit einer Schere auf die ungefähr benötigte
Größe zugeschnitten werden. Dann legt man das Blattgold an,
drückt es fest auf die Unterlage und zieht das Papier vorsichtig
wieder ab. Dieser Vorgang wird so lange wiederholt, bis die Vergoldung abgeschlossen ist. Nun werden die Goldreste abgewischt,
dann muss man die Vergoldung mindestens 24 Stunden trocknen

lassen. Danach wird ebenso - wie beim „Loses-Gold-Verfahren" - mit einem Wattebausch fest nachgedrückt.

Durch Verdunstung des im Netzmittel enthaltenen Alkohols entsteht ein Vakuum, das die hauchdünne Goldfolie an den Untergrund anzieht.

Das Andrücken des Blattgolds erfolgt mit einem Fehhaarpinsel. Zum anschließenden Glätten werden Poliersteine verwendet. Die bleibende Haftung des Edelmetalls erfolgt durch Ablösen von Fettanteilen aus dem Bolus bzw. durch Leimanteile aus dem darunter liegenden Kreidegrund.

Da das Benetzungsmittel früher allgemein aus Branntwein bestand, heißt diese Vergoldung im Volksmund auch „Branntweinvergoldung". Auf die gleiche Weise erfolgt die Versilberung mit Blattsilber sowie die Vergoldung mit Kompositionsgold.

Unter Sturmgold versteht man auf Seidenpapier aufgebrachtes Blattgold zum Vergolden im Freien, d.h. für die Außenverwendung (z. B. Schriften für Grabsteine). Andere Ausdrücke dafür sind: Abziehgold, Transfergold bzw. Turmgold. In der Regel wird es in ein Klebebett eingelegt, dann gesäubert, jedoch lässt es sich nicht in vollem Maße glänzend polieren.

Vergoldung auf Poliment ist auch als das „russische" oder „auf Wodka" Verfahren bekannt. Wodka verbessert eine Einebnung der Vergoldung. Nach solchem Verfahren sieht das Blattgold sehr glänzend und dick aus. Diese Technologie wurde mit der Zeit praktisch nicht geändert. Das Poliment wird mit Wodka abgedeckt, in ihn wird das Blattgold eingetaucht. Die Blätter sollen ohne Falten mit einer Übergangszone von einigen Millimetern angelegt werden. Wodka löst ein wenig den Leim an, saugt das Blatt an und verdampft. Das Blatt wird ein einheitliches Ganzes mit dem Poliment und die Rauigkeit kann nicht korrigiert werden. Zirka zwölf bis vierundzwanzig Stunden nach der Vergoldung darf man Gold polieren. Es gibt noch eine Hochglanzvergoldung, bei der mit ei-

nem Halbedelstein, wie z.B. Achat, nachgearbeitet wird. Früher
wurde das Blattgold mit einem Bärenzahn oder einem Keilerstoßzahn poliert, deswegen sieht die klassische Form des Zahnes
(Werkzeug aus Achat) wie ein Keilerstoßzahn aus.

Blattgold wurde bereits in der Antike als Träger von radierten
Darstellungen auf Glas verwendet. Dabei handelt es sich um kleine
medaillonförmige Arbeiten in der Technik der Hinterglas-Metallradierung aus verziertem Glas, das überzogen wurde. Die Technik
wurde zur Imitation von Edel- und Schmucksteinen, etwa Lapislazuli, genutzt. Als Blattmetalle hinter Glas kamen neben Blattgold,
Blattsilber und Schlagmetall auch Kupfer-, Zinn- und Bleifolie zur
Anwendung. Historische Anlegemittel für Blattmetalle waren: Eiklar, Gluteinleime, Gummi, Leinöl und Harze. Die Metallpulver
wurden entweder auf eine mit Anlegemittel, meist Anlegeöl, bestrichene Fläche aufgestreut oder mit dem Bindemittel vermischt.

Als ab dem 15. Jh. größere Glasscheiben produziert werden
konnten, entwickelte sich die Hinterglasmalerei zu einer gegen-
ständlichen Gattung. Nördlich der Alpen, wo sich die Entwicklung
parallel zu der in Italien vollzog, herrschte ebenfalls zunächst die
Metallhinterlegung vor, die Mitte des 15. Jahrhunderts durch die
Verwendung von Farbe in den Hintergrund gedrängt wurde. Im
16. Jh. wurde die Fertigung von Einzelstücken zunehmend durch
die Serienproduktion abgelöst. Berühmte Produktionsstätten des
17. Jhs. lagen in Frankreich, den Niederlanden, Siebenbürgen
(Transsilvanien) und der Schweiz. Das Zentrum der deutschen
Hinterglasmalerei des 18. Jhs. befand sich in Augsburg, wo etwa
Verzierungen für Prunkschränke gefertigt wurden, bei denen die
Motive teilweise mit Spiegeln hinterlegt waren. Die künstlerische
Gestaltung der Spiegelflächen wurde neben dem Spiegelschliff
durch Hinterglas-Metallradierung und Églomisé erreicht. Bei der
Églomisé-Malerei wird hinter einem Flachglas, welches mit Lack
hintermalt ist, ein Bild herausgeschabt. Dieses Bild wird dann mit
Silber- oder Goldfolie hinterlegt. Als herausragendes Beispiel sei in
diesem Zusammenhang die Würzburger Residenz genannt.

Das Spiegelkabinett der Residenz wurde 1740 bis 1745 unter besonderer Anteilnahme des Bauherrn Fürstbischof Friedrich Carl von Schönborn geschaffen. Es zählte zur kostbarsten Einrichtung der Residenz. Der Fürstbischof befasste sich persönlich mehrere Jahre lang ausführlich mit allen Einzelheiten des Kabinetts. Er wollte damit etwas ganz Neues schaffen, was ihm auch gelang. Antonio Bossi schuf in Stuck 1741 in den Eckkartuschen des Muldengewölbes Allegorien der vier Erdteile, die ebenfalls mit großen Spiegeln versehen wurden. Bis auf den Marmorkamin und den weißem, ebenfalls mit eingelassenen Spiegelfeldern versehenen Lambris und die Türflügel sind beinahe die kompletten Wände mit unregelmäßig gekurvten Spiegel- und Glasplatten versehen. Die Fugen dieser Platten sind durch ornamentierte und vergoldete Stückstege geschlossen. Durch den entstehenden Vervielfältigkeitseffekt der sich gegenseitig reflektierenden Spiegelwände verliert man im ersten Moment die realen Raumgrenzen. Die Hinterglasmalerei wurde von den Byss-Schülern Johann Thalhofer und Anton Joseph Högler sowie von Anton Urlaub unter Mithilfe seines Vaters Georg Sebastian Urlaub und seines Bruders Georg Christian Urlaub von 1741 bis 1745 durchgeführt.

Bei der Bombardierung Würzburgs im 2. Weltkrieg wurde das komplette Spiegelkabinett zerstört, die Spiegel wurden durch die enorme Brandhitze völlig vernichtet. Nach dem Krieg wurde das Spiegelkabinett als letzter Raum der Residenz renoviert. Lange Zeit erschien es beinah unmöglich, dieses damals einmalige Kunstwerk neu zu schaffen. Die gesamte Raumschale konnte in den Jahren 1979 bis 1987 in Nachahmung der alten Techniken wieder neu geschaffen werden. Diese Restaurierung kostete insgesamt 2,4 Millionen Euro. Dabei wurden etwa 600 Glasscheiben verspiegelt, vergoldet, graviert und bemalt. Auf einer Fläche von 600 Quadratmeter wurden 2,5 Kilogramm Blattgold aufgetragen.

Eine optimale Auswahl der Blattgoldsorten hängt vom Kunden und der Vergoldungsstelle ab. Nicht jede Blattgoldsorte kann überall verwendet werden. Für das innere Interieur kann man 20 Blatt

Brunnen der Amphitrite.
Place Stanislas, Nancy.

goldsorten verwenden, während für Vergoldung im Außenbereich nur einige wenige Sorten verwendet werden können. 22 - 24 Karat Blattgold kann man für beide Bereiche verwenden.

Alle anderen sollte man nur für das innere Interieur benutzen manchmal sie benötigen für die Oxidationshemmung eine Schutzschicht. Das Problem liegt primär im Goldgehalt. Je höher der Goldgehalt im Goldblatt, desto weniger empfindlich ist die Vergoldung gegenüber Wetter- und Klimaschwankungen.

Blattvergoldung mit ausgeschlagenen Goldblechen.
Landesbergbaumuseum, Sulzburg.

In Abhängigkeit von Bedingungen (z.B. Klima) können auf der vergoldeten Oberfläche unterschiedliche Beschädigungen erscheinen. So kommt es in den industriellen Zentren und bei einer höheren Umweltverschmutzung zu einer schnelleren und stärkeren Beschädigung der vergoldeten Oberfläche als in ländlichen Gebieten.

Alle Sorten mit weniger als 22 Karat Gold sind Sorten mit einem höheren Silbergehalt. Allgemein kann man sagen, dass alle Blattgoldsorten von 6 bis 20 Karat mit einer Schutzschicht beschichtet werden müssen. Das kann zum Beispiel ein Lack sein.

Das Blattgold kommt in zwei Varianten auf den Markt – das lose Blattgold und das Transfer-Blattgold.

Im Fall des freien Blattgoldes wird ein Blatt mit dem Messer des Goldmachers herausgezogen und auf dem Kissen in eine ganz bestimmte Form und Größe geschnitten. Danach wird das Blatt mit Hilfe eines Vergolderpinsels auf die bearbeitete Oberfläche übertragen. Vor der Anwendung mit dem Pinsel sollte man leicht über einen Plastikgegenstand streichen bzw. auf synthetisches Material klopfen. Dann lädt er sich statisch auf, und man kann mit ihm das lose Blattgold oder lose Blattsilber aus dem Heftchen entnehmen und auf die zu vergoldende / versilbernde Oberfläche auflegen. Der Pinsel muss immer sauber und trocken sein, um mit ihm arbeiten zu können.

 Für die Arbeit mit dem losen Blattgold braucht es die Meisterschaft des Vergolders, es werden die unterschiedlichsten Werkzeuge verwendet.

Im Fall von Transfer-Blattgold ist jedes Blatt mit einem Druck auf ein spezielles Papierblatt übertragen worden. Das Blatt wird mit dem Papier entnommen und auf die zu vergoldende Fläche übertragen. Nachdem das Blattgold haftet, kann das Papier entfernt werden. Mit diesem Blattgold kann man viel leichter arbeiten, es wird wie ein Etikett übertragen.

Es gibt noch das Blattgold in der Rolle (bis 21 Meter länger und
3 - 100 mm Breite). Dieses Gold ist ein Transfer-Blattgold, weil es
auf einer Unterlage hergestellt wird.

Das Blattgold wird aus reinem Gold sowie einer Speziallegie-
rung mit Silber, Kupfer, Zink, Aluminium, Palladium und Platin
produziert.

Legierungsmetall	Aufgabe
Gold	Reinheit
Silber, Kupfer, Palladium, Nickel, Kadmium, Zink	Farbe
Platin	Veredelung

Die Tabelle und die nachfolgende Aufstellung der Elemente
zeigt die Funktion der einzelnen Bestandteile auf.

Gold ist eine Hauptkomponente für die Herstellung des Blattgoldes. Das Atomgewicht des Goldes beträgt 197,2. Da Gold ein
sehr weiches Metall ist, kann man ein Blatt mit einer Dicke von
1/10000 mm herstellen. Die Qualität des Blattgoldes (Reinheit)
wird in Karat angegeben (mit Angabe der Farbe). Eine Probe reinen Goldes hat ein Gewicht von 24 Karat. Darauf beziehen sich
auch die Angaben aller anderen Blattgoldsorten.

Silber ist das chemische Element mit dem Atomgewicht 107,9
und die zweite Hauptkomponente des Blattgoldes.

Kupfer ist das chemische Element mit dem Atomgewicht 63,5
und die dritte Hauptkomponente des Blattgoldes.

Mit der Zeit wurden neue Legierungsmetalle im Blattgold verwendet. So wurde z.B. Platin als ein Bestandteil des Blattgoldes
eingeführt, um es zu veredeln. Platin ist ein chemisches Element
mit einem Atomgewicht von 195.

Ebenso wie das oben genannte Platin wird Palladium zurzeit bei
der Produktion von Blattgold oft verwendet. Palladium hat im Pe-

riodensystem die Nummer 46 und ist das chemische Element mit dem Atomgewicht 106,42.

Heute wird das Blattgold in einer breiten Farbskala produziert. Es kann gelb, weiß, grün oder rot sein.

Reines Gold hat eine gelbe Farbe. Die rote Farbe wird durch eine Kupferzugabe erreicht. Silber gibt dem Blattgold in Abhängigkeit vom Gehalt eine weiße, gelbe oder grüne Farbe. Eine Legierung mit 9% Silber und 32.5% Kupfer gibt dem Blattgold eine orange Farbe. Es gibt noch weitere mögliche Legierungsmetalle. Außer Kupfer und Silber werden verwendet: Kadmium – für hell-grüne Farbe, Zink – für die weiße Farbe, Nickel – für die hell-gelbe Farbe. Sogenanntes Weißgold enthält Silber und Palladium.

Blattgold wird in folgenden Hauptfarben hergestellt:

Blattgoldfarbe	Probe, Karat
Weißgold	6,0 – 13,0
Grüngold	15,3 – 16,7
Citrongold	18,0 – 20,0
Gelbgold	21
Orangegold	22,0 – 22,75
Rotgold	23
Reingold	23,0 – 24,0

Das Blattgold wird in den Heftchen zwischen Papierlagen gepackt. Es gibt ca. 60 verschiedenen Größen der Goldblätter (zum Beispiel 72 x 120 mm, 91.5 x 91.5 mm, 80 x 80 mm und andere Größen). Die Dicke des Blattgoldes kann in Abhängigkeit von der Meisterschaft des Goldschlägers und von der zukünftigen Anwendung unterschiedlich sein. Sie variiert von 0.13 bis 0.67 Mikrometer. Das Heftgewicht beträgt in Abhängigkeit von der Dicke des

Blattgoldes 1,25 bis 6 Gramm. Heftchen mit einem Gewicht von mehr als 2.5 g werden nur für Arbeiten im Außenbereich (Oberflächen) genutzt, während die dünneren Blätter auch für die Innendekore, Möbel, Rahmen und Skulpturen verwendet werden können.

Noch ein paar kurze Bemerkungen zu Mischgold: Es ist eine spezielle Goldart (Bimetall), bei der zwei Metalle miteinander verbunden werden. Das sind meist 23 Karat Silber und 23 Karat Gold. Beide Metalle werden geschmolzen und nach einer kurzen Pause in die Form eines auf das andere gegossen. Später wird dieses Bimetall wie ein allgemeines Blattgold bearbeitet. Mischgold sieht von einer Seite wie das originale Blattsilber, von der anderen Seite – wie die originales 23 Karate Blattgold aus.

In einem anderen Verfahren werden Silber- und Goldblatt aufeinander gelegt und dann geschmiedet. Während des Schmiedens werden diese Blätter durch Diffusionskräfte verbunden. Diese Art des Blattgoldes wird hauptsächlich bei Glasvergoldungen mit dem Ziel verwendet, die unterschiedlichen Farbeffekte zu bekommen. An den Stellen, an denen Gold abgerieben wird, scheint das Silber durch. Für eine Rahmenvergoldung wird diese Art des Blattgoldes sehr selten verwendet. Originales Mischgold wird nur in losen Blättern hergestellt.

Seitdem Blattgold professionell hergestellt wird, versuchten Hersteller, da die Echtvergoldung sehr teuer ist, auf dem Markt Vergoldungen mit einem Goldersatz einzuführen. Als Goldersatz werden Feinfolien z.B aus. Messing oder Bronze produziert.

Blattgoldimitationen bezeichnet man als **Kompositionsgold** (auch Compositionsgold), Schlagmetall, Blattmetall, Franzgold, Pariser Gold oder Rauschgold. Kompositionsgold ist eine hauchdünne ausgewalzte oder geschlagene Folie aus Messing oder Bronze, das als kostengünstiges Surrogat für z.B. Schaufensterscheiben, Metallspielzeug oder Bucheinbände verwendet wird.

Im Gegensatz zum echten Blattgold braucht das Ersatzgold eine
Schutzschicht. Dafür gibt es spezielle Lacke, die die Oberfläche
schützen, ohne den Farbton des Goldes zu ändern.
Für die Vergoldung gibt es die verschiedenen farbigen Pasten und
Farben. Diese Pasten werden auf Basis natürlicher Rohstoffe und
Metallpigmente hergestellt und werden für kleine Restaurationsar-
beiten als Ersatz von Blattgold verwendet.

In der Raumgestaltung wurden die bestimmten Teile mit preis-
werten Gold- und Silberimitationen geschmückt bzw. optisch betont. Dies hatte die Weiterentwicklung der Produktion von unech-
tem Blattgold und Blattsilber und deren Verarbeitung zur Folge.

Sehr gebräuchlich ist auch die Verwendung von Messing. Diese
unedlere Kupfer-Zink-Legierung wird in verschiedenen Mi-
schungsverhältnissen verwendet; bei einem Zink-Anteil von etwa
15% ist es aufgrund ähnlicher Farbe und Reflexion optisch kaum
von echtem Gold zu unterscheiden. Zur Herstellung des Komposi-
tionsgoldes aus Messing wird es zu dünnem Blech ausgewalzt,
blankgebeizt und dann – 20 und mehr Tafeln aufeinander – zwischen Leder noch dünner geschlagen und geschnitten. Durch diese
Bearbeitung erhält das Blech die knitternde Steifigkeit und den
Glanz. Es wurde in der zweiten Hälfte des 19. Jahrhunderts in
Nürnberg erfunden. Seit dem ausgehenden Mittelalter war diese
Stadt ein Zentrum der Feinblechnerei und der Drahtzieherei. Kompositionsgold diente früher vor allem zur Verzierung von Weih-
nachtsbäumen als Christbaumschmuck.

In Nürnberg werden bis heute die international bekannten
Rauschgoldengel hergestellt. Diese Figuren werden etwa seit dem
18. Jahrhundert zu Weihnachten hergestellt, der Erfinder ist nicht
bekannt. Es gibt jedoch eine verbreitete Legende, wonach ein
Nürnberger Puppenmacher den ersten Rauschgoldengel zur Erin-
nerung an seine verstorbene Tochter angefertigt haben soll. Hierfür
gibt es aber keinerlei Quellenbelege. Die modernen Rauschgoldengel werden heute aus Aluminiumfolie gefertigt. Kompositionsgold

ist sehr anfällig für Korrosion, die durch UV-Strahlung und Temperaturschwankungen begünstigt wird. Die Oberfläche verfärbt sich allmählich durch Oxidation, deshalb erhalten diese Schichten einen dünnen Überzug aus Zapon- oder Schellack, der den Luftzutritt verhindert. Die Blätter aus dem Kompositionsgold sind ca. vier Mal dicker als echtes Blattgold; dadurch ist es zwar etwas reißfester und für Bastler leichter zu handhaben, passt sich aber weniger gut an feine Ornamente und die Mikrostruktur der Oberfläche (z.B. Holz) an. Das Kompositionsgold wird in der Arbeitstechnik der Ölvergoldung und der Bronzen für goldfarbene Anstriche sowie für mehrfarbige Bronzierung eingesetzt.

Im 19. Jahrhundert wurden die verschiedenen Arten von Kompositionsgold mit unterschiedlichen Zusammensetzungen und Namen hergestellt (z.B. Heyden-Gold, Oeser-Bronze).

Unter dem Namen Heyden-Gold und Heyden-Silber bot die Chemische Fabrik von Heyden in Radebeul bei Dresden in den 1920er Jahren dünne Metallfolien als billigeres Surrogat für Blattgold bzw. -silber an. Die Folie bestand aus nicht oxydierender Bronze im Unterschied zu anderen meist aus Messing hergestellten ähnlichen Materialien. Im März 1929 wurde vom Reichspatentamt ein Patent (Nr. 473919) zur Herstellung eines besonders festen Blattmetallersatzes mit Patentrückwirkung zum 3. April 1924 bekanntgemacht. Es ist dem Erfinder Fritz Pfleumer zuzuschreiben. Ebenso erhielt die Chemische Fabrik v. Heyden schon 1928 ein Patent für das Verfahren zur Herstellung von Metallfolien mit Patentrückwirkung zum 6. Juli 1924. In der Patentschrift Nr. 467884 vom 18. Oktober 1928 (C. Beinroth) wurde das Verfahren zum Herstellen von Metallfolien: „Verfahren zur Herstellung eines brauchbaren Ersatzes für Gold- und Silberschrift usw. hinter Glas auf einfache und billige Weise" publiziert.

Verwendung fand es z. B. bei der Beschriftung bzw. ornamentalen Gestaltung von Schaufenstern oder Glasschildern zu Reklamezwecken. Die etwas mattere Oberfläche des Materials wurde als

Vorteil gegenüber echtem Blattgold angesehen, da mittels Ätzung erst dessen Hochglanz kompensiert wurde, der die Sichtbarkeit auf den Reklameflächen beeinträchtigte.

Zunächst wurde die Glasplatte mit der Folie, diese dann mit einer Schicht Stanniol zum mechanischen Schutz beklebt. Noch vor der vollständigen Trocknung wurden Buchstaben und gestalterische Elemente spiegelverkehrt aufgezeichnet und die beiden Folien mit einem scharfen Messer bis auf das Glas durchschnitten. Die überschüssige Folie konnte nun entfernt, das verbleibende Material angepresst und mit einer Farbe überstrichen wurde. Die Folie wurde in Rollen von 10, 20 und 50 Metern Länge und einer Breite bis zu 60 Zentimetern angeboten. Der Preis betrug pro Quadratmeter bei einer Mindestabnahme von 5 Quadratmetern ca. 3,50 Reichsmark. Zeitgenössische unverarbeitete Materialproben weisen bis heute kaum sichtbare Oxydationsspuren auf.

In Oberammergau wurden Imitationen von Schildpatt für Kruzifixe hergestellt. In der zweiten Hälfte des 18. Jh. wurde die Hinterglasmalerei von der Volkskunst entdeckt. Blattmetalle fanden als glatte oder geknitterte Hinterlegung bei ausgesparten unbemalten Glasflächen wie Nimbus oder Kartuschen Verwendung.

In der Nachfolge der alten Traditionen der Blattgoldfertigung werden neue Anwendungen des Blattgoldes entwickelt. Wer weiß, ob es nicht möglich ist, dass in Kürze erste vergoldete Autos auf den Markt kommen und Sie über Ihren Reichtum beurteilt werden, wenn Sie im Büro einen vergoldeten Aschbecher besitzen.

So steht heute in den „Schmuckwelten Pforzheim" ein vergoldeter Porsche Boxster (Kennzeichen PF-SW 9999) komplett mit einem glänzenden Überzug aus 22- karätigem Blattgold. In einem aufwändigen, noch niemals für einen solchen Zweck eingesetzten Produktionsverfahren, entstand Stück für Stück aus etwa 3.000 Goldblättchen ein wahrhaft einzigartiges Automobil. Und auf den Strassen der Stadt Pforzheim können Sie den vergoldeten Bus Neoplan (Kennzeichen PF-SW 999 H) sehen. Ein 1957 gebauter historischer

Bus wurde grundlegend restauriert und mit rund 4000 Feingold-
blättchen (22 Karat Orangegold) vergoldet.

Im 18/19. Jh. wurde das Blattgold für teure Bücher und Palas-
tinterieur verwendet, weil seine Besitzer damit repräsentieren wollten. Doch die Zeit steht nicht still. In der letzten Zeit hat das Blattgold eine breite Anwendung in den verschiedensten Gebieten der
menschlichen Tätigkeit gefunden. Heutzutage kann man praktisch
alle Arten von Interieur vergolden.

So werden zum Beispiel die Rahmen moderner Fernsehgeräte
vergoldet. Blattgold in der Qualität der 960 Probe von der Fabrik
„Raritet" (Charkov, Ukraine) wird in ihren Arbeiten von weltberühmten Malern verwendet.

Die Nachfrage nach vergoldeten Gegenständen steigt kontinuierlich. Oft wird das Blattgold für Dekorationsarbeiten in Wohnun-
gen und Büros verwendet. Hauptsächlich werden Bilderrahmen,
Bücher (Goldschnitt), Mobiliar, Figuren, Architekturelemente, Ikonen etc. vergoldet. Blattgold wird dafür – je nach Zweck und ge-
wünschter Wirkung – mit speziellen Klebemitteln aufgebracht und
oftmals anschließend geglättet.

In der Stadt Elista mit ihrer chinesisch-mongolischen Architek-
tur wurde die einzige buddhistische vergoldete Kirche „Gold
Süme" in Europa gebaut. Diese Kirche ist eine Residenz des XIV.
Dalai-Lama, und das europäische Zentrum des Buddhismus. Auf
dem Kirchenhof steht die einzigartige 10 Meter hohe Statue eines
Buddhas. Diese Statue wurde in der Stadt Rostow am Don aus
Bronze gegossen und mit Blattgold vergoldet. Die Kirche wird
ständig von Mönchen bewohnt. Es gibt Mönche verschiedenster
Spezialisierung – unter anderem Ärzte und Astrologen. Die Kirche
hat eine eigene Bibliothek. Im oberen Stockwerk befindet sich die
Residenz des Dalai-Lama.

Zu Beginn des 20. Jhs. wurde die Technik der Blattvergoldung
von modernen Künstlern wie Franz Marc oder Wassily Kandinsky

wieder-entdeckt. Im Expressionismus wurden Metallhinterlegungen etwa mit silberfarbenem Zigarettenpapier gestaltet. In der ersten Hälfte des 20. Jhs. hat man die Technik des Églomisé bzw. der Hinterglas-Metallradierung zur Herstellung von Firmen- und Reklameschildern verwendet.

Japan ist der Staat, in dem die graphische Kunst wie früher mit den Kulturtraditionen eng verbunden ist. Heute versuchen die Meister der japanischen Grafik die Technik zu verbessern. Zum Beispiel entwickelte der Meister Hiroaki Miajama eine neue einzigartige Drucktechnik auf Blattgold. Er stellt Farbholzschnitte auf einem Gold- oder Silberhintergrund mit einer Verwendung von Blattgold oder Blattsilber her.

Im Jahr 2008 war das 1000-jährige Jubiläum eines klassischen Stückes der japanischen Literatur – die Geschichte vom Prinzen Genji - „Genji monogatari", das im Jahr 1008 (Heian-Periode, 8. – 12. Jh. n. Chr.) geschrieben wurde. Als Autorin ist Murasaki Shikibu bekannt, Sie war 1005 eine der Hofdamen der Kaiserin Teishi und führte von 1001 - 1010 ein Tagebuch.

Und heute, am Anfang des 21. Jahrhunderts, bietet Hiroaki Miajama seine Interpretation der „Gendji monogatari" – in der Form von Farbholzschnitten an. Insgesamt wurden 54 Farbholzschnitte (so viele Kapitel hat das Buch) angefertigt. Jeder filigrane Farbholzschnitt besteht aus mit Blattgold und Blattsilber verzierten 7 bis 8 Brettern. Die einzelnen Farbholzschnitte haben keine Verbindung mit einem konkreten Band. Sie sind eine Hymne auf die Schönheit, wie alle anderen Miajama-Arbeiten.

Restaurationen mit Blattgold erfordern hohe Meisterschaft. Die Werkzeuge des Vergolders sind einzigartig. Die Poliersteine aus Achat, die für das Polieren der vergoldeten Oberfläche verwendet werden, haben die unterschiedlichsten Formen. Das Kissen für Vergoldung aus feinem Wildleder ist mit Pergament gegen schwache Luftbewegungen abgeschirmt. Ein Messer des Vergolders darf man nicht mit den Händen berühren. Für jeden Prozessschritt hat der Vergolder einen speziellen Pinsel. Es sind Pinsel für die Grundierung, das Polieren, die Befeuchtung der Oberfläche usw. vorhanden. Nur für die Restauratoren werden Pinsel aus den Haaren des Skunks gemacht. Ein solcher Pinsel wird nie die Borsten verlieren, obwohl er ohne Leim gefertigt wird. Die meisterhafte und mühevolle Arbeit des Restaurators-Vergolders ist immer nötig und nur immer neue Technologien der Materialherstellung für die Vergoldung könnten die hochqualifizierten Meister zufriedenstellen. Die Polimentvergoldung wird für Bildrahmen und Kioten (Holzkasten für Ikonen) verwendet.

Ikonenmaler verwenden in ihrer Arbeit die Polimentvergoldung sowie Ölvergoldung.
Außer diesen beiden Verfahren gibt es noch andere, die die Ikonenmaler benutzen. Eines der alten russischen Verfahren heißt „Knoblauch-Verfahren".

Aus Knoblauch wird mechanisch der Saft ausgepresst. Dieser wird mit destilliertem Wasser verdünnt und in einer dünnen gleichmäßigen Schicht auf die Oberfläche aufgetragen. Die getrocknete Schicht wird poliert, auf sie wird das Blattgold aufgetragen. Von oben werden diese Blätter mit einem Tampon über Pauspapier oder Seidenpapier an die Oberfläche gedrückt. Bei einer solchen Vergoldung hat Gold einen besonderen Glanz. Manchmal wird der Hintergrund vollständig mit Blattgold bedeckt und danach werden die Gesichter der Heiligen und die Figuren gemalt. Der vergoldete Hintergrund scheint durch und die Gesichter beginnen zu leuchten. Für die Ikonen wurde auch Blattsilber verwendet, das mit Bernsteinlack abgedeckt wurde. Derartige Oberflächen bekommen einen unglaublich strahlenden Farbton (Chochloma-Technik). Wenn ein Ikonenmaler vergoldete Falten der Kleidung darstellt, dann verwendet er für diese Ziele die „Goldpaste".

Dem Gold schrieb man schon im Altertum große Heilkraft zu. In der Geschichte des alten Ägyptens, Indiens und Chinas wurden dem Blattgold medizinische und therapeutische Eigenschaften zu-

gesprochen und häufig als Ausgangssubstanz für Arzneien eingesetzt. Einige Gelehrte gingen so weit zu behaupten, dass der Verzehr von Gold dem Menschen ewiges Leben verleihe. 1929 berichtete Jacques Forestier, ein französischer Rheumatologe, dass das
Spritzen einer organischen Goldverbindung (Chrysotherapie) in
den Wirbelkanal seiner Arthritis-Patienten positive Effekte zeigte.
Die „Goldtherapie" bleibt in Fachkreisen jedoch bis heute umstrit-
ten. Anfang des 20. Jahrhunderts gab es im damaligen Deutschen
Arzneibuch und anderen Veröffentlichungen (Hagers Handbuch)
einige Beispiele für den medizinischen Einsatz von Goldverbindungen. Blattgold diente zum Vergolden von Pillen.

Normalerweise wird Blattgold zum Verzieren von Gebäuden
oder Gegenständen äußerlich aufgetragen beziehungsweise ver-
leimt, zum Beispiel auf Kirchturmspitzen, Gemälden, Ikonen, Altä-
ren, Rahmen oder Schmuck. Dass man echtes Gold auch in der Küche verwenden kann, weiß kaum jemand. Edle Dekorationen mit
Blattgold verleihen einem Festessen eine besonders luxuriöse Note.
Das Blattgold dient zum Beispiel bei Körperbemalungen, beim
Schminken und in der Kosmetik im Allgemeinen für besondere Effekte.

Blattgold kann man essen. Das ist kein Schreibfehler. Sie lesen
richtig – man kann es essen. Seit dem Altertum wurde das Blattgold für eine Reinigung und Verjüngung des Organismus verwendet. Es ist antiallergen und besitzt viele nützliche Eigenschaften.
Nach regelmäßiger Anwendung mit einigen Mikrogramm Blattgold am Tag wird die Arbeit der inneren Organe, besonders des
Kreislaufsystems, der Leber und des Verdauungssystems verbessert. Jeder von uns isst mindestens einmal pro Woche einige Milligramm Gold. Haben Sie Zweifel? Schauen Sie bitte die Nahrungsmittel an, die Sie in einem Geschäft einkaufen, ob es einen Zusatz-
stoff E-175 erhält.

Die EU, die Schweiz und die Vereinigten Staaten erlauben die
Verwendung von Gold in Nahrungsmitteln. In der Lebensmittelin-

dustrie werden essbares 22-karätiges Blattgold als der Lebensmittelfarbstoff mit dem Kennzeichen E175 und Blattsilber als E174 bezeichnet. Der Verzehr ist ungefährlich, allergische Reaktionen sind nicht bekannt. In Indien wird mit Abstand am meisten Blattgold gegessen. Geschätzt wird, dass die Inderinnen und Inder pro Jahr rund zwölf Tonnen Blattgold verzehren. Zu besonderen Anlässen wie Hochzeiten und religiösen Feiern werden häufig mit Gold verzierte Speisen aufgetischt. Ebenfalls Gourmets in Sachen Gold sind die Italiener und die Franzosen.

Gold verändert den Geschmack eines Essens nicht, es schmeckt schlicht nach gar nichts. Reines Gold, also 24-karätiges Gold, kann ohne Bedenken verzehrt werden. Vereinzelt sind allerdings Unverträglichkeitsreaktionen mit legiertem Zahngold bekannt.

Gold mit geringen Beimischungen von Silber, einem Metall, das ebenfalls nicht von der Magensäure gelöst werden kann, ist ebenso unbedenklich wie Gold mit Kupferbeigaben.

Goldlegierungen mit Platin hingegen sollte man nicht zu sich nehmen, weil durch diese Mischung eventuell oxidative Prozesse ausgelöst werden, die wiederum chemische Vorgänge im Körper beeinflussen können.

Essbares Blattgold (Gourmet - Gold) ist z.B. in Deutschland in einer Reinheit zwischen 22 und 24 Karat zugelassen.

Jedes von 25 Blattgold wird im Format 4 x 4 cm ausgeliefert, lose mit Zwischenpapier oder auf Transferpapier. Das Format 4 x 4 cm ist wegen des leichteren Handlings in diesem Format besonders für Speisen, Konditoreiartikel etc. geeignet, aber es wird auch sehr gern für kleinere Vergolder- oder Ausbesserungsarbeiten genutzt.

Goldsternchen in einem Glas sind einfach möglich. Sekt- oder Weingläser lassen sich auch mit einem Rand aus echtem Gold schmücken. Dazu wird der Glasrand zunächst mit einem Stück Zitrone befeuchtet und anschließend in Goldstaub, -flocken oder -flitter getaucht. Damit es nicht zu kostspielig wird, kann man feinen Zucker untermischen.

In der Adventszeit werden Plätzchen oder Pralinen mit winzigen Goldsternchen oder -herzchen zu einem wahren Augenschmaus. Auf dunkelbrauner Schokolade kommen die glänzenden Accessoires besonders gut zur Geltung. Damit sie auf glatten Oberflächen halten, werden diese vor dem Bestreuen mit etwas Zuckerwasser (drei Esslöffel Zucker und zwei Esslöffel warmes Wasser vermischen) bestrichen. Geburtstags- oder Festtageswünsche kann man mit einem „Gold-Marker" auf Kuchen oder Torten schreiben. Dabei handelt es sich um Goldflitter, vermischt mit Zuckersirup.

Mittlerweile wird Gold sogar häufig in der Medizin eingesetzt. Offene Wunden sollen sich durch Auflegen von Gold schneller schließen, und rheumatische Beschwerden können mit gespritztem Gold gelindert werden.

Goldprodukte kann man am besten über das Internet bestellen. Vereinzelt findet man sie auch in ausgesuchten Feinkost- und Großhandelsgeschäften. 24-karätiges Gold ist um ein Vielfaches teurer, aber auch reiner als zum Beispiel Produkte mit 22 Karat. 10 Blätter Blattgold (Größe circa 6,5 mal 6,5 Zentimeter) kosten zwischen 15 und 30 Euro. 400 Sternchen (3 Millimeter Größe), 24-karätiges Gold im Flakon kosten circa 15 Euro, 500 Herzchen, 24 Karat, rund 15 Euro.

Wer Golddekorationen zum Essen kauft, sollte genau darauf achten, welche Stoffe darin enthalten sind. Bei einigen wird der Lebensmittelfarbstoff E 175 erwähnt, hierbei handelt es sich nicht um einen Farbstoff im herkömmlichen Sinn, sondern schlicht um Gold.

Mit Gold kann man nicht nur das Nahrungsmittel äußerlich verbessern, sondern auch Ihr Aussehen verbessern. In den Kosmetiksalons kann man Prozeduren mit Schokolade unter Beimengung von 24 Karat Gold antreffen. Diese Prozeduren sind unter reichen Leuten und den Personen von Showbusiness populär. Schokolade, besondere die bittere, zusammen mit Gold, verjüngt die Haut und verleiht ihr eine schöne dunklere Farbe.

Das Blattgold kann zum Vergolden von Getränken verwendet werden und dient auch zum Beispiel bei Körperbemalungen, beim Schminken und in der Kosmetik im allgemeinen für besondere Effekte.

Den Namen DeLafée (von der Fee) verdankt die Neuenburger Firma einem 480-Seelen-Dorf nahe der Grenze zu Frankreich. La Côte-aux-Fées – zu Deutsch „die Feenküste" – wird nachgesagt, Heimat vieler Feen und Elfen zu sein. Doch nicht nur das. Sie beherbergt auch den Maître Chocolatier von DeLafée, der 2005 das erste „Gaumen-Luxus-Produkt" für das Westschweizer Familienunternehmen hergestellt hatte: Längliche Pralinen mit 24-Karat-Goldflocken überzogen. So wurden die Magie des Goldes und die Sünde zart schmelzender Schokolade zu einer luxuriösen Versuchung vereint und bis heute in die ganze Welt verschickt. An der Oscar-Verleihung 2006 kamen alle Nominierten in den Genuss einer Geschenkpackung mit DeLafée-Gold-Schokolade. Unter den Beschenkten waren Hollywood-Größen wie Cameron Diaz, Angelina Jolie, Robert Downey Jr., Pierre Brosnan oder George Clooney.

Die Idee stammt aus den USA. Sébastien Jeanneret sah erstmals in New York Speisen, die mit Blattgold verziert wurden. „In einer Sushi-Bar habe ich mit Blattgold dekorierte Häppchen entdeckt", erzählte Jeanneret. Er fand die Idee sehr schön und überlegte, ob sich damit eine Geschäftsidee realisieren lasse. 2004 haben Jeanneret und seine Frau die Firma DeLafée International SARL gegründet. Nach fast einjähriger Planung, was Distribution, Verkauf und Marketing betraf, kamen im September 2005 die ersten Gold-Delikatessen auf den Markt. Dank gezielter Werbe- und PR-Maßnahmen – erst in der Schweiz, dann in Europa und Übersee – war die Nachfrage schnell generiert und Firmen ebenso wie Privatpersonen zeigten sich von der speziellen Schokolade als Geschenk begeistert.

Schnell war die Nachfrage nach anderen Produkten da: Sekt und Zigarren. Jeanneret reagierte sofort und baute das bestehende Sortiment aus, zum Beispiel mit Erdbeer-Lollis in Herzform, dekoriert mit essbaren Goldflocken. Und pünktlich zur Adventszeit durfte man ein weiteres Highlight aus dem Hause der Feen erwarten - Flowering Tea, eine unscheinbare Kugel aus grünem Tee, die sich im heißen Wasser zu einer Blume auflöst und Goldflitter freisetzt. Spektakel und Teegenuss in einem. 80 Prozent der Kunden sind Privatpersonen aus der ganzen Welt. Knapp 20 Prozent des Umsatzes werden von Firmenkunden erzielt, der Rest entfällt auf Private. Sébastien Jeanneret ist mit dem Geschäftsgang zufrieden, obwohl auch er die Wirtschaftskrise zu spüren bekommt. „Aus den USA sind seit Oktober weniger Bestellungen eingegangen als in den letzten Jahren", sagt er. Man merke, dass die Amerikaner im Moment nicht gerade in Kauflaune seien. In Europa aber spüre man kaum etwas davon. „Bis jetzt jedenfalls", so Jeanneret, der seinen „Gaumen-Luxus" via Online-Shop und ausgewählter Delikatessen-Händler vertreibt.

Ob als Geschenk für liebe Menschen, die treue Kundschaft oder langjährige Mitarbeitende, DeLafées kulinarische Gold-Köstlichkeiten sind inzwischen weltweit gefragt. Kulinarisch luxuriöse Weihnachtsgeschenke: Köstlichkeiten mit 24 Karat essbarem Gold aus dem Hause DeLafée International SARL, Neuenburg.

Zur Verwendung in der Küche wird das Blattgold in unterschiedlichen Varianten angeboten. Mit Blattgoldflocken kann man selbst eine schlichte Mahlzeit in eine schillernde Köstlichkeit verwandeln oder den einfachen Sekt zum edlen Tropfen machen. Der Profi arbeitet nicht nur mit den Flöckchen, sondern dekoriert das Essen oft mit ganzen Blättern. Ausgerüstet mit dem richtigen Pinsel – am besten statisch aufgeladen – löst er das hauchdünne Edelmetall vorsichtig vom Trägerpapier und legt es direkt auf Torten, Schnitzel, Eisbecher oder andere Leckereien. Die Verwendungsmöglichkeiten sind grenzenlos.

Zur Weihnachtszeit wird so mancher Bissen vergoldet; da gibt es mit Blattgold verzierte Kekse oder Desserts. Es handelt sich dabei tatsächlich um echtes Gold, das allerdings hauchdünn ausgerollt ist. Man braucht einen Pinsel und viel Geschick, um es aufzutragen. Am besten haftet es auf feuchtem Grund, also z.B. auf Glasuren, die noch nicht ganz trocken sind.

Zu schmecken gibt es bei Blattgold wenig, hier geht es allein um den optischen Effekt. Gold passiert den Körper, ohne Schaden anzurichten.

Bei edlen Pastetchen mit Goldrand, feinen Suppen mit goldener Einlage, festlichen Desserts mit Goldflitter oder erlesenen Pralinen mit goldenem Dekor – in der Gourmetküche werden gerne auch einmal teure, goldene Akzente gesetzt. Kein Zweifel, die hochkarätigen Gerichte sind oft ein echter Augenschmaus. Doch schmecken sie auch besonders gut, kann man sie bedenkenlos verzehren?

Ob es ein knuspriger Braten ist, ein pochiertes Fischfilet, eine cremige Suppe, ein italienisches Risotto oder ein Geburtstagskuchen – Blattgold kann man auf jede Speise auftragen. Wie man das am besten macht, verrät Goldkoch Dieter Trutschel aus dem Restaurant „Goldener Stern" in Schwabach. Mit einem speziellen Pinsel wird das hauchdünne Edelmetall vorsichtig vom Papier abgelöst und auf die Speise gelegt. Der Pinsel sollte statisch aufgeladen sein. Das kann man entweder durch das Abziehen der Schutzfolie oder das Reiben an Kleidung erreichen.

Gold wird nicht mit den Speisen gekocht oder gebraten, sondern immer erst kurz vor dem Servieren als Dekoration aufgelegt. Man kann es aber problemlos auf Gebäck auftragen und mitbacken. Das Metall verändert sich dadurch nicht, beeinflusst auch nicht den Geschmack des Gebäcks. Es ist vor allem ein optischer Genuss, ganz besonders dann, wenn es sich von farbintensiven Speisen, beispielsweise einer Rote-Bete-Suppe, abhebt. Für Desserts eignen sich am besten Goldflocken, die man zum Schluss darüber streut.

Nachstehend finden Sie einige Gold-Rezepte von Dieter Trutschel für jeweils 4 Personen.

Zutaten für die Rote-Bete-Suppe mit Krennockerln und original Schwabacher Blattgold:

- 200 g Rote Bete, 1 TL Essig, 1 EL Pflanzenöl, Salz, Pfeffer aus der Mühle, 1 Messerspitze, gemahlener Kümmel, 50 g Zwiebelwürfel, 50 g Lauchringe (nur das Weiße), - 50 g Selleriewürfel (ohne Schale), 50 g Butter, 80 g Mehl, 0,8 l Gemüsebrühe, 0,2 l Sahne, 100 Milliliter Weißwein

Zubereitung:

* Für die Suppe die Rote Bete kochen, schälen, fein raspeln und zu einem Rote-Bete-Salat, mit Essig, Öl, Salz, Pfeffer und gemahlenem Kümmel, anmachen. (Tipp: Den Salat am besten einen Tag vorher herstellen, damit er gut durchziehen kann.)

* Zwiebeln, Lauch und Sellerie in Butter anschwitzen, mit Mehl bestäuben und mit der kalten Gemüsebrühe auffüllen. Die Suppe circa 20 Minuten köcheln lassen.

* Sahne und Weißwein hinzugeben und nochmals zehn Minuten weiterkochen.

* Die Suppe mit Salz und Pfeffer abschmecken.

* Jetzt diese so genannte Grundsuppe durch ein Sieb passieren.

* Den kalten Rote-Bete-Salat in ein Mixerglas geben, die heiße Suppe darauf geben, alles pürieren und kurz noch einmal aufkochen.

* Für die Krennockerln die weiche Butter schaumig schlagen.

* Eier langsam unterrühren und alles mit Salz, Pfeffer und Muskat würzen.

* Den fein geriebenen Meerrettich und das Mehl unter die Butter-Ei-Masse heben, alles zu einem zähflüssigen Teig verrühren und eine halbe Stunde ruhen lassen.

* Nockerln in kochendes Salzwasser abstechen. Abstechen heißt, man nimmt den Teig zum Beispiel mit zwei Teelöffeln, formt damit kleine Klößchen und gibt diese ins heiße Wasser. Wenige Minuten ziehen lassen.

* Suppe in vier Tellern anrichten und die Nockerln verteilen.

Zutaten für die Krennockerln:

100 g Butter, 2 Eier, Salz, Pfeffer, Muskat, 80 g fein geriebenen Meerrettich, 80 g Mehl, 4 Dillzweige

* Mit Dillzweigen garnieren und mit einem Spezialpinsel das Blattgold aus dem Heftchen auf die Nockerln setzen.

Zutaten für den Geeisten Goldcappuccino auf Mascarponesauce:

1 Ei, 2 Eigelbe, 100 g Zucker, 1 - 2 doppelte Espressi (oder Instant-Cappuccinopulver) nach Geschmack, 350 g Schlagsahne

Goldflöckchen zum Bestreuen Zubereitung:

* Ei und Eigelbe mit dem Zucker im Wasserbad warm aufschlagen.

* Espresso nach Geschmack hinzugeben, Topf vom Herd nehmen und so lange weiter schlagen, bis die Masse abgekühlt ist.

* Sahne steif schlagen, unterheben und die Creme in Kaffeetassen füllen. Für drei bis vier Stunden tiefkühlen, bis das Parfait durchgefroren ist.

* Für die Mascarponesauce die Vanilleschote halbieren, das Mark herausschaben und in die Milch einrühren.

* Mascarpone in eine Schüssel geben und gut mit der Vanille-milch vermischen, bis eine nicht zu dicke Sauce entstanden ist. Nach Geschmack mit Puderzucker süßen.

* Zum Anrichten: Die gefrorene Kaffeetasse kurz in heißes Wasser tauchen, so dass man das Parfait stürzen kann.

* Mascarponesauce auf den Tellern verteilen und nun das Cappuccinoparfait so auf die Sauce stellen, dass es aussieht, als wenn eine Kaffeetasse darauf stünde. Der Henkel der Tasse wird zuvor aus Brandteig gemacht und an das Parfait seitlich ange-steckt.

Zutaten für die Mascarponesauce:

1 Vanilleschote, ½ Tasse Milch, 200 g Mascarpone, Puderzucker nach Geschmack, 50 ml Milch (für Milchschaum), Kakao, frische Früchte nach Belieben, 4 Minzeblätter

* 50 Milliliter Milch erhitzen und zu Schaum verarbeiten, auf das Parfait geben und mit etwas Kakaopulver sowie Blattgoldflo-cken bestreuen.

* Mit frischen Früchten und Minzeblättern garnieren, sofort ser-vieren.

In Lübeck bietet das Restaurant Litfass seit 2004 die goldene Currywurst als Spezialität des Hauses an. Das ist tatsächlich die „Königen der Currywürste" denn sie wird mit 24-karätigem Gold veredelt – welche Wurst kann da noch mithalten.

Der richtige Gourmet weiß genau, dass das Blattgold schon seit langem für das Verschönern von Süßigkeiten und Bonbons ver-wendet wird. Es wird auch getrunken. In Frankreich und Deutsch-land (Pforzheim) werden in Champagner und Sekt Flocken von Blattgold zugegeben.

Der Verzehr von Blattgold ist ungefährlich und im Schwabacher Goldwasser oder Goldcuvée (aromatisiertes, weinhaltiges Getränk aus Weißburgunder-Sekt und Original-Goldlikör) trinkbar. Goldflocken befinden sich auch im so genannten „Danziger Goldwasser". Der Gewürzlikör wird schon seit Jahrhunderten hergestellt und besticht durch ein glanzvolles Erscheinungsbild. In Schwabach wird ein Orangenlikör mit Goldflocken angeboten, den man als Aperitif mit Sekt oder Champagner auffüllt.

Wenn Sie das hinter dem Bergkristall nicht sehen könnten, können Sie sich nicht vorstellen, wie wunderschön sich Champagnerbläschen mit den Goldflocken treffen. Einige Flocken streuen das Licht und schillern in allen Farben des Regenbogens. Blitzend in warmem und kaltem Glanz fallen sie auf den Boden des Sektglases, bis sie von einem anderen Champagnerbläschen mitgerissen werden.

In Österreich produziert Karl Inführ eine Spezialität seines Hauses „Österreich Gold" - einen trockenen Sekt versehen mit 23-karätigem Blattgold - als exklusives Präsent in einem Goldbarren-Karton erhältlich.

Quellennachweis und Literaturverzeichnis

Zum Kapitel: Archäochemie und Metalle in den archäologischen Funden

- Whitehouse, D. Und R. Archäologisches Weltatlas. Corvus Verlag, 1990, 272 S.

- Gutbrod, K. Geschichte der früher Kulturen der Welt. DuMont Buchverlag, Köln, 1978, 448 S.

- Graichen, G. Goldfieber. Econ Verlag, München, 2002, 256 S.

- Талаи, Х. Археология и искусство Ирана в 1. тысячелетии до н.э. Москва, Вече, 2011, 224 с.

- Gööck, R. Die großen Erfindungen. Bergbau, Kohle, Erdöl. Sigloch Edition, 1991, 350 S.

- Мочалов, М. Древняя Ассирия. Москва, Ломоносов, 2014, 236 с.

- Lambert, Joseph B. „Traces of the Past: Unraveling the Secrets of Archaeology Through Chemistry". Basic Books, 1998, 336 p.

Zum Kapitel: Bronze macht Epoche

- Kunze, M. Meisterwerke antiker Bronzen und Metallbearbeitung aus der Sammlung Borowski. Bd. 1. Verlag Franz Philipp Rutzen, Mainz, 2007, 328 S.

- Rolley, C. Die griechischen Bronzen. Hirmer Verlag, München, 1984, 263 S.

- Gööck, R. Die großen Erfindungen. Bergbau, Kohle, Erdöl. Sigloch Edition, 1991, 350 S.

- Riederer, J. Die Metallanalyse der Bronzen des Bible-Lands-Museum in Jerusalem

- www. Mineralienatlas Lexikon – Zypern, Türkei, Iran, Israel, Bulgarien, Kaukasus

- Herodot. Historien, 1. Buch. Reclam, Philipp, jun. GmbH, Verlag, 2002, 281 S.

- Ryndina, N., Indenbaum, G., Kolosova, V. Copper Produktion from Polymetallic Sulphide Ores in the Northeastern Balkan Eneolithic Curture. J. Archaeol. Science, 1999, V. 26, p. 1059-1068

- Рындина Н.В., Равич И.Г., Быстров С.В. О происхождении и свойствах мышьяково-никелевых бронз майкопской культуры Северного Кавказа ранний бронзовый век). Сб. Археология Кавказа и ближнего Востока, 2007, с. 196-211

- Рындина Н.В., Равич И.Г. О металлопроизводстве майкопских племен Северного Кавказа. Вестник археологии, антропологии и этнографии. 2012. № 2 (17), S. 4-19

- Yahallom-Mack, N., Segal, I. New Insights into Levantine Copper Trade: Analysis of Ingots from the Bronze and Iron Ages in Israel. Journal of Archaeological Science. Volume 45, May 2014, P. 159–177

- Schimmel A. Die Zustandsschaubilder der Kupferlegierungen. In: Metallographie der technischen Kupferlegierungen. Springer, Berlin, Heidelberg, 1930, S. 1-29.

- Freise, Fr. Geschichte der Bergbau- und Hüttentechnik. Bd. 1. Verlag von Julius Springer. 1908, 188 S.

Zum Kapitel: Seevölker und Eisenkultur des Nahen Ostens

- Die Bibel. CLV, 2007, 1358 S.

- Dore-Bibel. Parkland Verlag, 1995, 480 S.

- Jahn, J. Biblische Archäologie. Nabu Press, 2011, 488 S.

- Siegelova J. Gewinnung und Verarbeitung von Eisen im Hethitischen-Reich im 2. Jahrtausend v- u. Z. „Annals of the Naprstek Museum 12". Prague, 1984, p. 71-168

- Simon, M. Den Philistern auf der Spur. Universität München, 9. 07. 2015

- Meyer, E.. Der Diskus von Phaestos und die Philister auf Kreta. Sitzungsberichte der königlichen preußischen Akademie der Wissenschaften, 1909, S. 1022-1029

- Gööck, R. Die großen Erfindungen. Bergbau, Kohle, Erdöl. Sigloch Edition, 1991, 350 S.

- Schneider, Th. Lexikon der Pharaonen. Düsseldorf, Albatros, 2002, S. 228-233 (Ramses II.)

- Tyldesley, J. Ramses : Ägyptens größter Pharao. München, Ullstein, 2002, 304 S.

- Clauss, M. Ramses der Große. Primus Verlag, 2010, 214 S.

- Sternberg-el Hotabi, H. Der Kampf der Seevölker gegen Pharao Ramses III. Verlag Marie Leidorf, 2012, 64 S.

- Jacq, Ch. Ramses: Die Schlacht von Kadesch. Rowohit TV Verlag, 1999, 448 S.

- Krähenbühl, H. Die Großindustrie der Etrusker. Stiftung Bergbaumuseum Schmelzboden-Davos, 2/1981, S. 3–8

- Philister - Lexikon :: bibelwissenschaft.de

- Goliath war wirklich der Größte. Spiegel Online, 10.07.2016

- Dothan, T., Dothan, M. Die Philister. Zivilisation und Kultur eines Seevolkes. Diederichs Verlag, 1995, 280 S.

- Spanuth, J. Die Philister : das unbekannte Volk ; Lehrmeister und Widersacher der Israeliten. Zeller Verlag, 1980, 304 S.

- Brentano, C. Der Philister vor, in und nach der Geschichte. Scherzhafte Abhandlung. Manesse-Verlag, 1988, 52 S.

- Kretisch-minoische Kultur. WISSEN-digital.de

- www.uni-protokolle.de/Lexikon/Mykenische_Zeit. html

- Mykenische Kultur. WISSEN-digital.de

- Гумилёв, Л. Урарту, Фригия, Лидия. Из книги "История Востока" (Восток в древности). Электронный текст, 1999

- Chemie der Bibel – Wissen. Tagesspiegel, 16.10.2016

- Mepert, N. Ja. Metallurgie, Seevölker. In: Archäologie der biblischen Länder. Moskau, 2000, 341 S.

- Mineralienatlas Lexikon - Mineralienportrait

- Филистия, филистимляне - ОНЛАЙН-БИБЛИОТЕКА 07.11.2016

- The Philistines Their History And Civilization. http://www.archive.org/stream/philistinestheir017598mbp/philistinestheir017598mbp_djvu.txt

- Erstmals Philister-Friedhof entdeckt. Goliath war wirklich der Größte. SPIEGEL ONLINE, 10.07.2016

- The Ark and the Philistines. www.westbankbiblechurch.com

- Friedhof der Philister ausgegraben. Goliath war der Größte. https://www.stuttgarter-nachrichten.de/, 11.07.2016

- Die Vulkane der Ägäis. GreekVoyager. http://greekvoyager.com/de/griechenland-geographie/die-vulkane-der-agais/

- Wright, G.E. Biblical Archaeology. Westminster John Knox Press, 1962, 291 p.

- Циркин, Ю.Б. История библейских стран. М.: ООО «Издательство Астрель», 2003, 574 с.

- URL: //nado.znate.ru/Филистимляне#link5 (02.12.2012)

- Виппер, Б. Р. Искусство древней Греции. Moskau, 1971, 285 S.

- Коростовцев М.А. Путешествие Ун-Амуна в Библ. Москва, 1960, 150 с.

- Homer. Odyssee, Ilias. Albatros Verlag, Düsseldorf, 1995, 776 S.

- Lukrez. Über die Natur der Dinge. Verlag: CreateSpace Independent Publishing Platform, 2013, 214 S.

- Asimov, I. The Near East; 10,000 Years of History. Houghton Mifflin Harcourt, 1968, 277 p.

- Asimov I. The Land of Canaan. Houghton Mifflin Harcourt, 1971, 306 p.

Zum Kapitel: Auf den Spuren von Blei

- Gööck, R. Die großen Erfindungen. Bergbau, Kohle, Erdöl. Sigloch Edition, 1991, 350 S.

- Pernicka, E. Archäometallurgische Untersuchungen zur antiken Silbergewinnung in Laurion. I. Chemische Analyse griechischer Blei-Silber-Erze. Erzmetall 34 (1981) Nr. 7/8, S. 396-400

- Pernicka, E., Bachmann, H.-G. Archäometallurgische Untersuchungen zur antiken Silbergewinnung in Laurion III. Das Verhalten einiger Spurenelemente beim Abtreiben des Bleis. Erzmelall 36 (1983) Nr. 12, S. 592-597

- Bleiweiß. www.seilnacht.com

- Bleiverseuchung. DER SPIEGEL 12/1980

- Gift im Brei. DER SPIEGEL 40/1965

- http://www.spiegel.de/wissenschaft/medizin/doch-keine-blei-vergiftung-neue-raetsel-um beethovens tod.

- Hartmeyer, H. Der Weinhandel im Gebiete der Hanse im Mittelalter. Europäischer Hochschulverlag, 2010, 128 S.

- Franz, A. Römer riskierten Bleivergiftung. SPIEGEL ONLINE, 25.05.2014

- Plinius der Ältere. Naturgeschichte 34, 164

- Kanders, M., Oskamp, J. Diagnosemethoden der Vier Elemente Medizin: Puls - Urin - Stuhl Basierend auf dem Kanon der Medizin nach Avicenna (Ibn Sina). 2014, 176 S.

- Игорь Вадимов. Свинец. Почему царь Алексей Михайлович был прозван „тишайшим"? Школа Жизни, 02. 2014.

- alternathistory.com/svinets Свинец. Альтернативная История, 01.09.2014

- Сергей Венецкий. Рассказы о металлах. Moskau, 1978, 240 S.

- Malcolm W. Browne. Ice Cap Shows Ancient Mines Polluted the Globe. The New York Times, DEC. 9, 1997

- http://vip-doctors.ru. Клиника профессиональных отравлений. Профессиональное отравление свинцом

- Бектурганова А. И. Бейсембаева С.К. Проблемы и перспективы развития.-Усть-Каменогорск: ВКГУ, 2001. с. 199–200

- Schneider, I. A. H., Rubio, J., Misra, M., and Smith, R. W. „Eichhornia crassipes as biosorbent for heavy metal ions," Minerals Engineering 1995, 8(9), p. 979–988

Zum Kapitel: Etwas Unerwartetes über das Goldene Vlies

- Berndt, H. Sagenhafte Antike. Unterwegs auf den Spuren der klassischen Mythen und Legenden. Düsseldorf, Wien, New York: Econ, 1996, 366 S.

- Robert von Ranke-Graves. Griechische Mythologie Quellen und Deutung. Anaconda Verlag, 2008, 768 S.

- Argonautenfahrt von Apollonius (Rhodius.), 2009 (Digitalisiert), 272 S.

- Lordkipanidze, O., Begiaschwili, N. Das alte Georgien (Kolchis und Iberien) in Strabons Geograhie : Neue Scholien. Amsterdam, Adolf M. Hakkert, 1996, 367 S.

- www.catalogmineralov.ru/deposit/greece

- De Re Metallica Libri XII von Georg Agricola. Marix Verlag, 2015, 4. Aufl., 608 S.

- Хахутайшвили, Д.А. Древнеколхидское золото и ближний Восток. Кавказско-ближневосточный сборник, Вып. 5, 1988

- Габелия, А. Н. Абхазия в предантичную и античную эпохи. Сухум, 2014, 470 S.

- Кравченко Э. А. Раннее железо в Северном Причерноморье и поселение Уч-Баш: технология и традиция. Российский археологический ежегодник, № 3, 2013, 258-288

- АБХАЗОВЕДЕНИЕ, IV Выпуск, Сухум, 2006, 285 S.

- Severin, T. Auf den Spuren der Argonauten. Econ Verlag, 1987, 300 S.

Zum Kapitel: Die Entwicklung der Goldindustrie in Russland

- Максимов, М.М. Очерк о золоте. Москва, Недра, 1988, 112 с.

- Плаксин И.Н. Система золото-ртуть. Журнал российского физико-химического общества. 1929, Т. 61, Вып. 4, с. 521-534

- Ванюков В.А. Возникновение золотого промысла в России. Рукопись, 1915

- Масленицкий И.Н., Чугаев Л.Н., др. Металлургия благородных металлов. Москва, Металлургия, 1987, 432 с.

- Катасонов В.Ю. Золото в экономике и политике России. — М.: Анкил, 2009, 286 с.

- Нарсеев В.А. Промышленная геология золота. Москва, Научный мир, 1996, 224 с.

- Минеев Г.Г. Биометаллургия золота. Москва, Металлургия, 1989, 160 с.

Марфунин А.С. История золота. Москва, Наука, 1987, 245 с.

- Потемкин С.В. Благородный 79-й. Очерк о золоте. Москва, Недра, 1988, 176 с.

- Алмазова О.Л., Дубоносов Л.А. Золото и валюта: прошлое и настоящее. Москва, Финансы и статистика, 1988, 162 с.

- Соболевский В.И. Благородные металлы. Золото. Москва, Знание, 1970, 48 с.

- Борхвальдт О.В. Словарь золотого промысла Российской Империи. Москва, Русский путь, 1998, 240 с.

- Вишев И.И. Становление и развитие золотопромышленности на южном урале в XIX веке. Автореферат, 2012

- Вишев И.И. Золотопромышленность Южного Урала в XIX веке //Промышленность Урала в XIX –XX веках. Сборник научных трудов. Москва, 2002, с. 86-107

- Вишев И.И. Первооткрыватель золотых россыпей Российской империи. Материалы исторических чтений «Челябинская

Губерния». Архивное дело в Челябинской области. Информационный Вестник, Вып. I (VIII), 2002, с. 125-129

- Вишев И.И. История золотопромышленности Южного Урала в документах Государственного архива Челябинской области. Архивное дело в Челябинской области. Информационный вестник. 1998. Вып. V, с. 41- 44

- Руководство для золотоприемных касс, принимающих золото у вольноприносителей. Москва, Главзолото, 1939, 39 с.

- Беневольский Б.И., Иванов В.Н. Минерально-сырьевая база золота на рубеже XXI в. // Минеральные ресурсы России. Экономика и управление. Москва, 1999. № 1, с. 9-16

- Лунев Б.С., Осовецкий Б.М. Методика поэтапного изучения мелкого золота. Колыма. Магадан, 1979. №11, с. 36-37

- Нестеренко Г.В. Происхождение россыпных месторождений. Новосибирск: Наука, 1977, 310 с.

- Патык-Кара Н.Г. и др. Россыпные месторождения России и других стран СНГ. Научный мир: М, 1997, 480 с.

- Петровская Н.В. Самородное золото. Москва, Недра. 1973, 375 с.

- Рожков И.С. Состояние проблемы изучения золотоносных конгломератов на территории СССР. Проблемы металлоносности древних конгломератов на территории СССР. М.: Наука, 1969, с. 7-29

- Грунвальд П. В. Горные богатства Якутии. - Якутск: Якутгосиздат, 1927, 127 с.

- Сапоговская, Л.В. Экономика золота и золотодобывающая промышленность СССР в материалах аналитики ЦРУ США. МГУ, Экономическая история, 2006, Вып. 12, с. 124-132

- Волков А.В. Падение должно быть остановлено! Проблемы золотодобычи в России. Журнал "Золото и Технологии", июнь, №1, 2008

- История золотодобычи в Сибири. https://dic.academic.ru/dic.nsf/ruwiki/945434

- Фащук Д.Я. В погоне за "желтым дьяволом". Природа, 2004, № 10

- Шумихин Е.В., Волгин В.А. Из истории золотодобычи на Южном Урале. Челябинск, 2008, 152 с.

- Сапоговская, Л.В. Частная золотопромышленность России на рубеже XIX—XX вв. Екатеринбург, 1998, 313 с.

- Локерман А. Загадка русского золота. Москва, "Наука", 1978, 144 с.

- Сайт "Мир золота".

- Заблоцкий Е.М. Николай Павлович Аносов на Дальнем Востоке: Амурская золотопоисковая партия (1857-1860 гг.) http://russmin.narod.ru/anosexp01.html

- Заблоцкий Е.М. Секретный указ Александра I. Вестник, № 2(339) 21.01.2004

- Русское золото. Иркутск, 2001, 50 с.

Zum Kapitel: Die Geschichte des Blattgoldes in der menschlichen Zivilisation

- Das Buch von der Kunst oder Tractat der Malerei. Übersetzt mit Einleitung, Noten und Register versehen von Albert Ilg. Quellenschriften für Kunstgeschichte, Band 1, 188 S. (Taschenbuch). Jürgen Wagener Verlag, Auflage: Neudr. d. Ausg. Wien 1871 (9. März 2009)

- Plinius der Ältere. Metallurgie. Akademie Verlag, 2. Aufl., 2011, Bd. 33.18, 33.20.

- Hunt, L. B.: The early history of gold plating. Gold Bull. 6, 1973, Nr. 1, P. 16-27

- Hebing, C.: Vergolden und Bronzieren. München, 1967, 137 S.

- Neuburger, A.: Die Technik des Altertums. Reprint Verlag Leipzig, 1996, 569 S.

- Halle J. S.: Werkstäte der heutigen Künste oder die neue Kunsthistorie, Brandenburg-Leipzig, 1761, Band 1, S. 161

- www.msichicago.org

- Feldhaus, F. M.: Die Technik der Vorzeit, der geschichtlichen Zeit und der Naturvölker. Ein Handbuch für Archäologen und Historiker, Museen und Sammler, Kunsthändler und Antiquare, Leipzig und Berlin: Engelmann 1914, XV, S. 708. http://www.digitalis.uni-koeln.de/Feldhausm

- Geschichte des Blattgoldes von Klaus Hassler

- Petrich, J.: Handwerksgeschichte in Kürze. Internet: letztes Update: 06.04.2001

- Hess, G.: Abschied vom Vorzeige-Goldschläger. Schwabacher Tagblatt, 09.09.2010

- Schlüpfinger, H.: "600 Jahre Schwabach; 1371-1971", Herausgeber: Stadt Schwabach, 1971, 496 S.

- Vergoldungsprozess mit dem Blattgold. Blattgold-Wasner.de

- www.blattgold.at/vergolder/geschichte.html

- Morice, G.: In der „SCIENCE & VIE", Paris (Le Site du Magazine Science&Vie, 1989)

- Spitzenqualität aus dem Hause Guisto Manetti Battiloro S.p.A., Florenz, Italien. Die Blattgoldmanufaktur seit 1820

- Weber, Th.: Die Sprache des Papiers. Verlag Haupt, Bern, Stuttgart, Wien, 2004, 222 S.

- Vergoldungsprozess mit dem Blattgold. Blattgold-Wasner.de

- Petrich, J.: Die Geschichte des Blattgoldes.
www.schlamp.de/web/pages/gold.html

- Hilsdorf, E. (Park Apotheke Schwabach). Gold in der Pharmazie in „500 Jahre Blattgold in Schwabach", Schwabach, 2004

- Nemirovskii, E.L.: Erfindung von Johannes Guttenberg. Aus der Geschichte der Buchdruckerei. Technische Aspekte

- Bretz, S. Hinterglasmalerei. Klinkhardt&Biermann, 2013, 80 S.

- Pschenitschnük, A.: Goldhünengrab der nomadisierende Zivilisation. Technik Molodeshi, 1989, № 86, S. 58-62

- www.worldofgold.ru/pictures/goldicon

- Muratov P.P.: Erfindung der alten russischen Kunst, 1923. Электронная версия 06.12.2006

- www.GOLDLEAF.ru

- www.krugosvet.ru

- Gebelein, H.: Alchemie. Diederichs Verlag, 2004, 96 S.

- Paracelsus Health & Healing Heft 1/ III November 2005

- Rippe, O.: Die Sonne im Menschen. Das Herz in der traditionellen abendländischen Medizin, Zeitschrift Naturheilpraxis 06/2002

- Das Ständebuch. Herrscher, Handwerker und Künstler des Mittelalters von Jost Amman und Hans Sachs. Anaconda Verlag, 2006, 256 S.

- wikipedia.org/wiki/Benutzer:Rainer_Lippert/Spielwiese_3

- www.gov.spb.ru/culture/suburbs/tzar/cathpalace

- Моисеивич В.М. Работа мастера-позолотчика Л-М.: Госстройиздат, 1957, 33 с.

- Zeitschrift der Fachgemeinschaft Bau Berlin und Brandenburg. V. Ausgabe Nr. 0 2/0 3/Juli 2009

- www.schmuckwelten.de

- Kipphoff, P.: DIE ZEIT 16.04.2003 Nr. 17

- Faradshaeva, Ü.: Zeitung „Volshskaja Pravda", Nr. 159 (10978) 30.09.2006

- http://de.wikipedia.org/wiki/Myanmar

- Magazin "Lipezkaja Gazeta", Lipezk, 19.10.2009

- ASIA INTERCULTURA Magazin, 2008, Nr. 2, S. 8-15

- SPECIAL – 76 Magisches Gold kombiniert mit sündhafter Versuchung Luxus für Körper, Geist und Gaumen. Die Westschweizer International SARL

- Gorodetzkaja, M.: Was kann man mit dem Goldblatt tun?

- www.delafee.com

- DiBa-GbR Trutschel & Lorenz, Schwabach

- Insider; R.: Das Exklusiv Magazin. 2007, Nr. 2

- Tschöke, A.: Luxus pur: Blattgold in der Küche (Aus WDR Servicezeit vom 16. Dezember 2005)

- http://de.wikipedia.org/wiki/Kompositionsgold

- 22 Millionen Mal im Jahr knallen die Sektkorken. NÖ Wirtschafts pressedienst - Ausgabe Nr. 1057 vom 5.02.2010

Verzeichnis der Abbildungen

Abbildung des Covers: The Alchemist's Studio von Jan van der Straet, 1571. Studiolo von Franz I. von Medici in Palazzo Vecchio (Wikimedia Commons).

Abbildungen auf Seiten 62, 79:

G. Maspero – ed. A.H.Sayce – trad. M.L.McClure, History of Egypt Chaldea, Syria, Babylonia, and Assyria. VI.C. London, 1903-1904

Epigraphic Survey, Medinet Habu in: Later Historical Records of Ramses III. Chicago: University of Chicago Press, 1932, plate 65c

Abbildungen auf Seiten 146, 148, 152, 155, 170: Industrie&Archäologie, 2011, Nr. 3.

Bei den anderen Aufnahmen, die nicht von A. Meyerovich stammen, ist der Nachweis in Klammen angegeben.

Haftungsausschluss

Urheber- und Kennzeichnungsrecht

Der Buchautor ist bestrebt, in allen Publikationen die Urheberrechte der verwendeten Bilder, Grafiken, Tondokumente und Texte zu beachten, von ihm selbst erstellte Bilder, Grafiken, Tondokumente und Texte zu nutzen oder auf lizenzfreie Bilder, Grafiken, Tondokumente und Texte zurückzugreifen.

Keine Abmahnung ohne sich vorher mit mir in Verbindung zu setzen.

Wenn der Inhalt oder die Aufmachung meiner Seiten gegen fremde Rechte Dritter oder gesetzliche Bestimmungen verstößt, so wünscht der Buchautor eine entsprechende Nachricht ohne Kostennote. Es werden die entsprechenden Bilder, Grafiken, Tondokumente und Texte korrigiert oder gelöscht, falls zu Recht beanstandet.

Impressum

© 2018 Alexander Meyerovich

Umschlagmotiv: The Alchemist's Studio von Jan van der Straet, 1571. Studiolo von Franz I. von Medici in Palazzo Vecchio (Wikimedia Commons)

Verlag: tredition GmbH, Hamburg

ISBN

Paperback: 978-3-7469-2614-8

Hardcover: 978-3-7469-2615-5

e-Book: 978-3-7469-2616-2